园林散谈

卜复鸣 著

中国建筑工业出版社

图书在版编目（CIP）数据

园林散谈 / 卜复鸣著 .—北京：中国建筑工业出版社，2016.8

ISBN 978-7-112-19512-1

Ⅰ.①园…　Ⅱ.①卜…　Ⅲ.①园林—工程技术—文集　Ⅳ.①TU986.3-53

中国版本图书馆CIP数据核字（2016）第136948号

本书是作者在 30 多年从事园林技术教育中对风景园林学科的认识与感悟而写作的数十篇札记。全书内容包括园林花木、植物配植、苏州名园、假山工程等。

本书可供广大风景园林师、园林艺术爱好者、高等院校风景园林专业师生等学习参考。

责任编辑：吴宇江
书籍设计：京点制版
责任校对：王宇枢　张　颖

园林散谈
卜复鸣　著
*
中国建筑工业出版社出版、发行（北京西郊百万庄）
各地新华书店、建筑书店经销
北京京点图文设计有限公司制版
北京中科印刷有限公司印刷
*
开本：787×1092 毫米　1/16　印张：18¼　字数：365 千字
2016 年 8 月第一版　2017 年 9 月第二次印刷
定价：38.00 元
ISBN 978-7-112-19512-1
（28745）

園林散談

楊文濤敬題

目 录

配植第二

名园第三

假山第四

杂议第五

引　言

孔夫子在教育学生时说：你们为什么不读读《诗》呢？“《诗》可以兴，可以观，可以群，可以怨；迩之事父，远之事君；多识于鸟兽草木之名。”读《诗》还能多认识一些鸟兽草木的名称，所以后来的唐相李德裕说：“学《诗》者多识草木之名，为《骚》者必尽荪荃之美。”识得草木鸟兽是古代文人学士作诗为骚的一种基本功，也是一种修为。孔夫子在不得意时，面对着山谷中的幽兰野草也会喟然叹曰：“夫兰当为王者香，今乃独茂，与众草为伍，譬犹贤者不逢时，与鄙夫为伦也。”对着它操琴鼓歌，弄得这位夫子最后也只能说说“天下有道则见，无道则隐”了。后世名贤如王徽之之一日不可居无竹，陶渊明之篱落寄兴，苏东坡之好种植、接花果，常借草木鸟兽或以寄兴，以养性；或以幽居，以避世。晚明的名士陈继儒更是从草木的花开花落中看出了中国“千万年兴亡盛衰之辙”来了，“虽为《二十一史》，尽在左编一史（即《花史》）中可也。”《二十一史》就在一部《花史》里面。以小观大，草木鸟兽之物虽为细小，却消释于中国文化的各个层面和各种形态之中。

中国的园林是一门综合着诸如园艺、建筑、绘画、文学等多门学科的艺术门类，然而在民间则称它为“花园”，说明无花不成园。因此，要认识和了解园林，得先从园林中的一草一木开始。中国的园林也恰似一座综合博物馆，除了草木鸟兽，还有滋养蕃育着它的园林山水，更有各式建筑类型，各种家具、匾联等。认识中国的园林就能了解到中国的传统文化和古人的生活哲学。

苏州园林是中国园林的杰出代表，世界遗产委员会的评价是：“以其精雕细琢的设计，折射出中国文化中取法自然而又超越自然的深邃意境。”园林的意境常由花草树木、建筑装饰、匾额楹联、石刻题词等体现。知其然，更要知其所以然，教学生读读书，种种树，技以载道，树木树人，不亦乐乎？！正因从事园林技术教育的缘故，常在一些报刊杂志上写些有关园林的小文章，日积月累，也有了不少文字，便选择若干，以“园林散谈”为题结集，意在自娱，若得他人娱遣，则也算是功德无量了。

花木第一

一、梅花与苏州园林[1]

苏州作为传统的梅花产地，历史上种梅、赏梅、画梅之风特盛（图1-1），梅花这一审美题材也在造园以及建筑装饰等领域中得到了普遍反映。

唐代大诗人白居易任苏州刺史时曾在位于子城郡治（今苏州公园一带）的郡圃中种梅，并有“池边新种七株梅，欲到花时点检来。莫怕长洲桃李妒，今年好为使君开”一诗咏之，对梅花的呵护之情溢于言表，这是苏州衙署园林中的梅花。明代阊门外下塘花埠里的徐泰时东园（即今留园前身）内，有一座假山高手周时臣所叠砌的石屏，上有“红梅数十株，或穿石出，或倚石立，岩树相得，势若拱遇。”这是苏州私家宅第园林中的梅花。明代苏州的竹堂寺（即正觉寺）不但以竹闻名，亦多梅，沈周有“竹堂梅花一千树，晴雪塞门无入处”诗句咏之，足见其梅花之盛，这是苏州寺观园林中的梅花。

图1-1　明·王彀祥《大梅盈枝图》（上海博物馆藏）

真正能将梅花与建筑、装修、铺地、陈设及诗文等浑然一体，并将其发挥到极致的则首推狮子林的“问梅阁”。据说原有宋梅曰“卧龙”，后贝氏悉循故址而建阁（图1-2）。阁内除了铺地、窗格、桌凳等均为梅花式样外，其所陈设的诗文书画也同样是与梅花有关的内容。内有一匾曰“绮窗春讯”，阁外种梅数株，人临其境，即使

[1] 原载《姑苏晚报》2000年3月2日（署名：一下）。

不值梅花讯期，亦能借助匾额、建筑物品等特殊装饰发人遐想：“君自故乡来，应知故乡事。来日绮窗前，寒梅著花未？”玩味诗情，观赏阁内外景物，令人吟咏不已。

图1-2　元末明初·徐贲《狮子林问梅阁》（选自《狮子林》）

在苏州园林中，室内最富装饰效果和民俗审美趣味的要算内檐装修中的“花罩”了。拙政园西部“留听阁”内的飞罩是江南园林中不可多得的极品，它同样是以梅花为主题，用银杏木作立体雕刻，两边下垂作拱门状，松、竹、湖石作衬托，四只顾盼生姿、喳喳欲飞的喜鹊点缀在横斜有致的梅花丛中，显得玲珑无比，这画面既有松竹梅“岁寒三友”的风骨，又有“喜（鹊）上梅（眉）梢”的吉祥寓意。

“小窗细嚼梅花蕊，吐出新诗字字香”，如果你真正要去品味一下梅花的风姿神韵，不妨到苏州园林中去走走。

二、范成大与《梅谱》[1]

隐居苏州石湖的宋代诗人范成大撰写的《梅谱》是我国历史上，也是世界上第一部系统介绍梅花品种及有关栽培技术，并兼及品评的梅花专著。

[1] 原载《苏州园林》1999年第4期，又载《姑苏晚报》2000年3月2日。

范成大（1126～1193年）是南宋著名的田园诗人（图1-3），57岁时退居苏州石湖，筑石湖别业，宋孝宗御赐“石湖”两字，自号“石湖居士”。在玉雪坡上植有梅花数百本，“比年（即近年）又于舍南买王氏僦舍七十楹，尽拆除之，治为范村，以其地三分之一与梅”。

宋参知政事谥文穆范公成大

达于政体 使不辱命 晚归石湖 怡然养性

图1-3 《吴中名贤传赞》中的范成大像

范氏《梅谱》约成于南宋孝宗淳熙十三年（1186年），据说曾花了11年的时间，共收集梅花品种约90余个，最后归纳成江梅、早梅、官城梅、消梅、古梅、重叶梅、绿萼梅、红梅、鸳鸯梅、杏梅及蜡梅等12个品种。《梅谱》对这12个品种的特征和栽培作了详尽的阐述和辨别。

江梅，“又名直脚梅，或谓之野梅。凡山间水滨，荒寒清绝之趣（处），皆此本也”，其学名即现在的*Prunus mume* var. *typica* Maxim，古时由遗核野生，不经嫁接，开花繁密，单瓣。“花稍小而疏瘦有韵，香最清，实小而硬”，不堪食。

消梅，亦称小梅，因“其实圆小松脆，多液无滓”而得名（与消梨同意），其学名即现在的*Prunus mume* var. *microcarpa* Makino，可青啖，树形及叶、花均小，单瓣。其开花早者，则称早梅。“吴中春晚，二月始烂漫，独此品于冬至前已开，故得早名。”范成大曾在重阳日亲手折过一枝瓶插，并有“横枝对菊开”句咏之，目前早梅绝少。

官城梅，“吴下圃人以直脚梅择它本花肥实美者接之，花遂敷腴，实亦佳，可入煎造”。

古梅，即苔梅（图1-4），凡枝干上有寄生苔藓类植物的梅花均可称之，“其枝樛曲万状，苔藓鳞皴，封满花身，又有苔须垂于枝间，或长数寸，风至，绿丝飘飘可玩”。范成大曾从会稽（即今绍兴）移植十株苔梅，但一年后花虽发，然苔皆剥落殆尽。

图1–4　明・仇英《汉宫春晓图中的苔梅》（台北故宫博物院藏）

“重叶梅，花头甚丰，叶重数层，盛开如小白莲，梅中奇品。”似为直枝梅类中的玉蝶型（*Prunus mume* var. *albo-plene* Bailey）梅花，陈植《观赏树木学》将其释为品字梅。其“花房独出，结实多双，尤为瑰异，极梅花之变，化工无余巧矣”。

绿萼梅（*Prunus mume* var. *viridicalyx* Makino），因其花萼纯绿而得名，其花白或略带米黄，为吴中传统名种，“凡梅花跗蒂皆绛紫色，惟此纯绿，枝梗亦青，特为清高，好事者比之九嶷仙人萼绿华。京师艮岳（即宋徽宗之万寿山）有萼绿华堂，其下专植此本，人间亦不多有，为时所贵重”。明代太仓王世懋园中有一绿萼梅，“偃盖婆娑，下可坐数十人，今特作高楼赏之，子孙当加意培壅”（《学圃杂疏》），可见其重。此外，《梅谱》还提到“吴下有种，萼亦微绿，四边犹浅绛，亦自难得”。

《梅谱》中记载的最为珍奇难觅的品种要数黄香梅（*Prunus mume* var. *flavescens* Makino）了，“百叶缃梅，亦名黄香梅，亦名千叶香梅。花叶至二十余瓣，心色微黄，花头差小而繁密，别有一种芳香，比常梅尤秾美，不结实”。该梅花萼绛紫，花色淡黄，本已失传，目前我国已有黄山黄香等名种了。

红梅即宫粉梅（*Prunus mume* var. *alphandii Rehcl*）之类，花萼绛紫，花瓣“粉红色，标格犹是梅，而繁密则如杏，香亦类杏。……与江梅同开，红白相映，园林初春绝景也”。是江南栽种最为普遍的梅类。

鸳鸯梅，“多叶红梅也，花轻盈，重叶数层。凡双果必并蒂，惟此一蒂而结双梅，亦尤物”。似为现在直枝梅类中品字梅（*Prunus mume* var. *pleiocarpa* Maxim）的一种。该类梅花因一花之中有3～7个心皮，所以每花能结数果。

杏梅（*Prunus mume* var. *bungo* Maxim），“花比红梅色微淡，结实甚扁，有斑斓色，全似杏”。其花、叶均与杏相似，1908年由日本植物学家牧野博士定名（即学名）。据称很可能是梅与杏的天然杂交种。

图1-5　明·仇英《梅花书屋图（局部）》（私人收藏）

蜡梅（*Chimonanthus praecox* (L.) Link）则“本非梅类，以其与梅同时，香又相近，色酷似蜜脾，故名蜡梅”。现为蜡梅科蜡梅属树种。《梅谱》中共记有狗蝇蜡梅（var. *intermedius* Makino）、磬口蜡梅（cv.Grandiflorus Makino）和檀香蜡梅三个品种。

苏州人“种梅如种谷”，早在元代就有“梅花绕屋不开门”的景况（图1-5）。范成大的石湖别墅在当时名振东南，杨万里、周必大等名流纷至沓来。南宋著名词人姜夔于宋光宗绍熙二年（1191年）冬，载雪诣石湖，特为范氏梅花作《暗香》《疏影》两阕，被后人认为是“前无古人，后无来者，自立新意，真如绝唱”（《词源》）的赋梅新词调，难怪乎范成大会有“凡游吴中而不至石湖，不登行春，则与未游无异”（《行春桥记》）的欣慰和自足之情。

三、园林说竹[1]

密竹娟娟数十茎，旱天潇洒有高情。
风吹已送烦心醒，雨洗还供远眼清。
新笋巧穿苔石去，碎阴微破粉墙生。
应须万物冰霜后，来看琅玕色转明。
——曾巩《南轩竹》

竹之为物，清雅高洁，无论风月晴雪，四时皆宜，一向为文人雅士所青睐，古之君子亦常比德于竹。耳聆其声，目揽其色，鼻嗅其香，口食其笋，身亲其冷翠，意领其潇洒，亦足以养老矣！所以“何可一日无此君”？况且竹因速生，“移入庭中，即成高树，能令俗人之舍，不转盼而成高士之庐”（李渔《闲情偶记》），因此“山林园圃，但多种竹，不问其他景物”（叶梦得《避暑录话》）。

我国利用竹子的历史可追溯到五六千年前的新石器时期，栽竹的历史也极为久远，《穆天子传》中就有“天子（即周穆王）西征，至于玄池，乃树之竹，是曰竹林”的传说。而园林栽竹实滥觞于春秋时期的淇园，“淇上多竹，汉世亦然，所谓淇园也”（《诗经·淇奥》）。以太湖流域为中心的吴地，地沃物多，“三江既入，震泽底定，竹箭既布”（《尚书·禹贡》），早在上古时期便是这一地域与瑶、琨诸美玉相并列的贡品。吴中“其竹，则大如筼筜，小如箭桂，含露而班，冒霜而紫，修篁从笋，森萃萧瑟，高可拂云，清能来风”（朱长文《吴郡图经续记》），有着极高的造园与审美价值（图1-6）。“池馆林泉之胜，号吴中第一”的顾辟疆园是见之记载最早的江南私家园林之一，“柳深陶令宅，竹暗辟疆园”（李白），“辟疆东晋日，竹树有名园”（唐吴中郡守），唐人把顾园之竹与陶渊明宅前之柳相提并论，足见其绿竹之盛，而时为中书令的王献之旁若无人的慕名观瞻，更为顾辟疆园平添了几分传奇色彩。

魏晋之际，隐逸之风盛行，栽竹、赏竹，甚至居游于竹林之中蔚然成风，如阮籍、嵇康等人常游于竹林而被称为“竹林七贤”；晋处士张廌家有苦竹数亩，便筑室其中，常居其间。当时大名鼎鼎的王羲之闻而访之，张廌却遁入竹林中，不与相见，以示避世。卜居吴中有名园的元嘉名士戴颙亦曾“有竹林精舍，林涧甚美”。随着时代流风的影响，吴中栽竹之风盛行。仕至黄门侍郎的王徽之，这位暂时借住人家空宅便令种竹，“何可一日无此君（后来“此君”也成了竹子的代称）”的竹痴，听说

[1] 原载《苏州园林》1999年第2期。

“吴中一士大夫家有好竹，欲观之，便出坐舆造竹下，讽啸良久，主人洒扫请坐，徽之不顾，将出，主人乃闭门，徽之便以此赏之,尽欢而去”（《晋书·王徽之传》）。而左太冲在《吴都赋》中对吴中诸竹的描述与赞颂，亦足以说明当时苏州竹类资源的富足。

图1-6　明·唐寅《震泽烟树图（竹树成林）》（台北故宫博物院藏）

“晋人遁竹林，所以避乱世；唐士隐竹溪，所以养高致。”由被动避世到主动怡情，唐人爱竹自有情致。李白年轻时和鲁中诸生隐于徂徕山（泰山的姊妹山），酣歌纵酒，时号“竹溪六隐”。做过苏州刺史的白居易回到洛阳，营建了“十亩之宅，五亩之园，有水一池，有竹千竿”的宅园（《池上篇》）。陆龟蒙在临顿里（现拙政园一带）筑室，“绕屋亲栽竹”，“趁泉浇竹急”，皮日休有酬和之作《咏新竹》云：“笠泽（即太湖）多异竹，移之植后楹。一架三百本，绿沉森冥冥。”这也从侧面反映了当时苏州栽竹的规模。

到了宋代，“若夫吴郡名园，王家新第，远阁斜栏，横塘静水，……何千竿蓊然而环倚？”（蔡襄《慈竹赋》）一代名园沧浪亭便是其中的一例。园主苏舜钦“构亭北碕，号沧浪焉。前竹后水，水之阳又竹，无穷极。澄川翠干，光影会合于轩户之间，尤与风月为相宜。”（苏舜钦《沧浪亭记》），是个名副其实的竹园，至今沧浪亭园内仍有箬竹、寿心竹、茶秆竹、慈孝竹等数十种，但已失旧时气势。元代狮子林，于初建之时，亦因“林下有竹万个，竹下多怪石，有状如狻猊（即狮子）者，故名师子林。”（欧阳玄《师子林菩提正宗寺记》）。当时建筑物不多，但挺然修竹则几万株，到明初犹然。元陆志宁在和令坊的寓馆也是竹树繁密，“志宁故大家，在当时园亭胜绝，尤好植竹，至今（指明代）美竹蔓延不绝。人犹以竹堂称之”（吴宽《正觉寺记》）。

图1-7　清乾隆五十九年翟大坤所绘的《碧寒庄图》（院墙后竹影森森）
（录自刘敦桢《苏州古典园林》）

杜甫诗曰：“名园依绿水，野竹上青霄。”明清以降，水乡泽国，有水皆园，有竹便韵，所以凡是“住屋，须三分水，二分竹，一分屋”（李斗《扬州画舫录》）。可见在士人的心目中，竹在构筑园林景观和精神家园中有多么的重要。“古人称韵士，必曰‘林下风气’，然惟松竹桄榔乃得称林”，而“成竹之林，止吴越有之”（李日华《竹册》）。故而明代王氏拙政园是“池上美竹千挺，可以追凉”，并有“竹涧”“倚玉轩”“志清处”“湘筠坞”等诸多以竹为景观的园景。范长白园（即天平山庄）是“渡涧为小兰亭，茂林修竹，曲水流觞，件件有之。竹大如椽，明静娟洁，打磨滑泽如骨扇，则兰亭所无也”（张岱《陶庵梦忆》）。当时在竹类的选择上，“竹取长枝巨干，以毛竹为第一，然宜山不宜城。城中则护基竹（即哺鸡竹）最佳”，“粉、筋、斑、紫（即淡竹、筋竹、斑竹、紫竹），四种俱可……又有木竹（即石竹）、黄菰竹（即黄枯竹）、篛竹（即箬竹）、方竹、黄金间碧玉、观音、凤尾、金银诸竹”，“至如小竹丛生，曰潇湘竹，宜于石岩小池之畔，留植数株，亦有幽致”（文震亨《长物志》）。清代嘉庆年间的留园是“竹色清寒，波光澄碧，擅一园之胜，因名‘寒碧庄’”（钱大昕《寒碧庄宴集序》）（图1-7）。而同时期位于

图1-8 苏州耦园之竹

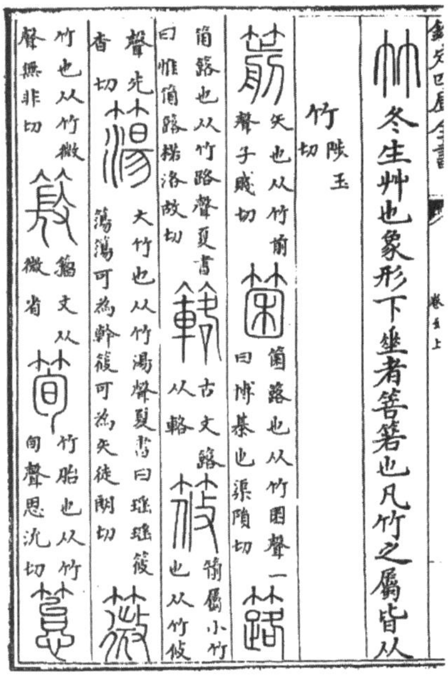

竹 冬生艸也象形下垂者箁箬也凡竹之屬皆从竹 陟玉切
箭 矢也从竹前聲子賤切
箘 箘簬也从竹囷聲一曰博棊也渠隕切
簬 箘簬也从竹路聲夏書曰惟箘簬楛洛故切
簵 古文簬从輅
筱 箭屬小竹也从竹攸聲先杳切
簜 大竹也从竹湯聲夏書曰瑤琨筱簜簜可為幹筱可為矢徒朗切
[illegible] 竹也从竹微聲無非切
[illegible] 籀文从微省
筍 竹胎也从竹旬聲思允切

图1-9 《说文解字》竹部

木渎下沙塘的怡园中，有“湘竹亭”，据记载，其四周斑竹环绕，亭中几榻器皿均以竹为之，可谓用竹之极致。

“名园易主似行邮，美竹高松景自幽”，苏州的历代名园兴废无常，竹同园主也难长留于人间。但园中植竹、以竹比德、以人喻竹之风却长留在苏州的园林中，成为苏州园林的主题（图1-8）。

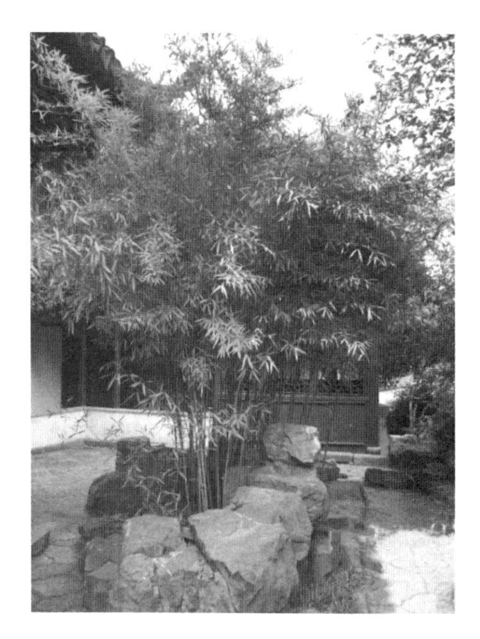

四、竹与中国文化❶

原始人类为了自身的生存需要，对周围一些经常接触且易于取给加工的自然物加以利用。在古汉字中，最早出现并不断增加的正是这些存在物，如日、月、草、木、竹、石、水、土等部首字类（图1-9）。

中国是世界竹子分布的中心地区。中华民族利用竹子的历史，可追溯到五六千年前的新石器时代。在河南安阳殷墟（公元前16～前11世纪）出土的甲骨文字中就有许多竹部文字，如“箣”“箙”“箕”等。在我国最早的诗歌总集《诗经》中，就有四十多处用竹或竹制品来描述风土、民情、宗教、礼仪、音乐、舞蹈等生活和生产活动。竹子成了人们的主要审美对象之一。古代文人亦多以竹自喻，晋初有“竹林七贤”（图1-10），唐代有“竹溪六隐”，苏东坡更有“宁可食无肉，不可居无竹”之说。栽竹、赏竹、画竹、咏竹、写竹成了历代文人的时尚。中国的文字起源于书契，而中国特有的书写工具毛笔，其笔管即用竹制作而成。

❶ 原载《苏州日报》1989年2月10日。

东汉蔡邕在《笔赋》中有“削文竹以为管，加漆丝之缠束”的描述。古代的文字亦多写于由竹而成的竹简上（西北因少竹多木，故多木简）。我国古代的文献也多赖于这些竹简或木简而得以保存。

图1-10　明·仇英《竹林七贤图》（私人收藏）

竹为“八音”之一，是制作乐器的一种基本材料，笙、箫、笛、竽、管等乐器皆由竹为之。“历代功成之君，若尧大章、舜大韶、禹大夏、汤大获，文武清庙之乐，皆管氏（竹类乐器）所调也。”

此外，竹子还广泛应用于建筑、水利、工艺、造纸等领域，并在我国有着悠久的历史。竹，在中国的文化历史上曾经和正在发挥着巨大的作用。

五、雪中山茶别样情[1]

每逢冬春，山茶丹葩映雪，形似牡丹，它吐蕊于红梅之前，凋零于桃李之后，着实给寂寞的寒季增添了几分绚丽的色彩。

山茶（*Camellia japonica* Linn.）作为我国的传统名花之一（图1-11），其栽培大约起始于隋唐时期，唐代的段式成在《酉阳杂俎》续集中就有“山茶花叶似茶树，高者丈余，花大盈寸，色如绯，十二月开”的记载。到了宋代，山茶花的栽培日趋普遍，在徐致中的《山茶》一诗中已有八个品种的描写；当时还出现了“郡民竟出，士女络绎于路，数日不绝”的赏花热门景象；范成大有“门巷欢呼十里村，腊前风物

[1] 原载《苏州日报》2000年2月17日。

已知春”诗句咏之。宋代以后，吟咏赞誉山茶的诗篇辞章已是佳作连篇，如明代沈石田、陈白阳辈所咏的雪中红白山茶诗，都对山茶的高洁品质进行了讴歌。

图1-11　明·文徵明《花卉册（梅花、山茶）》（台北故宫博物院藏）

山茶的品种旧称不一，名色亦多，正所谓“愈出愈奇怪，一见一叹惊”，如宋代的“玉茗花”，是白山茶中的上品，其花蕊黄萼绿，清丽淡雅，宛如天然秀丽的白衣仙子，范成大将它比作传说中的仙花——瑶花。明代的“宝珠山茶”，千叶攒簇，殷红似丹砂，为苏杭一带的传统名种，万历年间的王世懋说是“吾地（指苏州一带）山茶重‘宝珠’”。而拙政园内的“宝珠山茶”则是历史上长期享有盛名，清初拙政园曾归海宁人大学士陈之遴所有，内有三四株“宝珠山茶”，连理交柯，“每花时，巨丽鲜妍，纷披照瞩，为江南所仅见” 。当时著名诗人吴伟业（号梅村）的一首《咏拙政园山茶花》长歌，以物起兴，借山茶而感叹其亲家翁陈之遴一家的命运兴衰：“拙政园内山茶花，一株两株枝交加。艳如天孙织云锦，赪如姹女烧丹砂，吐如珊瑚缀火齐，映如蠕蝀凌朝霞。”但陈之遴这位明朝降臣却忙于做清朝的官，从来没有履足过拙政园半步，一睹自家山茶的风采，最后落得个家产籍没、全家流徙远戍辽东的结果，“折取一枝还供佛，征人消息几时归？”梅村虽为祝祷，但一切终成泡影。倒是名人名花造就了一代名园，300年来骚人墨客对拙政园的山茶题咏不绝。因山茶花又名“曼陀罗”，所以清末补园主人张履谦在此建“十八曼陀罗花馆”，于馆前小院内植有“东方亮”“洋白”等山茶品种18株。至今，山茶仍为拙政园的特色花卉之一。其他园林如留园（图1-12）、耦园等均有山茶名种留存于世。

图1-12　留园古木交柯之山茶

山茶一属共有220种左右，但栽培最广的主要有云南山茶（*C. reticulata* Lindl.）、茶梅（*C. sasanqua* Thunb.）和山茶三种。云南山茶又称“滇茶”，在唐代就栽植于当时的南诏国（即大理）的五宫。茶梅在宋代亦已有栽培。而山茶（又称川茶花、华东山茶）则是在长江流域栽植最普遍、品种最多的茶花。20世纪60年代初，我国在广西发现了金花茶（*C. nitidissima* C. W. Chi）这一稀有珍品，但在苏州栽植绝少。目前世界上约有5000余个山茶品种，随着园艺事业的不断发展，相信今后会有更多的山茶新品种涌现。

六、迎得春来共芬芳[1]

周瘦鹃在《初春的花》一文中说，古往今来人们常歌颂梅花，总说它开在百花之先，点缀春节，但有的春节梅花却未必开放，“独有迎春，却从不后时，年年灿灿漫漫地开放起来”，迎春之名可谓名副其实。

迎春花（*Jasminum nudiflorum* Lindl.）是一种木樨科茉莉属的落叶灌木，一名“金腰带”，是因为其枝条“覆阑纤弱绿条长”，花色金黄如绶带的缘故。又因其花与梅花相近，所以又有“金梅”的别称，明代王象晋在《群芳谱》中说：“人家园圃多种之”。其实，迎春花早在唐宋时期就见之于诗人词客的笔章底下了。唐代大诗人白居

[1] 原载《苏州日报》2000年3月16日。

易有多首把玩、迎友的咏迎春花诗。其中有一首《代迎春花招刘郎中》诗是这样写的："幸与松筠相近栽，不随桃李一时开。杏园岂敢妨君去，未有花时且看来。"虽是以物喻人，但说明当时已有了把迎春花与松竹同栽的史实，白居易在对花木品赏中总是表现出那种"众嫌我独赏"的避俗就雅的审美取向，在此也可见一斑。到了宋代，迎春花已普遍栽植于园林中，就连掌管行政大权的中书省（在宋代与掌管军事的枢密院合称为"二府"）内栽此花，北宋名臣韩琦有《中书东厅迎春》，刘敞有《阁前迎春花》等诗咏之，如"沉沉华省锁红尘，忽地花枝觉岁新。为问名园最深处，不知迎春几多春"，写出了忙于俗务，忽见迎春花开，又是一年春的无奈心情。而其"迎得春来非自足，百花千卉共芬芳"之句则表现了迎春花尽管先得春讯，却不愿独占春光，为了百花千卉而笑展芳容，尽溢芬芳，把春光装点得更加妩媚动人的豁达胸襟。但正因为迎春有了梅花的某种特质，一些好事之徒认为它有点超越了本分，所以便有了"僭客"的称号。

图1–13　苏州园林中的雪中迎春

由于迎春花是早春的重要花木，又与梅花、水仙、山茶合称为"雪中四友"（图1-13），而且具有不择风土，适应性强的特点，所以向为园艺者所好。在江南园林中，迎春花常被用作花篱，或点缀于池畔、石隙，每值花时，总能见到它翠蔓临风，黄花满枝，"实繁且韵"的芳姿。同时迎春花还是绝佳的盆景材料，明代王世懋在《学圃杂疏》中说："（迎春）最先点缀春色，……余一盆景，结屈老干天然，得之嘉定唐少谷，人以为宝。"（图1-14）

图1–14　周瘦鹃所作的迎春盆景

（录自《拈花集》）

"不耐严冬寒彻骨，如何迎得好春来"，迎春花虽然极为平凡，但正因为它不畏严冬，带雪冲寒，迎得春来，所以受到了人们的喜爱。

七、春天的白玉兰[1]

每当春分节近，柳疏梅堕之际，隆冬结蕾，状似木笔的玉兰花开始吐白，一时千枝万蕊，玉树琼花（图1-15），无声地宣告冬天已经过去，春天已悄然来临。

白玉兰（*Magnolia denudata* Desr.）又称玉堂春、应春花、望春花。玉兰之名是因其花色白微碧，幽香如兰之故。宋代人因其花早于辛夷（即紫玉兰）而称它为“迎春”。苏州栽植白玉兰的历史极为悠久，据《述异记》记载，早在2500年前的吴王阖闾就手植过白玉兰，“木兰洲则在浔阳（即今江西九江），江中多木兰树，昔吴王阖闾植木兰于此，用构宫殿也。七里洲中，有鲁班刻木兰为舟”（此处木兰即白玉兰，《花镜》云：“玉兰古名木兰”），已开吴人植玉兰之先风。有唐以降，吴中文士多有手植、吟咏。

图1-15　元·王振鹏《玉兰图》（私人收藏）

唐代张抟为苏州刺史时，曾植白玉兰于吴郡郡治“木兰堂”前，花时常宴集郡中诗客即席赋诗。一日，陆龟蒙大醉，强执笔题：“洞庭波浪渺无津，日日征帆送远人”两句，他人莫详其意，竟无人敢续，陆龟蒙酒稍醒，援笔续成：“几度木兰船上望，不知原是此花身。”木兰堂至南宋时犹古木森列。

虎丘后山“玉兰山房”曾有古玉兰，相传为北宋主办“花石纲”的朱勔由福建移植而来；至清代，因乾隆早春要游虎丘，地方官命用柴烘，催花速开而致死（现已补植恢复该景），现拙政园有“玉兰堂”一景，原名“笔花堂”，传为文徵明作画之所，文氏有诗赞曰：“绰约新妆玉有辉，素娥千队雪成围。我知姑射真仙子，天遣霓裳试羽衣。影落空阶初月冷，香生别院晚风微。玉环飞燕原相敌，笑比江梅不恨肥。”玉兰堂院中除配植白玉兰外，其铺地亦用玉兰、海棠、牡丹、桂花等图案组成“玉堂富贵”（图1-16）。

[1] 原载《苏州日报》2001年4月4日。

图1-16　清·王建章《玉堂富贵》
（私人收藏）

《长物志》云："玉兰宜种厅事前，对列数株，花时玉圃琼林，最称绝胜。"网师园"万卷堂"前对植白玉兰即为一例。玉兰宜春，花时冰清玉洁，也许更能体现出评价标榜的那种"清能"品德，而其花先于百花开放，正是"早达"的征兆（万卷堂内原有"清能早达"一匾，后被移至前面轿厅，再被移除，不知何故）。在园林中，白玉兰亦常与金桂相配，俗称"金玉满堂"，其花一春一秋，一白一黄，冬则玉兰叶落，夏则枝叶扶疏，季相分明，堪称佳偶天成。

八、诗里名友称海棠[1]

人们所称的海棠，种类不一。多年生草本者为秋海棠科（*Begoniaceae*）植物，如茎节似竹，娇艳非凡，如同美人倦妆的竹节海棠（图1-17），幽姿冷艳、娇嫩柔媚的四季海棠，叶似象耳、质朴清新的蟆叶海棠等等。而木本者则为蔷薇科植物，《群芳谱》说："海棠有四种，皆木本，贴梗海棠、垂丝海棠、西府海棠、木瓜海棠。"但在现代植物分类学上，木本类海棠远非仅此四种。

垂丝海棠（*Malus halliana* Koehne）花梗细长，重英向下，有若小莲，故有是名；其色娇媚，如贵妃醉态。西府海棠（*M.* × *micromalus Makino*）又称"子母海棠"或"海红"，据说因晋朝时生长在西府（今陕西渭河流域一带）而得名；其姿态峭立，长条修干，而色重瓣多者称"紫锦"，品格尤高。以上两种为苹果属（*Malus*）植物。贴梗海棠（*Chaenomeles speciosa* (Sweet) Nakai）植株低矮丛生，花色猩红而多变，成簇贴梗而生，故名。木瓜海棠（*Ch. cathayensis* (Hemsl.) Schneid.）花2～3朵簇生，果大如瓜，故又称木桃，其与苏州园林中的木瓜（*Ch. sinensis* (Thouin) Koehne花单生）又有不同，其他如日本贴梗海棠（又称倭海棠）等，都是木瓜属（*Chaenomeles*）植物，苏州近年来亦多有栽种。

[1] 原载《苏州园林》2000年第1期。

图1-17　竹节海棠

海棠以色见长，所以古人说："盖色之美者惟海棠，视之如浅绛，外英英数点如深胭脂，此诗家所以难为状也。"（图1-18）但大多有色无香，所以唐相贾耽著《花谱》时，称其为"花中神仙"。西晋以豪侈著称的石崇虽能与贵戚王恺斗富，但见海棠无香，也只能发一番"汝若能香，当以金屋贮汝"的感叹。其实海棠有香的也不乏其种，只是囿于地偏之故不易见到而已，据《阅耕余录》记载："昌州（今四川大足）海棠独香，其木合抱，每树或二十余叶，号'海棠香国'，太守于郡前建'香霏阁'，每至花时，延客赋赏。"现在的湖北海棠（*Malus hupehensis* (Pamp.) Rehd.）（又称茶海棠，南京等地有栽种）花亦有芳香便是例证。李渔被称为"海棠知己"，他认为："……海棠不尽无香，香在隐跃之间，又不幸而为色掩。"并以唐人郑谷《咏海棠》诗："朝醉暮吟看不足，羡他蝴蝶宿深枝"之句证之，说："有香无香，当以蝶之去留为证。"（《闲情偶记》）海棠还有一名叫"女儿花"，这大约是唐明皇见杨贵妃醉酒残妆，鬓乱钗横，不能再拜，便说："岂妃子醉，是海棠睡未足耳"之故。苏东坡《海棠》诗曰："只恐夜深花睡去，更烧银烛照红妆"即指此事。《红楼梦》大观园中的怡红园，"院中点衬几块山石，一边种着数本芭蕉，那一边乃是一棵西府海棠，其势若伞，丝垂翠缕，葩吐丹砂。"贾政解说道，这是女儿国所产的女儿棠，而曹雪芹借贾宝玉之口说道："大约骚人咏士，以此花之色红晕若施脂，轻弱似扶病，大近乎闺阁风度,所以以'女儿'命名。"这确实是贾宝玉这位"见了女儿便清爽"，过着"怡红快绿""红香绿玉"般生活的好住处。

图1-18　明·陈洪绶《玉堂柱石图》（玉兰、垂丝海棠）（北京故宫博物院藏）

我国栽植海棠始盛于唐宋，唐代海棠已是“一时开处一城香”，“晴来使府低临槛，雨后人家散出墙”（薛能《海棠》）。北宋时因真宗御制后苑杂花十题，“以海棠为首章，赐近臣唱和，则知海棠与牡丹抗衡”（沈立《海棠花》）。宋人曾觌曾取友于十花，将海棠列为“名友”。南宋诗人范成大在石湖治有“范村”，他在众芳杂植之处栽海棠，名为“花仙”，每年在开花之时便移家泛湖，以赏海棠，“低花妨帽小携筇，深浅胭脂一万重。不用高烧银烛照,暖云烘日正春浓”（《闻石湖海棠盛开亟携家过之三绝》之一）。元朝常熟的曹氏梧桐园（亦称“洗梧园”），在当时冠甲江左，文人雅士多荟萃于此，曹氏曾邀倪云林看荷花，又邀杨维桢（有元末高士、诗坛领袖之称）赏海棠，杨到园中却不见海棠，过了一会儿出来了大约24位美女，悉茜裙衫，上下一色，绝类海棠，称之为“解花语”（唐玄宗在太液池赏千叶白莲，将杨贵妃称为“解花语”）。明代太仓王世贞的弇山园内，在弇山堂北有“海棠、棠梨各二株，大可拱余，繁花妩媚……。每春时，坐二种棠树下，不酒而醉。”苏州阊门外的徐氏西园（今西园寺）内，海棠“树皆参天，花时至不见叶。”（图1-19）

苏州园林中，现在最享盛誉的则首推拙政园中部的“海棠春坞”一景。小小两间书房，房前闲庭小院内海棠对植，房西角隅处有木瓜一树，铺地用青、红、白三色卵石镶成海棠花纹图案，南墙上嵌有一书卷形砖额，靠壁花池内湖石修竹，与海棠相对，怡红快绿，相映成趣，显得清雅高洁，“名园对植几经春，露蕊烟稍画不真”（贾岛《海棠》），确是书斋本色（现将低矮小竹替代原有过檐慈孝竹，景致顿感索然）。此外，环秀山庄的海棠亭则是将海棠图案完全融于建筑中的极致，全亭各部分均由海棠图案组成，其形式之独特，雕刻之精美，绝无仅有。

图1-19　苏州留园之垂丝海棠

“嫣然一笑竹篱间，桃李满山总粗俗”，现每值阳春三月，凡胜地名园，均能见到海棠怒放，人们在观赏之余，又将咏出一章章新的海棠诗篇。

九、盆栽春桃亦芬芳[1]

提起桃花，人们自然会想起晋人陶渊明笔下的《桃花源记》，他所塑造的似诗如画的世外桃源，曾引得多少文人墨客的梦寻与向往（图1-20），苏州留园西部的“缘溪行”一景也曾是当年园主为追求理想中的武陵桃源而营建的人间仙境了。“桃花坞里桃花庵，桃花庵里桃花仙。桃花仙人种桃树，又摘桃花换酒钱。”这其实是苏州人妇孺皆知的风流才子唐伯虎的“左书右壶”的不屈和无奈生活的真实写照；而“桃红柳绿”则是江南春色的绝佳代名词，它暗示着新的一年的美好生活从此开始。

桃花（*Prunus persica* (L.)Batsch）在我国已有3000余年栽培历史，在《诗经·周南》中就有“桃之夭夭，灼灼其华”的动人描写（图1-21）。而《吕氏春秋》有云：“子产相郑，桃李垂于街。”（子产即公孙侨，是春秋时郑国的贤相）说明那时已有

[1] 原载《苏州日报》2005年3月12日。

把桃树作为行道树栽植了。古人认为："桃为五木之精，能制百鬼"，把它视为"仙木"，所以常在辞旧迎新的新春佳节里，更换桃符，这是一种用桃木削成的薄板，悬于门以镇鬼驱邪，宋人王安石的《除夕》："千门万户曈曈日，总把新桃换旧符"一诗，正是这种风俗的写照。

图1-20　明·仇英《桃花源图卷》(局部)（波士顿艺术博物馆藏）

桃花品种繁多，一般可分为观赏桃（花桃）和食用桃（果桃）两大类。园林景区中尤以栽植观赏桃为主，种之成林，如入武陵桃源；而于亭榭水际，点缀一二，阳春之时，"水软橹声柔，草绿芳洲，碧桃几树隐红梦。"（左辅《浪淘沙》）真可谓美景招魂了。不过家庭盆栽桃花也风韵别具，如周瘦鹃就有两盆盆栽桃花，一盆是"枯干槎枒，好像是一块绉瘦透漏的怪石。""又有一株是安徽产的碧桃，也是数十年物，干身粗如人臂，屈曲下垂，作悬崖状。花为复瓣，大似银圆，作粉红色，很为难得，每年着花累累，鲜艳可爱。这两株桃花，同时艳发，朋友们都称之为吾家盆栽中的两宝。"（《花木丛中》）现在家庭盆栽一般以观赏桃中的寿星桃为多。寿星桃植株低矮，节间特短，花芽密集，所以自古就被用作盆栽。其花有红色和白色两种，红者烂漫芳菲，白色淡然如仙。市场上的寿星桃多以带盆出售，因其有喜光、耐干旱、怕水湿等习性，所以宜放置于阳光充足的地方，否则

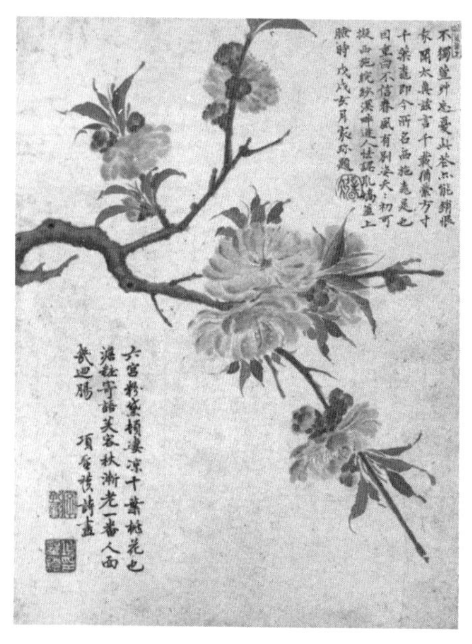

图1-21　明·项圣谟《花卉册（桃花）》（辽宁省博物馆藏）

易遭蚜虫等病虫为害，花前宜肥足。夏季宜对生长旺盛的枝条进行摘心，冬季则可对一些枝条进行适当疏剪，以保持树冠的整齐和集中营养。翻盆宜在秋冬叶落的休眠期进行，根部宜多带宿土，并对根系进行适当的修剪，注意多留须根；盆土宜选用疏松而排水良好的砂质壤土。只要管理得当，定会有“寿桃虽小能芬芳，花气扑帘闻昼香”之妙得。

十、紫藤香风流美人[1]

“紫藤挂云木，花蔓宜阳春。密叶隐歌鸟，香风流美人”（李白《紫藤树》）。每当春暮之季，苏州园林中一株株攀于棚架、假山之上的紫藤，在绿叶纷披间挂满了流苏般的一串串紫红色花朵，散发着阵阵浓郁的馨香，引来了鸟雀们的欢歌笑语（图1-22）。在这鸟语花香的季节里自然也引来了如织游人的驻足观赏。

图1-22　清·李鱓《松石紫藤图》（上海博物馆藏）

紫藤（*Wisteria sinensis* (Sims) Sweet）作为一种蝶形花科的大型落叶木质藤本植物（图1-23），它的自然生长大多依附于高插云天的大树上，盘曲缠绕，绵亘不可以寻丈计。据《昆山县志》记载：“在千丈岩巅，有藤一枝。蜿蜒其下，下临不测。乃蟠结成龛，为修藏之所。”这藤荫如幄、璎珞四垂的幽境确是摒弃尘埃、修身养性的好地方。木渎山塘青石桥附近亦有一株又粗又大的老紫藤，交缠着一株粗逾两抱的老榆树，“仿佛是两个力大无穷的大汉，在那里打架角力一般”，并有一个“古榆络藤”的雅号（周瘦鹃《花光一片紫云堆》）。西山罗汉坞溪旁有两株上参天阶的并肩古樟，有一株宛若蛟龙盘旋攀附于香樟树上的紫藤，民国元老李根源先生有赞云：“紫藤一柯，夭矫拿空，较姑苏拙政园文藤尤其可爱。”

[1] 原载《苏州园林》2001年第1期。

图1-23　苏州园林中的紫藤

紫藤作为一种缠绕类藤本，常被用作棚架、墙垣、假山等的垂直绿化，以形成“木欣欣以向荣”的城市山林境地。谈到苏州园林中的紫藤，人们大多会想到上面提及的文徵明手植的拙政园紫藤。近人周瘦鹃说这株紫藤的主干又枯又粗，其叶仿佛给满庭张了一个绿油油的天幕，金松岑则有《拙政园文衡山手植紫藤歌》咏之，李根源更是将它和苏州织造署（今苏州第十中学内）中的瑞云峰、环秀山庄的假山并誉为“苏州三绝”，究其缘由，大约也只是“停云书画是名家”，“藤阴诗句偏京华”之故了（潘昌煦《待诏古藤》，停云馆为文氏著名斋室）。清初苏州城东的涉园（即现耦园前身）有“藤花舫”一景，当时藤萝掩映，繁花盈尺，古藤缘舫而垂，大有“悠悠溪水香”之味。南显子巷清初的惠荫园有一座水假山，其上有康熙年间名儒韩菼所植的紫藤，“石中裂有古藤如怒龙，穿石而上，盘空夭矫，绿荫碎落。背藤作高崖，崖侧古银杏一株，大可三、四合抱。大约树及藤尤古，皆三百年外物也”（《吴门逸乘》），是为惠荫八景之一的“藤厓伫月”；藤下有“韩慕庐先生手植藤”一碑，款“合肥李国桢题”字样，它实在是足以与文徵明手植的老藤争妍斗艳的，只是惠荫园在常人眼中名不甚显，难以见此古藤而已。将紫藤缠绕垂挂于假山之上是苏州园林中的常见配植方式，能起到增加山石生机的作用，今留园五峰仙馆前的大型太湖石假山上，左侧的峰石边有黑松偃盖，紫藤盘旋，与西侧假山前花台内的牡丹高下掩映，互为参差，山林景色亦由此而成。网师园射鸭廊南则是用紫藤攀缘于黄石假山上作过渡，以取得与彩霞池四周景物的均衡。

在苏州园林中，能发挥藤萝在造园学上的配植功能的，笔者认为还是要首推留园中部“小蓬莱”岛上的紫藤花架（图1-24）。该岛飞落于一泓碧池之间，两侧平栏曲桥之上的满架藤花将整个池水分隔成2个大小不同的水面，这样避免了池水的一览无余，增加了景深和层次感，由此而形成的东北侧“清风池馆”水景显得分外幽僻明净，小桥、水幢、藤花、峰石与西北部的山石嶙峋、杂树参天的山林景象形成对比。闲来坐游于此，若能闲吟唐代李德裕的《忆新藤》：“遥闻碧潭上，看晚紫藤开。水似晨霞照，林疑彩凤来。清香凝岛屿，繁艳映莓苔。金谷如相并，应将锦帐回”一诗，虽不值紫藤花期，也能领略到明艳富丽的紫藤花就像一抹绚烂的朝霞将整个碧潭池水映了个彤红，清新的芳香也好像凝结在岛屿四周的溢彩氛围，这倒真有点蓬莱仙境的味道了。

图1–24　苏州留园小蓬莱紫藤花架

紫藤还是极佳的观花类盆景材料，虽株干半枯，却仍能年年开花成串，老而弥健，正所谓“花发成穗，色紫而艳，披垂摇曳，一望煜然”。

十一、麦熟茧老枇杷黄[1]

“细雨茸茸湿楝花，南风树树熟枇杷。徐行不记山深浅，一路莺啼送到家”这是元末明初被称为“吴中四杰”之一的诗人杨基所写的天平山中初夏的景色。每当麦熟

[1] 原载《苏州园林》2000年第2期。

茧老时节，苏州西南诸山总是被那蒙蒙细雨浸润着的淡蓝色楝花、金丸缀满枝头的枇杷和那悦耳的鸟语点衬得明丽多姿，景有余妍（图1-25）。

图1-25　宋·佚名《枇杷山鸟图》（北京故宫博物院藏）

枇杷（*Eriobotrya japonica* (Thunb.) Lindl）为蔷薇科植物，向有“南国佳木”的美称，在我国已有2000多年的栽培历史了。“万颗金丸缀树绸，遗根汉苑识风流”，早在汉武帝时的上林苑内就栽植有群臣远方所贡献的枇杷树十株。至唐代，白居易诗中已有“淮山侧畔楚江阴，五月枇杷正满林”的描写，说明当时已有枇杷果树满林了；杜甫亦有“枇杷树树香”之句咏之。宋代的陶毂在《清异录》中出现了有关苏州吴县栽培枇杷的文字记载；范成大曾亲手栽植枇杷，并记录下了枇杷的整个生命成长过程和对人生的感叹：“枇杷昔所嗜，不问甘与酸。黄泥裹余核，散掷篱落间。……一树独成长，苍然齐屋山。去年小试花，珑珑犯冰寒。……树老人何堪，挽镜觅朱颜。颔髭尔许长，大笑欹巾冠”（《手植枇杷》）。到了明代嘉靖年间，“枇杷盛产于东山白沙村一带，故有‘白沙枇杷’之称”（《太湖备考》），苏州吴县的洞庭山至今仍是全国著名的五大枇杷产区之一，素有“枇杷之乡”的美誉，所栽植的品种有三十余个之多；果肉橙色者称“红沙枇杷”，白色者称“白沙枇杷”，尤其是白沙类灰种枇杷更是诸品中的上品，味甲天下。

枇杷其名，是因为其叶形酷似琵琶之故，正所谓“名同音器，质贞松竹”，所以古人也常常会将“枇杷”两字误写为“琵琶”，如明代大画家莫廷韩见袁太冲家桌上有一张礼帖，上面写着“琵琶一盒”，莫、袁等人便戏诗曰：“若使琵琶能结果，定叫管弦尽开花”。同样，明代大画家沈周因有友人送他枇杷，信上误将“枇杷”写成了“琵琶”，沈也戏答道：“承惠琵琶，开奁骇甚。听之无声，食之有味，乃知古来司马泪于浔阳，明妃怨于塞上，皆为一啖之需耳。今后觅之，当于杨柳晓风，梧桐秋雨之际也。”

枇杷其树，高可丈余，枝肥叶大，被称为“粗客”，加上其浓郁如幄，寒暑无变，四时不凋，故又有“枇杷晚翠”之称。现拙政园内有一小园叫“枇杷园”，园内遍植枇杷，相传为太平天国忠王李秀成所栽，后经补植，渐成现在之貌；小园西北云墙有一个圆形月洞门，两边各有砖额，面北者曰“枇杷园”。面南者为“晚翠”，据说为汪星伯先生所书；园内有一小轩叫“玲珑馆”，曾为啜茗赏枇杷之所，所以周瘦鹃先生说，若将其改称“晚翠轩”也无不可。

枇杷其花（图1-26），素华冬馥，开放于万花纷谢、草木摇落的冬季，只是为其果名所掩。“落叶空林忽有香，疏花吹雪过东墙”，尽管正值隆冬腊月，枇杷却开始步入自己的芳春。这香气氤氲、芳意甚浓的朵朵小花给爱美追求美的人们多少留下了一点珍贵而值得留恋的记忆吧。“万里桥边女校书，枇杷花里闭门居。”这又是何等的优雅和绝世而独立的幽居（女校书即唐代著名女诗人薛涛，居成都浣花溪）。冬季枇杷素花怒放，漫山飘香，又正值农闲时节民间放蜂采蜜的好时光，所酿成的优质名贵之蜜称为“枇杷蜜”。但果农为了使枇杷能集中营养，结出肉厚汁多、果大味甜的优质枇杷，常将其顶生圆锥花序中的小花摘去大部，只留3～4朵。而所摘下的枇杷花洗净加冰糖，以文火熬成枇杷膏，则又是民间用于清肺、镇咳的土药方（在药用上，枇杷花主治头风、鼻流清涕；枇杷叶主治肺气热咳，有清肺和胃、止咳降气、化痰和清热解暑毒等功效；尤其是嫩叶，对慢性支气管炎及久咳不止的痰患有疗效）。

图1-26　苏州园林中的枇杷之花

枇杷其果（图1-27），色作金黄，所以历代诗人多以黄金丸作比，如宋祁的“树繁碧绿叶，柯叠黄金丸”，沈周的“谁铸黄金三百丸，弹胎微湿露溥溥”等。据说拙政园的“枇杷园”就是取自南宋戴复古的《初夜游张园》一诗中“东园载酒西园醉，摘尽枇杷一树金”的句意而命名的。而枇杷园中的嘉实亭，其名取自于黄庭坚《古风》诗中“江梅有嘉实”句（当时该亭位于明代王氏拙政园植有百本梅花的“瑶圃”中），然而如果以“五月枇杷黄似橘，却恨红梅未有时”，“芳叶已浩浩，嘉实复离离”的枇杷释之，可能更符合现在的景色，更会令人舒目畅神，回味无穷。

图1-27　苏州园林中的枇杷之果

枇杷之果因成熟于夏季，所以又有“炎果”之称。其色黄似蜡，故有人称它为“蜡兄”。枇杷还有一个别名叫“卢橘”，这里还有个有趣的故事：据《诗话总龟前集》载，苏东坡有诗曰：“客来茶罢空无有，卢橘微黄尚带酸”，张嘉甫见了便问卢橘是何物？东坡答是枇杷，事见相如赋；再问为什么不用商初辅臣伊尹的“箕山之东，青鸟之所，有卢橘常夏熟”之典？弄得东坡先生倒是尴尬。虽不知是真是假，但古人所称颂的枇杷，以其秋萌冬花，春实夏熟，终年绿荫罨画，备四时之气，而被奉为果中之尊。

十二、芭蕉漫谈[1]

檐前蕉叶绿成林，长夏全无暑气侵。

[1] 原载《苏州园林》1996年第3、4期合刊。

但得雨声连夜静，何妨月色半床阴。
新诗旧叶题却满，老芰疏桐恨转深。

从明代王守仁的这首《书庭蕉》诗的前六句中可见得栽种芭蕉的妙处了。炎夏时节，溽暑熏人，而若蕉叶当窗，定会爽快无比，难怪李笠翁要说王子猷偏爱于竹，“未免挂一漏一”，并主张“幽斋但有隙地，即宜种蕉”（《闲情偶记》）。因此，历史上出个把“蕉迷”也不足为奇了，如南汉贵珰有个赵纯节，性惟喜芭蕉，凡轩窗馆宇处都种芭蕉，当时人称“蕉迷”。

芭蕉（*Musa basjoo* S. et Z.）为芭蕉科芭蕉属多年生大型草本类植物，“蕉不落叶，一叶生，一叶焦，故谓之芭蕉”（《群芳谱》，一说其茎可制麻而得名，“麻未沤治者为蕉”。见陈植《观赏树木学》）其又名芭苴、天苴、甘蕉等，因植蕉有“凤翅摇寒碧，虚庭暑不侵”，“且能使台榭轩窗尽染绿色”之功，故又有“扇仙”“绿天”等雅号（图1-28）。芭蕉丛生，茎干由叶鞘复叠而成，其叶肥大长可达2～3米；穗状花序顶生，夏季由叶丛中抽出，佛焰状大苞片内的上部为雄花，下部为雌花；蕉实浆果状。江南之地因冬偏寒，常叶枯仅存残茎，故需去叶截干，裹草包扎，以资越冬，俟春再萌发。

图1-28　宋·佚名《蕉荫击球图》（北京故宫博物院藏）

芭蕉原产我国南方，1889年传入欧洲。屈赋中有“成礼兮会鼓，传芭兮代舞”（一说“芭”同“葩”）的描写。宋代韩琦诗云：“边俗稀曾识此科，南方地暖北寒多。孤芳莫念违天性，无奈深恩爱育何。”可见古时我国北方地区就有栽种。即使到了“天水之地，迩于边陲，土寒不产芭蕉。戎帅使人于兴元（唐德宗年号，784年）求之，植二本于庭台阁。每至入冬即连土掘取之，埋于地窖，俟春暖即植之”（《玉堂闲话》），虽嫌烦琐，无奈深爱如此。据《三辅黄图》记载：“汉武帝元鼎六年（即公元前111年）破南越，起扶荔宫，以植所得奇草异木，有甘蕉（一说即香蕉）十二本。”这大约是我国最早的植蕉记录了。至晋室南渡后，由于帝王及世族文士更好营室，雕饰楼阁，植物亦开始在园林中占有更重要的地位，它已不再是秦汉时那种掠夺式的简单罗列，更多的是服从于崇尚自然的审美要求了，他们需要用植物来做人格精神的寄托（如“竹林七贤”），栽蕉之风大约亦始盛于此，能见到的文字记载开始增多，如《广群芳谱》引《晋宫阁名》：“华林园内有芭蕉二株”，沈约《修竹弹甘蕉文》：“切寻苏台前甘蕉一丛，宿渐云露，荏苒岁月,擢本盈寻,垂荫含丈，阶缘宠渥，铨衡百卉。……而甘蕉攒茎布影，独见鄣蔽，虽处台隅，遂同幽谷。”同时专门的咏蕉诗赋也开始出现，如谢灵运的《芭蕉》，徐摛的《冬蕉卷心赋》等。从“铨衡百卉”到“独见鄣蔽”所形成的“遂同幽谷”的园林功能来看，这一时期的芭蕉不仅只是个单纯的观赏对象，而且已经开始用它来进行空间分隔和组合了（这是晋后士人园林的一个显著的进步），可以说它更吻合了当时的隐逸之风。文士自营园林可以“迹与豺狼远，心如鱼鸟闲”（苏舜钦《沧浪亭》），可以“隔断城西市语哗，幽栖绝似野人家”（汪琬《再题姜氏艺圃》）。而“芭蕉丛丛生，日照参差影。数叶大如墙，作我门之屏。稍稍闻见稀，耳目得安静。”（姚合《芭蕉屏》）显然芭蕉的这种“独见鄣蔽”能使“耳目安静”的特质与文士园林所追求的造园旨趣是相一致的（图1-29）。

图1-29　明·杜琼《南�武别墅十景册之蕉园》（上海博物馆藏）

古人植蕉，除了其叶大招凉之外，尚可节俭以代纸，最早的如南梁的“徐伯珍少孤贫，学书无纸，常以竹箭、箬叶、甘蕉及地上学书”（《南史·隐逸传》）。到了唐代就出现了专事种蕉以学书的一代书僧怀素，“怀素居零陵庵东郊，治芭蕉亘带几数万，取叶代纸而书，号其所曰绿天庵、曰种纸”（《清异录》）。蕉叶连天，日以作字，雨师代拭，取之不尽，用之不竭，这也是古人的别出心裁或无奈。所以李渔称“竹可镌诗，蕉可作字，皆文士近身之简牍”。植蕉能韵人而免于俗，所以“书窗左右，不可无此君”（《群芳谱》）。

“芭蕉为雨移，故向窗前种。怜渠点滴声，留得归乡梦。”（杜牧《芭蕉》）窗前植蕉，似乎还重于听声，即所谓的“雨打芭蕉”，现拙政园中部的“听雨轩”即为佳例（图1-30），院内植有芭蕉、翠竹等，雨中游之，檐雨滴答，蕉叶淅沥，情趣清妙。这在我国古代大量的咏蕉诗词中也可找到佐证，如唐白居易的“隔窗知夜雨，芭蕉先有声”；宋王十朋的“草木一般雨，芭蕉声独多”，张愈的“生涯自笑惟书在，旋种芭蕉听雨声”，张栻的“退食北窗凉意满，卧听急雨打芭蕉”；明高启的“静绕绿荫行，闲听雨声卧”等等。近人周瘦鹃亦有“芭蕉叶上潇潇雨，梦里犹听碎玉声”的咏蕉佳句。而在众多的咏蕉雨诗中能得其三昧的要算宋代杨万里的《芭蕉雨》了：“芭蕉得雨便欣然，终夜作声清更妍。细雨巧学蝇触纸，大声铿若山落泉。三点五点俱可听，万籁不生秋夕静。芭蕉自喜人自愁，西风收却雨即休。”可见芭蕉遇雨韵自生，晴雨清幽总关情。

图1–30　苏州拙政园听雨轩之芭蕉

当然古人植蕉更多的是注重于对环境的营造。“树张清荫风爽神”，“静中情味世无双”，芭蕉是消夏良物，有添幽佐静之功，颇具幽栖之趣，所以在古代绘画中常可见到隐逸高士坐卧其间，以求闲静，如唐末孙位有《高逸图》，画“竹林七贤”，中有蕉石；元刘贯道有《消夏图》，一高士独卧于蕉荫下；明唐寅的《毅庵图》，一人独坐的堂前有竹丛蕉石；清高凤翰的《西亭诗意图》等等。“细响安禅后，浓阴坐夏中”，也许清凉蕉阴下的闲卧静坐更利于思索，更利于感悟到人生的真谛。“闲之一事，百祥无是比，五福不能畴焉。……但觉日月之舒长，不知户庭之寂寞。”（范成大《殊不恶斋铭》）对于养身来说，“必静必清，无劳女形，无摇女精，乃可长生”（庄子语），无怪乎金农对其诗弟子罗聘为其所写的《冬心午睡图》备加称道，并题诗赞曰：“先生瞌睡，睡着何妨。长安卿相，不来此乡。绿天如幕，举体清凉。世间同梦，惟有蒙庄。”在中国的眼中，自然物与人一样有呼吸，有生命，有感情的，正是庄周梦蝶，客观存在的自然之物一旦被发现其美之所在，即意味着它与人已互为交流，互为渗透了，甚至可以不问四时，超越时空，反常而合道，这就是为什么唐代大诗人兼画家的王维会把芭蕉画到雪地里去的缘故吧。

在古典园林中，芭蕉常与竹石相配，植于闲庭、幽斋、书窗前，“丛蕉倚孤石，绿映闲庭宇”，“新种芭蕉绕石房，清阴早见落书床。……得地初依苍石瘦，抽心欲并绿筠长”，“怪石如笔格，上植蕉叶青”等古诗均可证之。苏东坡说：“芭蕉初发时分，以油簪横穿其根二眼，则长不大，可作盆景。”以针穿眼虽不足取法，但只要移植于盆盎之中，控制其生长，即能矮化。周瘦鹃曾作“蕉下横琴”盆景，他掘了两株芭蕉的幼苗，种在一只紫砂的长方形浅盆中，配上了石笋，并在蕉荫下安放一个陶质的老叟，正在趺坐操琴，就成了一个很好的盆景（《红了樱桃绿了芭蕉》）。

此外，古书记载芭蕉的花、根等可食用。《群芳谱》说，芭蕉花苞中的积水如蜜，名“甘露”，早晨取食，很是甘甜，而且有止渴延龄的功效；又说芭蕉的根有两种，“一种精者为糯蕉可食”，“南番可鲁诸国无米谷，惟种芭蕉、椰子，取食代粮”。芭蕉的根、叶、花等均可药用，茎皮还可用于织布，《花镜》说：“其茎皮解散如丝，绩以为布，即今蕉葛。”

十三、紫薇花开百日红[1]

“一丛暗淡将何比，浅碧笼裙衬紫巾。除却微之见应爱，人间少有别花人。”（白居易《见紫薇花忆微之》）在唐代，紫薇是宫廷、官署中栽植得最为普遍的一种

[1] 原载《苏州日报》2000年10月14日。

花木，早在唐玄宗开元元年（713年），因当时的中书省（负责决策的中央机构）中栽植特多，所以就干脆把它改名为“紫薇省”，中书令也改称“紫薇令”了。晚唐诗人杜牧因担任过中书舍人一职，后人亦称他为“紫薇舍人”“杜紫薇”。因此，对于白居易这样的朝廷命官来说，睹花思人，融景生情也是极为自然的事了。“独坐黄昏谁是伴？紫薇花对紫薇郎。”（白居易《紫薇花》）由此，人们把紫薇与做官扯在了一起，成了名副其实的“官样花”（图1-31）。

图1-31　清·恽寿平《桂花紫薇图》（台北故宫博物院藏）

紫薇（*Lagerstroemia indica* L.）花期较长，每年从6月始花可开到7月，所以俗称“百日红”。“盛夏绿遮眼，此花红满堂”，一树花开，满堂皆红，因此又叫“满堂红”。紫薇树干光滑无皱，以手搔之，会使树颤动，故又有“痒痒树”的别称，清代的戏剧家李渔亦由此判断出“禽兽草木尽是有知之物”　。

《长物志》云：“薇花四种，紫色之外，白色者曰白薇，红色者曰红薇，紫带蓝色者曰翠薇。”尤其是翠薇，因其色泽多变，在现代园艺上还可分为多个变形，如初夜红、丹紫红、玫瑰红等，更为园艺者所爱好。留园中部池北假山上的南紫薇（*L. subcostata* Koehne）则是与紫薇同为千屈菜科紫薇属的另一个树种了，这株上百年的古树树干清奇光莹，古趣盎然，是苏州紫薇类植物的稀有之物。

紫薇最宜庭植（图1-32），唐诗如“职在内庭宫阙下，厅前皆种紫薇花”，“内斋有嘉树，双植分庭隅”等，皆纪实也。《学圃杂疏》亦说：“花薇者，缙绅家植之中庭，或云后庭花也”（王世懋猜测紫薇有可能就是后庭花了，古人有说鸡冠花或雁来红为后庭花的）。庭际植薇，更宜瘦透怪石相伴，老干虬然相依。花时散步庭隅，薇花烂目，最宜徘徊胜赏。

图1–32 《燕寝怡情之七》（庭院中的紫薇）

“独占芳菲当夏景，不将颜色托春风。”曾经装点过盛世宫苑的紫薇花，现今已是寻常百姓的庭中之花，案头之物，也把炎夏孟秋的寻常生活点衬得分外亮丽。

十四、霜落碧梧秋满园❶

“秋之为气也，萧瑟兮，草木摇落而变衰”（宋玉《九辨》），而立秋时节，独碧梧能得时令之气，一叶先坠，天下皆知秋之已到，岁将暮矣。

昔吴王夫差，好起宫室，用工不辍，于十三年（公元前483年）兴九郡之兵，将与齐国开战，道出胥门，过姑胥台（即姑苏台），白天假寐，梦见前园有横生梧桐（所以后人称之为梧桐园），当时公孙圣解梦认为对于伐齐非祥兆，所谓“梧宫秋，吴王愁”，初秋时节梧叶飞，深宫从此愁已动。可见梧桐与苏州有着不解之缘。

我国有关梧桐的记述及栽植历史均极为久远。相传周初成王（即周武王之子）与叔虞相戏，“削桐为珪（即封爵授官的凭信），以与叔虞曰：‘以此封若’。……史佚曰：‘天子无戏言，言之则书之，礼成之，乐歌之。’”（《史记·晋世家》成王无奈，只得封叔虞于唐，后叔虞之子改唐为晋，即今之山西西部。至周穆王（约公元前10世纪）西游，“是日天子鼓道其下而鸣，乃树之以桐”（《穆天子传》）。虽为

❶ 原载《苏州园林》1997年第3、4期合刊。

传说，但已开我国植桐之先河。春秋以降，宫苑家斋，栽植日广，吴王夫差除“梧桐园”外，尚有“梧园在句容县，传曰吴王别馆，有楸梧成林焉”（《述异记》）。西汉“上林苑”，“内植桐三，曰椅桐、梧桐、荆桐”。另有“青梧观”，“观前有梧桐树，树下有石骐驎二枚”（《西京杂记》）。至唐初，因宫中少树，孝仁后命种白杨，因为“此树易长，三数年间宫中可得阴映”。但诵古诗云：“白杨多悲风，萧萧愁杀人”，非宫中所宜，“孝仁遂令拔去，更树梧桐也”（《隋唐嘉话》）。

我国古代植树，多取其意，白杨之属虽可速生成荫，但在苑园家斋中栽植实有不祥或晦气之嫌。而梧桐植于广囿，“嗟倏忽而成林，依层楹而吐秀，临平台而结阴，乃抽叶而露始，亦结实于星沉，耸轻条而丽景，涵清风而散香”（齐萧之良《梧桐赋》），且“皮青如翠，叶缺如花，妍雅华净，赏心悦目，人家斋阁多种之”（《群芳谱》）。梧桐与竹、芭蕉等同为消夏良物，庭园中最不可少，且常常相互配植，以取佳荫鲜碧和幽静境界（图1-33）。明代陈继儒说：“凡静室须前栽梧桐，后栽翠竹，前檐放步，北用暗窗，春冬闭之，以避风雨，夏秋可以开通凉爽。然碧梧之趣，春冬落叶，以舒负暄融和之乐；夏秋交荫，以蔽炎烁蒸烈之威。”“室前栽梧桐，室后植翠竹”成了我国古代传统的植物习俗配置。古人认为：“凤凰非梧桐不栖，非竹实不食。今梧桐竹并茂，讵能降凤乎？”（《魏书·彭城王勰传》）昔在虞舜，凤凰来仪，邦之兴也，而今斋阁之中梧竹并茂，不亦家道中兴之兆？正如俗语所云：“有了梧桐树，何愁不来金凤凰？”《花镜》说：“藤萝掩映，梧竹致清，宜深院孤亭，好鸟闲关。”拙政园中部的“梧竹幽居”可谓独得三昧。

图1-33　明·唐寅《梧竹十亩》（私人收藏）

图1-34 明·仇英《洗桐图》
（私人收藏）

梧桐（*Firmiana simplex* (L.) W. F. Wight）属梧桐科落叶乔木，又名青桐、榇桐（《尔雅》）或碧梧。因侧枝每年呈阶状轮生，“有节可纪，生一年，纪一年”，被李渔称作“是草木中一部编年史也”，“树小而人与之小，树大而人随之大，观树即所以观身”。其叶掌状3～5中裂，因发叶较迟，而落叶最早，故有“梧桐一叶落，天下尽知秋”之说（图1-34）。其花小而略呈黄绿色，6～7月开放。其果熟时裂开如叶形，种子大如豌头，可收而播之。果仁肥嫩者可生啖，或炒食，亦可点茶。只是梧桐容易“生棉”（为梧桐木虱的分泌物），如絮乱飞，易沾衣物，但不应因噎废食，动辄砍伐，应积极防治。

梧桐宜夏，宜庭植。“永日长梧下，清阴小院落”，一树在院，修柯青阴，繁花素色，天资韶雅性，不愧知音识，如明代王世贞太仓弇山园内的“凤条馆”前间植碧梧数株，以障夏日；邹迪光无锡“愚公谷”的“晚菘斋”，“五楹三轩，庭列高梧二，广台二丈，杂莳花卉”，炎夏时节，碧梧当窗，垂荫几满，境极幽静，为其读书处；而张岱《陶庵梦忆》中所记述的“不二斋”，“高梧二丈，翠樾千重。墙西稍空，蜡梅补之，但有绿天（即芭蕉），暑气不到。后窗墙高于槛，方竹数竿，潇潇洒洒，郑子昭‘满耳秋声’横披一幅，天光下射，望空视之，晶沁如玻璃云母，坐者恒在清凉世界。……冬则梧叶落，蜡梅开，暖日晒窗。”堪为我国古代的梧桐配植的典范之作。

梧桐宜秋，宜望月。“春光集凤影，秋月弄圭阴”，“是物多妨月，桐阴殊不然”，秋月上桐稍，清虚无比，如清代洞庭东山的太湖厅治内的“青桐轩”，每当秋月栖桐，透过珠帘，直射轩中罗幕，时为一景。而桐桂相配，月窥西窗，清风送香，则更入佳景，“丹桂秋香飘碧虚，青桐迎露叶扶疏”，亦堪入画。明末吴江人徐白隐居苏州灵岩山上沙村，筑“水木明瑟园”，内有“桐桂山房”，“丛桂交其前，孤桐峙其后，焚香把卷，秋夏为佳”（清何焯《题潭上书屋》）。

梧桐宜晴，亦宜朝阳夕照。《诗经》中有“凤凰鸣矣，于彼高冈；梧桐生矣，于彼朝阳”，比喻有能力的人会有发挥的机会。司马光《桐轩》一诗云：“朝阳升东隅，照此庭下桐。莑莑复萋萋，居然古人风。……午景凝余清，夕照留残红。主人政多暇，步赏常从容。”那种自得的心情溢于言表。

梧桐宜雨。梧桐秋雨总给人带来一丝淡淡的伤感，历史上好多缠绵悱恻的爱情故事多半是在梧桐秋雨场景下发生的。“微云淡河汉，疏雨滴梧桐”何尝不是孟浩然这位唐代诗人无奈心情的写照。

梧桐为制琴良材，“桐实嘉木，凤凰所栖，爰代琴瑟，八音克谐，歌以永言，噰噰喈喈”（晋郭璞《梧桐赞》）。据《后汉书·蔡邕传》记载：汉末时被称为旷世逸才的蔡邕在吴地，“吴人有烧桐以爨者，邕闻火烈之声，知其良木，因请而裁为琴，果有美音。而其尾犹焦，故时人名曰‘焦尾琴’焉”。琴棋书画“四艺”是古代文人所必备的生活艺术修养。梧桐即使不能作琴瑟，也能郁兹庭院，绿柯荫宇，正如隋代魏彦深《咏桐》诗所言：“未作裁作瑟，何用削成珪。愿寄华庭里，枝横待凤凰。”

十五、物之美者，招摇之桂[1]

“黄金宫阙郁嵯峨，万斛清芬散绮罗。吴下高枝原有种，天香莫怪属君多。”吴地之桂，栽培历史悠久，品种多样，吴县光福即为我国五大桂花产区之一。每逢中秋佳节，广植于古典园林、风景名胜区以及街头绿地中的桂花，金粟满枝，芳气四溢，整个苏州城区就沉浸在一片甜香之中。

据范成大《吴郡志》记载，桂花本为岭南之物，到了唐代，才从杭州天竺寺移植到苏州来，当年白居易在苏州见城东的“樵牧之地”有桂花一枝，因感叹其生不得地，便有“子堕本从天竺寺，根盘今在阖闾城”，“月宫幸有闲田地，何不中央种两株”等句记之。

其实桂花作为一种亚热带及暖温带树种，在苏州早已有之。晋代左思在《吴都赋》中就有“丹桂灌丛”之句说及。到了宋明时期，桂花已被广泛栽植于古寺、宅园之中，同时赏桂之风盛行。范成大是“越城芳径手亲栽，红浅黄深次第开”（《岩桂》二首之一），“堂前趣就小嶙峋，未许蹒跚杖履亲。更遣移花三百里，世间真有大痴人”（《寿栎堂前假山成，移丹桂于马城自嘲》），于三百里外的西山马城移植丹桂于堂前假山之上，以用“小山招隐”之典。今网师园有“小山丛桂轩”一景，其南湖石假山花台上主植桂花，亦用“小山则丛桂留人”之意。宋代醋坊桥东有萧氏“双节堂”，后周虎易名为“闲贵堂”，中有台名“凌霜”，四周环植古桂数千本，可见当时植桂规模之大，难怪乎明代的王世懋会说：“木樨（即桂花）吾地为盛，天香无比。”

---

[1] 原载《苏州园林》2001年第3期。

桂花（*Osmanthus fragrans* (Thunb.) Lour.）为木樨科树种，因常丛生于岩岭之间，所以古代称之为岩桂、山桂；又因其木材纹理如犀，故又称木樨或木犀。在现代桂花品种分类中，有人提出可将桂花分为四季桂和秋桂两大类。秋桂中根据其花色，又可分为金桂型、银桂型和丹桂型。桂花品种中虽有春花及四季开花者，但大多其花盛开于秋季，少数品种如寒霜桂，开花则在寒露节前后，所以唐代诗人王建会有“冷露无声湿桂花”之句咏之。桂花花小，而且以淡黄为多，因大多雌蕊发育不正常，所以往往只开花，不结果。只有少数品种如银桂中的子桂品种等才会结果（图1-35）。果为核果，椭圆形，成熟时呈蓝黑色。

图1-35　金桂与子桂

在旧式庭院或园林中，桂花的配植常有对植、丛植或群植等多种形式（图1-36）。对植者如网师园“撷秀楼”、留园“林泉耆硕之馆”前，即所谓的“两桂当庭”，“双桂流芳”。桂花与白玉兰相配，花期一秋一春，花色一金一白，季相为一常绿一落叶，人谓“金玉满堂”，如留园的“留园”匾小厅即为此类配植方式。桂花与白玉兰、海棠、牡丹相配，取其谐音称之为“玉堂富贵”。唐人作画亦常有桂松相配，据《客座杂闻》云：“衡神寺，其径绵亘四十余里，夹道皆合抱桂松相间，连云蔽日，人行空翠中，而秋来香闻十里，……真神幻佳境。”至于百年老桂，如制作盆景，亦别具韵味，周瘦鹃先生有桂花盆景诗曰：“小山丛桂林林立，移入古盆取次栽。铁骨金英枝碧玉，天香云外自飘来。”

每值桂花开时，向有数日鏖热如溽暑，苏州人称之为“木樨蒸”。据《桐桥倚棹录》说，虎丘游船除三节会外，春为牡丹市，夏为乘凉市，而秋则为木樨市，金风催蕊，玉露零香，男女耆稚，极意纵游，咨一时之乐。

由于传说中月中有桂，人们常把桂花与月宫相联系（图1-37），如古代称月亮为“桂魄”，月宫为“桂宫”，又有“吴刚伐桂”“树创随合”的传说，这位汉朝的西河人因学仙时犯了道规，被谪至月宫去伐那高五百丈的千年老桂，却桂树依旧。因桂花花期正值秋季，而我国古代又有秋试之举，所以便将秋试及第者称之为“折桂”。月中有桂又有蟾，登科又称“登蟾宫”，于是便有了“蟾宫折桂”的称谓。在古希腊神话中，月桂是献给科学和艺术之神的圣物，用月桂叶编成的花冠，即桂冠，是用来授予才华卓越的诗人和竞技能手的，这大约也是为什么从1615年起，英国王室会把优秀诗人称之为“桂冠诗人”的来历吧。不过这月桂（*Laurus nobilis* L.）是樟科月桂属一种植物。

图1-36　明・仇英《桂园仕女图》（私人收藏）

图1-37　清・蒋溥《月中桂兔图》（私人收藏）

李渔说：桂花“树乃月中之树，香亦天上之香”，而且清能绝尘，浓能透远，一从盛放，邻墙别院，莫不闻之。听香不见桂，满街飘桂香。苏州之桂，正如神话中招摇仙山之桂，用它来作为苏州这座人间新天堂的市花，大约最合适不过了。

十六、东方的圣者——银杏[1]

被郭沫若先生誉为“东方的圣者，中国人文有生命的纪念塔”的银杏，以其古雅庄重的姿态，秀丽奇特的扇形叶片，莹翠似珠的白果而饮誉华夏，被尊为我国的“国树”。

银杏（*Ginkgo biloba* L.）为银杏科银杏属树种，乃史前石炭纪遗物。银杏科树种在古生代及中生代的欧亚大陆上生长极为繁盛，至新生代第三纪时逐渐衰亡。由于新生代第四纪冰川期的影响，致使中欧及北美等地的银杏科树种完全绝灭。当时我国发

[1] 原载《苏州园林》2000年第3期。

生的是山地冰川，不少山区因未受冰川的直接影响，而成为众多植物的避难所。银杏也因此幸免于难，存一属一种，并延续至今，成了著名的孑遗植物，故有“活化石”之称。

银杏初名“鸭甲子”，是因为其叶形似鸭甲之故，梅尧臣《鸭甲子》诗云：“高林似吴鸭，满树蹼铺铺”，就是最形象的比拟。又因生长缓慢，公公（即祖父）种树，孙子收果，所以又有“公孙树”的别称。到了宋代初年，因入贡，嫌其名不是太雅，便取其果形似杏，而核白色，改称“银杏”。民间则多以“白果”相称。苏州附近的洞庭山是我国著名的银杏产地之一，《太湖备考》说：“洞庭山银杏有‘圆珠’‘佛手’两种”，现在则有“洞庭皇”“大佛手”“小佛手”等六七个品种，其品质优良，名扬天下。银杏营养丰富，熟食有补肺、止咳、利尿等功效。杨万里《银杏》诗曰：“深灰浅火略相遭，小苦微甘韵最高。未必鸡头如鸭甲，不妨银杏作金桃。”说明早在宋代就有银杏烤食的吃法，而且其味可与鸡头（即芡实，为睡莲科的水生植物）、金桃（一种黄色的桃子，杜甫诗云：“麝香眠石竹，鹦鹉啄金桃”）相媲美。但因银杏中含有氢氰酸，所以不宜多食，否则容易中毒，甚至死亡。其褐黄色的外种皮亦含有银杏酸、银杏醇和银杏二酚等有毒物质，极具腐蚀性，手足触之，易起泡脱皮，万一沾上，应及时用肥皂洗净。银杏叶则可提制冠心酮，对治疗心血管疾病有疗效。

银杏一树参天，云冠巍峨，是著名的风景树种，每当春来，新叶初展，嫩绿油然欲滴，十分可爱。夏日叶色深碧，绿云片片，尤见其神韵。深秋则叶色陡变，渐成金黄之色，更富诗意。银杏也是有名的长寿树种，加之具有防火的特性，所以瓦砾丛莽之地，亦能见其凌云翳日之姿。我国最古老的银杏在山东莒县的定林寺，其树干最粗处达15.7米，相传为商代所植，距今已达3000余年。据考证，鲁隐公八年（公元前715年）鲁、莒两国诸侯曾于此银杏树下会盟。而地沃物多的苏州亦不乏百年至千年的古银杏，《长物志》说：“银杏枝叶扶疏，新绿时最可爱。吴中古刹及旧家名园，大有合抱者。……扶疏乔挺，最称佳树。”所以历代古刹名园均有记述，如《百城烟水》：“（唯亭）镇有延福寺，中有银杏一株，传为汉代人所植。”清初徐崧有“千年鸭脚树婆娑，亭畔行舟日夜过”句咏之。虎丘附近的半塘寺内旧有银杏一株，“本五大围，藤绕修条，鳞次鬣张，严如龙甲。当夏时，浓荫可庇十乘，谓之‘龙树’”（《半塘志》），相传为晋代高僧生公所植。清代光福西碛山的“逸园”，有室三楹，曰“钓鱼槎”，“槎之东，银杏一本，大可三、四围，相传为宋元之物”（蒋恭《逸园记》）。

苏州现存的名园古刹如留园（图1-38）、狮子林、角直保圣寺等，均有百年以上的银杏，正如明代造园家计成所言“雕栋飞楹构易，荫槐挺玉成难”，数百年名园古迹，亦因有银杏等长寿古老树木的存在得以修复而“长留天地间”，如留园在新中国成立前仅余银杏等古树山池，建筑物残破到几乎已无一处是完整者；20世纪50年代初，时上海某领导（柯庆施）至苏，说古木山石在，建筑物易恢复，短时间内可以竣事（见陈从周《梓室余墨·卷一》），于是一代名园得以丽色重新。现留园中部“可亭”两侧各有银杏一树，参天古木，枝叶交接，荫翳庇天，并与池西岸边的高大银杏相呼应，山林森郁之气，亦由此而出。秋冬时叶色鲜黄，又与西部枫林醉枝相错如绣，秋林黯淡，得此改观。

图1-38　苏州留园中部之银杏

银杏“木最耐久”，“其肌理甚细，可为器具梁栋之用”（《花镜》）。尤宜用作雕刻或绘画图板。苏州园林古典园林中的内檐装修、装饰，如纱隔（隔扇）、花罩、屏门及匾额等极富镌雕装饰之美的物件用料最为考究，以满足近观静赏的要求，银杏木便是最常用的一种。如网师园大厅“万卷堂”匾额就是以淡黄色的银杏木作底板，上镌文徵明的黑色行书，显得清秀古雅，极富书卷气。拙政园西部的主体建筑“卅六鸳鸯馆”内的隔断正中央，由银杏木制成的六扇隔扇，花纹精细，槅心镶嵌玻璃，极具典雅新奇之趣，其两侧次间所装的纱隔式落地罩，亦用银杏木制成；而“留听阁”内的一堂同样用银杏木雕成的“松竹梅鹊”透雕飞罩，则称得上是苏州古典园林中不可多得的木雕艺术珍品，松皮斑驳，竹枝挺秀，梅花攒簇，顾盼有姿的四只喜鹊喳喳欲飞，“喜（鹊）上梅（眉）梢”，整个画面活泼对称，布局疏朗灵活，雕刻风格清逸润厚。屏是由隔扇大小一样的板扇所组成的平整光滑的板壁，上面可以雕刻山水花鸟或诗文，如留园东部的主体建筑“林泉耆硕之馆”正中的六扇屏门隔断，也是用银杏木制成的，面南有晚清苏州书画家陆廉夫、金心兰、倪墨耕、吴窸斋合作的“冠云峰图”；面北则刻有曲园老人俞樾所撰、三韩惠荣所书的《冠云峰赞并序》（图1-39）全文（旧时则北图南文，据说为汪星柏所改）。

图1-39　苏州留园林泉耆硕之馆银杏木隔扇

银杏亦宜盆栽或作盆景，别具清幽之致。可取其幼树丛植，或蟠扎成疙瘩式，由野外挖取的老桩培植于盆盎之中的，则更具古朴洒脱之趣。银杏是川派盆景的代表树种之一，由于其特殊的气候与地理条件，四川银杏多“笋”（为半肉质的钟乳状肿突之物），着生在树干向下悬垂者叫“天笋”，着生在树兜者叫“地笋”，因其扦插极易成活，所以四川盆景常以银杏活笋代山，笋如山峰，却有生命，枝叶萦绕，峰被绿云，可谓独辟蹊径，别开生面。

银杏象征古老、长寿，且英姿勃发，叶形奇特，又可图案化，更具历史意义和人文价值，苏州又是银杏的传统产区，如用其作为苏州市的市树，也许更能体现这座历史文化名城的独特风貌和精神内涵。

十七、兰枯梅落赏瑞香[1]

万粒丛芳破雪残，曲房深院闭春寒。
紫紫青青云锦被，百叠薰笼晚不翻。
酒恶休拈花蕊嗅，花气醉人醲胜酒。
大将香供恼幽禅，恰在兰枯梅落后。
——范成大《瑞香花》

[1] 原载《苏州日报》2001年3月7日。

每当冬春之交，冰雪尚未消融，曲房深院中的瑞香就在层层叠叠的绿叶丛中，开出了丛丛簇簇的紫红色小花，细细看去，犹似一床灿烂而轻软暖和的云锦被，浓郁的芳香从中散发出来，氤氲温馨，她报道着春的消息，预示着整个新年的祥瑞。

瑞香（*Daphne odora* Thunb.）之名与和尚有关。相传庐山有一比丘，白天假寐于磐石之上，梦中闻到有花香甚烈，一觉醒来，四处寻找，得到此花，因而取名“睡香”。此事传开，四方奇之，都说是花中祥瑞，便改名“瑞香”，所以古时常被大量栽植于寺庙佛院之内。瑞香花期又正值腊后春前的“梅花枯淡水仙寒”之际，因而又常选它用来供佛，以补兰、梅之缺。结果倒惹逗得坐在幽室中悟禅的佛僧们意恼心乱，大有“芳情香思知多少，恼得山僧悔出家”（白居易句）的妙趣了。

如果说瑞香始于庐山比丘，好像从前就没有此花了，其实早在《楚辞》中就有关于瑞香的记载，不过那时叫作“露甲”。直到宋代，瑞香被视为芳草，大家开始普遍栽种，其名始著。宋人王十朋《瑞香花》诗云：“真是花中瑞，本朝名始闻。江南一梦后，天下仰清芬。”而词人张孝祥则把它推崇为“妙品只今推第一”。到了明代，瑞香又多了蓬莱紫、风流树、麝囊等别名，并有了金边瑞香、白花瑞香等诸多品种（图1-40）。

图1-40　瑞香

瑞香枝干丛生，树姿低矮而婆娑，性喜阴而忌阳光直射，怕潮湿，所以在园林中常仿其自然群落，配植于林下、路缘及阴坡，而尤宜于小型庭院中，自然花期为早春三月，“雕玉香浓团瑞雪，老梅斜映隔山茶”。瑞香亦便于家庭莳养，江南多盆栽赏玩。《群芳谱》云：“大概香花怕粪，瑞香为最，尤忌人粪，犯之辄死。”所以在栽培管理时应多加注意。

十八、诗报蜡梅雪中妍[1]

“雪里冰枝破冷金，前村篱落暗香侵。”每当隆冬飞雪之际，无论是园亭墙隅，抑或茅檐竹坞、野水篱落，都能见到蜡梅枝横碧玉，蕾破金黄，冲寒而开（图1-41），只因报春信，故作著人香。

图1-41　苏州网师园中的雪中蜡梅

《花镜》云：“蜡梅俗称腊梅，一名黄梅。本非梅类，因其与梅同放，其香又近似，色似蜜蜡，且腊月开放，故有其名。”在唐代以前，人们常将蜡梅（*Chimonanthus praecox* (Linn.) Link）与梅花（*Prunus mume* Sieb.et Zucc.）相混淆。到了晚唐，诗人杜牧始有“蜡梅还见三年花”之句咏之，后崔道融亦有“故里琴尊侣，相适近蜡梅”咏之。可见迟至晚唐就已有蜡梅的名称，并已用作观赏了，但蜡梅之称并不普及。到了北宋元祐年间（1086～1094年）一代文豪苏东坡和黄庭坚咏蜡梅诗出，才使之名播天下。黄庭坚还在《山谷诗序》中将蜡梅与梅花作了区别：“京洛间有一种花，香气似梅花，亦五出，而不能品明，类女工撚蜡而成，京洛人因谓蜡梅。”从此“蜡梅”之名正式得以确立（图1-42）。

[1] 原载《苏州日报》2000年1月20日。

蜡梅有个别名叫“素儿”。据《宾朋宴话》记载：北宋诗人王直方的父亲家中有许多侍女，其中有个叫素儿的，长得最为妍丽。王直方在蜡梅花开时，送了一枝给晁补之（“苏门四学士”之一），晁则作诗谢之，其中因有“芳菲意浅姿容淡，忆得素儿如此梅”之句，好事者便将蜡梅称为“素儿”。此外，因蜡梅花开时值冬季，花期又长，故又有“寒客”“久客”的别号。

图1-42　宋·赵佶《蜡梅双禽图》（四川省博物馆藏）

图1-43　苏州怡园中的蜡梅

苏州栽植蜡梅的历史较为久远，南宋诗人范成大归隐石湖时所著的《梅谱》中就记有3个蜡梅品种：以子种出，不经嫁接的俗称“狗蝇蜡梅”；经嫁接，花虽盛开亦常半含的叫“磬口蜡梅”；花色深黄如紫檀的名“檀香蜡梅”。而现在苏州园林中栽植最为普遍的则为“素心蜡梅”，其花色纯黄，形似荷花，故又称“荷花蜡梅”。近年苏州有些地方又新引进栽植了与蜡梅同属的柳叶蜡梅（*Chimonanthus salicifolius* S. Y. Hu）等种。

蜡梅素有“寒中绝品”，“岁寒独秀”和“严冬园林唯一的点缀”等美誉（图1-43），园林中常与南天竺相配植，或背衬粉墙，或缀以山石，俨然一幅天然图画，严冬来临，黄花红果，倾盖相交，真可称为“岁寒二友”。蜡梅根茎发达，发枝力强，耐修剪，所以又是制作盆景的好材料。其花枝可供瓶插，能久开，明代袁宏道在《瓶史》中将蜡梅列为十二月花盟主，并说：“蜡梅以水仙为婢”。若将两者清供室内，正如南宋文学家楼钥《咏蜡梅水仙》所赞：“二株巧笑出兰房，玉质檀姿各自芳，品格雅称仙子态，精神疑著道家黄，宓妃漫诧凌波步，汉殿徒翻半额妆，一味真香清且绝，明窗相对古冠裳。”实为怡情佳品。

十九、独步园林的白皮松[1]

松为百木之长，磥砢修茸，皮如龙鳞，历霜雪而不改，正所谓“岁寒，然后知松柏之后凋也”。苏州素为人文荟萃之地，长松落落，老者夭矫自若，少者婆娑数尺，邀清晖于明月，濑爽籁之清风，所以自古名宅古园，代有所植。如现在的苏州范庄前址，旧为北宋名臣范仲淹之先业，范氏在此建义庄，他在《岁寒堂三题并序》中说：“吾家西斋曰‘岁寒堂’，松曰‘君子树’，树之侧有阁焉，曰‘松风阁’。美之以名，居之斯逸。”因感“尧舜受命于天，松柏受命于地，则物之有松柏，犹人之有尧舜也”，所以再三警诫“子子孙孙，勿剪勿伐”，“念兹在兹，我族其光矣”。清代乾隆年间的狮子林，因“湖石玲珑，洞壑宛转，上有合抱大松五株，又名‘五松园’”（《履园丛话》）。现虽五松不存，但仍有“古五松园”一景。古代松树常以五株丛植配置，典出《史记》：“秦始皇上泰山，风雨暴至，休于树下，因封其树为五大夫。”（图1-44）所以松树亦称“五大夫”。一说“五大夫，秦爵第九级。”（《东斋记事》）光绪初年，位于南显子巷的惠荫园，有“惠荫八景”，其中有“松荫眠琴”一景，在琴台左侧有老松，“悬根石罅有年矣，虬拿空际，海风易秋，鳞裂半身，日色皆绿”（《苏垣安徽会馆录》）。

图1-44　泰山五大夫松

[1] 原载《苏州园林》2000年第4期。

吴地之松，品类亦多，如东山紫金庵内有“听松堂”，由于山坳四周土生土长的马尾松（*Pinus massoniana* Lamb.），因风起涛，空谷响梵，如虎啸龙吟而闻名遐迩。拙政园的“听松风处”❶，现旁植苍老古拙的黑松（*Pinus thunbergii* Parl.），以形成“疏松漱寒泉，山风满清厅。空谷度飘云,悠然落虚影”（文徵明《拙政园图咏》）的意境。而天平山高义园内有相传为明代江南才子唐伯虎手植的古罗汉松（*Podocarpus macrophyllus* (Thunb.) D.Don），因其种子似头状，成熟时种托猩红如袈裟，全形宛如一个身披袈裟的罗汉而得名（其属罗汉松科植物，与松科针叶成束的松属树种形态殊异，本非一类）。然而能独步古代园林的还数白皮松，究其渊源，正如陈从周先生所言：“白皮松独步中国园林，因其体形松秀,株干古拙,虽少年已是成人之概。”（《说园》）白皮松为中国独产的三针一束松类，无论是北国的皇家宫苑，还是江南的私家园林，都能见到它龙鳞古拙的身姿，北宋李格非在《洛阳名园记》中说：“洛阳独爱栝（即白皮松）而敬松。”中国园林讲究画意成景，即所谓的“入画”，所以贵老不贵嫩。清初李渔说：凡画山水者，每及人物，亦必作策仗之形，而从未有少年厕身其间，虽有亦为携琴捧画之流，更何况是松树（图1-45）。

图1-45　明·文徵明《听松风处》

白皮松（*Pinus bungeana* Zucc.）因树干追老皮色呈乳白而得名，故又称白松、白骨松，诗人张著《白松》：“叶坠银钗细，花飞香粉干。寺门烟雨里，混作白龙看”一诗，即为白皮松之写照，同时也说明寺观园林中亦多配植白皮松。由于它树干的外表皮呈不规则的薄鳞片状剥落后，露出碧绿色的内表皮斑纹，即所谓的“寒碧”

❶ 典出《梁书·陶弘景传》：“特爱松风，每闻其响,欣然为乐。有时独游泉石,望见者以为仙人。”

或“涵碧”，亦似虎皮龙鳞，故又有虎皮松、蟠龙松之称。清代乾嘉年间，刘恕（蓉峰）得明代徐泰时“东园”之旧，“增高为岗，穿深为池，溪径略具，未尽峰峦层环之妙，予因而葺之，拮据五年，粗有就绪，以其中多植白皮松，故名‘寒碧庄’”（刘恕《寒碧山庄记》）。只是民间因园主姓刘而呼为“刘园”，光绪间归盛康（旭人），袭其音而改名“留园”。白皮松在古代称作“栝子松”或“栝松”，明末太仓王世懋《学圃杂疏》云：“栝子松，俗名‘剔牙松’，岁久亦生实，虽小，亦甘香可食。南京徐氏西园一株，是元代时物，秀色参天，目中第一。”

从现存的实物和记载来看，有明一代苏州栽种白皮松特盛。文震亨在《长物志》一书中就有具体的白皮松配植之法：“取栝子松，植堂前广庭，或广台之上，不妨对偶，斋中宜植一株，下用文石为台，或太湖石为栏，俱可。水仙、兰蕙、萱草之属，杂莳基下。”至于“山松（即马尾松）宜植土岗山坡之上，龙鳞既成，涛声相应，何减五株、九里哉？”白皮松宜庭际斋中，而马尾松只宜土岗山坡。明代大学士申时行权倾朝野，当时在苏州有八处大宅，根据中国古代八音分别题名为金、石、丝、竹、匏、土、革、木，而于庭前皆植白皮松。与申氏同时代的当时文坛领袖王世贞在太仓有“弇山园”，园内有一座似英石又似灵璧石的苍黑石壁假山曰“紫阳壁”，“壁顶皆植栝子松，高不过六尺，而大可把，翠色殷红殊丽”，并借壁顶松风，清肃如佛说法，建梵音阁；更有“一岭若驼脊，前后九栝子松环之，最茂。每日出如膏沐，青荧玲珑，往往扑人眉睫，松实香美可咀，曰九龙岭”（《弇山园记》）。

从现存实物看，位于学士街升平桥的笑园，原构建于明代，现四面厅侧有白皮松一株，其径围达1.31米，姿态甚美，生长良好，为明代遗物。沧浪亭邻近的结草庵（今100医院）内有一株白皮松，至今树龄已逾600岁，周瘦鹃在《苏州的宝树》一文中说：“在苏州所有的老栝中，这是最古老的一株，干在数围，是南方所稀有的。明代大画家沈石田曾说庵中有古栝十寻，数百年物，即指此而言。”叶恭绰寓苏时常去观赏咏叹，其《赠栝》一诗云：“消得僧房一亩阴，弥天鬈甲自萧森。拏云讵尽平生态，映月空悬永夜心。吟罢风雷供叱咤，梦余陵谷感平沈。破山老桂司徒柏，把臂应期共入林。”常熟的曾园（即虚霩园）是在明代万历年间钱岱所筑的“小辋川”古址上构筑的，现存“虚霩居”庭中的白

图1-46　苏州怡园之白皮松

皮松即为明代小辋川遗物（位于西门大街缪都雍故居遗址内的另一株白皮松亦为明代遗存），松骨嶙峋，苍劲古雅，均属国家一级保护的古树名木。

以上所引，仅为大概。在苏州的古宅名园中，常能见到霜干烟姿、亭亭千尺的白皮松身姿（图1-46）。白皮松因有花可服，有节可酿，有子可餐，有涛可听，有阴可坐，而被称为园居胜友。

二十、柏叶长寿万年欢[1]

说起柏树，人们自然会想起光福司徒庙内被称为“天下奇观”的清、奇、古、怪四株古柏了，它们虽历尽千年，遭遇雷电，却仍能生机勃发，“一株参天鹤立孤，倔强不用旁枝扶。一株卧地龙垂胡，翠叶却在苍苔铺。一空其腹如剖瓠，生气欲尽神不枯。其一横裂纹萦行，瘦蛟势欲腾天衢”，表现出了极其顽强的生命力。

柏树，古称掬，因其耐阴，常能向阴指西，而西方正色为白色，所以柏字从白，称之为柏（图1-47），《山海经》说：“白于之山，其土多柏”。柏树种类较多，原产我国的就有8属29种7变种，而且大多适应能力较强，其中不乏百年以上的长寿树种，自古以来就被广泛栽植于庭园、寺庙和陵园等处。如北方多侧柏（*Platycladus orientalis* (L.) Franco），陕西黄帝陵“轩辕庙八景”之一的轩辕柏即为侧柏，有树高达19.3m，胸径2m有余，据人推算，树龄已达2700年以上；还有泰山岱庙的汉柏，亦为此种，相传为汉武帝所植。而我国南方多柏木（*Cupressus funebris* Endl.），成都传有诸葛孔明手植的柏木；昆明黑龙潭龙泉观内有宋代遗物“宋柏”，其寿亦达千年，据1976年5月测定，其树高为28m，胸径1.9m，冠幅达17m。江南则多圆柏（*Sabina chinensis* (L.) Ant.），也叫桧或桧柏，司徒庙内的清、奇、古、怪古柏即为此种。

图1–47　清·弘历《汉柏图》（私人收藏）

孔子说：“岁寒，然后知松柏之后凋也。”吟风傲雪之柏常给人以高洁坚贞之感。在汉代，柏树成列地栽植于御史府（其主要职能为监察、执法）中，以示庄重、公正、廉

[1] 原载《苏州园林》2001年第4期。

图1-48　苏州狮子林古五松园之古柏

明，因此御史衙门也就有了柏台、柏府、柏署的别称。而历代文人也雅好此物，如白居易任苏州刺史时，曾在郡圃之后种植桧柏，由于白公恩信及民，人皆敬之，称作“白公桧”；此桧柏在北宋政和年间（1111～1117年）因长势已弱，高不及两丈，后来被朱勔的父亲朱冲掘去献给了宋徽宗；据说此柏槁死于运输途中，朱冲只好用其他柏树代之，而禁中不知；到了南宋绍兴年间（1131～1162年），郡守洪遵因白居易手植之柏早已不存，只好补植，以复旧观。现网师园看松读画轩前有一株古柏，相传为南宋史正志手植，古木参天，老根盘纡于苔石之间，洵画本也；只是现长势日趋衰弱，半枯半荣，有待进一步保护。元代狮子林内有柏曰“腾蛟”，姿态奇异，屈蟠苍穹（图1-48），并有“指柏轩”一景，明初高启有“清阴护燕几，中有忘言客。人来问不应，笑指庭前柏”禅诗咏之。明代的王氏拙政园东北隅有“得真亭”，栽植4株桧柏，缚扎成亭，并取左太冲《招隐》诗“竹柏得其真”句意命名，现“得真亭”只是一个亭名而已。清代由常熟王翚设计，松江张然叠石的东山“依绿园”（芗畦小筑）庭院内有奇石如云涌状，上植盘柏一株，覆盖青益，为主人课子藏修之处。

李渔曾说，一座园亭，如果所有者皆为时花弱卉，而没有数十本老成树木主宰期间，则好似终日与儿女相处，而无良师益友也。所以园亭之树贵在老，而苍松寿柏古梅最难得，想要得到松柏梅“三老之益”，只好购买旧宅而居了，这大约也是书生的穷酸之叹。想当年财大气粗的袁枚在江宁（即今南京）筑随园时，“一造三改，所费无算”（袁枚《遗嘱》），为了将黄山的古柏移植到园内，不惜所费，“毁门而进”，名其轩曰“古柏奇峰”，“阶下樱络柏（即柏木），高不盈尺，虬曲心空，而皮仅存，苍苔如鳞，上生嫩条翠叶，袅袅迎风，傍一石，玲珑如静女垂鬟，盈盈相向”（《随园图说》），可见其经营之豪侈。

柏树历来是制作盆景的绝佳材料，《长物志》说：“桧柏之属，根若龙蛇，不露束缚锯截痕者，俱高品也。”谈到柏树盆景，就不得不谈到苏派盆景的扛鼎之作“秦汉遗韵”[1]了，其虽高不过2m，却给人以顶天立地、挺拔隽秀之感，被誉为“有生命

[1] “秦汉遗韵”已于2002年5月死亡。

的文物”，“立体的画”，加上明制的大红袍紫砂莲花盆为器，下配元末张士诚驸马府中的九狮石礅为座，可谓景、盆、架三位一体的杰出之作，给人以自然与艺术美的享受，为中国盆景艺术难得的珍品。

柏木坚韧细密，耐腐力强，不翘不裂，更具芳香，是古代建筑中的上选材料，如扬州古建筑中，以楠木厅和柏木厅最为名贵，用柏木建造的厅堂常不油漆，雅洁而散有芳香，这种存素去华的大木构架最能与清水砖墙的格调相一致，显得古雅无比。

“青幢碧盖俨天成，湿翠蒙蒙滴画楹”，柏木象征着长寿、吉祥，寿柏当庭，也许更能平添出几分画意吧。

二十一、苏州盆景菊[1]

“一从陶令评章后，千古风流说到今”的菊花，以其春茂翠叶、秋曜金华的清丽姿态，不畏寒霜凌迫的高洁形象，誉满华夏。人们栽菊、赏菊蔚然成风（图1-49）。传统造型式样的品种菊、大立菊、悬崖菊等早已为广大艺菊爱好者、名师高手所熟悉、喜爱，而苏州的盆景菊却能摆脱传统艺菊的造型模式的束缚，独辟蹊径，别出心裁地利用宿根草本类小菊的自然形态，一举成为中国盆景、艺菊园地里的一朵艺术奇葩。

图1-49　沈周《盆菊幽赏图》（辽宁省博物馆藏）

[1] 原载《苏州园林》1992年第5期（署名：一下）。苏州盆景菊亦称艺术菊、艺菊，但后者的范围很广，一切传统的菊花造型均属艺菊范畴。与传统的艺菊相比，盆景菊无论在造型手法，还是制作技艺上均具盆景的特点，应把它归属于盆景的范畴。本文暂用“盆景菊”一词。

（1）类型与风格：苏州盆景菊始见于20世纪70年代。老一辈艺菊名家胡诚实等采用树桩盆景的立体造型和空间变化，大胆地革新传统艺菊的形式，把株矮花小的满天星类小菊从传统的配景从属地位中解放出来，成为新形式的主景材料，并通过假借树木，移接青蒿（*Artemisia carvifolia* Buch.-Ham. ex Roxb.）等特殊手段，使低矮纤弱的草本转化为富有空间造型的树木状菊花盆景（图1-50）。他所创作的大、中型盆景菊，在充分吸收苏州盆景造型特点的基础上，假借死亡的盆景废桩，以此作为框架，用青蒿作砧木，将小菊嫁接其上，再利用小菊形成的花朵枝片，表现出江南千年古树丰满敦实、老而弥健的艺术形象，具有强烈的地域特色和独特的艺术风格。这是苏州盆景菊的代表类型。

图1-50 苏州盆景菊

另一类型则采用青蒿弯曲造型，将小菊嫁接其上形成枝片的盆景菊。由于青蒿的主干粗度有限，在造型上亦缺乏变化，故目前已呈淘汰之势。

第三类为微型盆景菊，它直接采用小菊品种进行扦插，或小菊嫁接后在接口处套袋包土而形成的各种掌上小品。这种盆景菊注重吸收微型盆景的一些造型特点，寓宏观于指间，采用套张、浓缩等表现手法，形成一种清新、隽秀的格调，具有独特的艺术感染力。

（2）栽培与制作：立意构图：立意构图就是制作者根据废弃树桩的特殊形态及青蒿、小菊的生理、生长特性，结合制作者自身的艺术修养，对未来作品作一总体构思，这个思维过程包括对作品的外观造型、枝片分布和景盆选择等的设计。立意着重处理作品的“神”，使其具有盆景的诗情与画意的艺术境界，而构图则注重作品的“形”。

选桩养本：选桩养本就是对从野外挖掘来的青蒿，栽植于树桩的观赏背面，在泥盆中进行定植培养，以作嫁接小菊的砧木之用。这项工作一般在初冬11～12月或翌春2～3月进行（中、小型盆景菊尤以后者为好）。

选穗嫁接：盆景菊的品种多采用满天星类小菊，常见品种有龙眼、凤眼、小金铃、一点红、蜂窝小菊等。小菊接穗要求具有穗条坚韧、节短密集、叶形细小、花密柄短、色彩淡雅、萌芽力强、无病虫害等适合盆景造型特点的性状。用嫩枝劈接的方法，在养本留条的青蒿适当部位进行嫁接，该项工作一般在4～5月进行，以10天为一期，上下分层分批，2～3次完成。

扎片整形：为了使盆景菊能模拟出各式盆景的姿态，反映出大自然的奇丽景色，并利用小菊的生长迅速、耐修剪、易整形的特点，在造型上采用搭架扎片的方法，利用顶芽和生长方向来达到造型目的。初次整形一般在5月下旬到8月下旬进行，二次扎片则在植株现蕾的9月下旬进行，此时需除去绑扎物（细竹竿等）及基部老叶，然后采用粗细相宜的铜铝软丝进行扎片，最后定型。

翻盆配景：10月上中旬根据盆景菊的形态、花色等，进行选盆和翻盆配景。景盆一般选择色彩淡雅的各种明清花盆或宜兴紫砂盆。翻盆后铺设青苔，点缀必要的山石和摆件（图1-51）。此时也要把缠绕的金属丝拆除，并注意小菊枝片与树桩的有机衔接，使其“天衣无缝”，犹若天成。

图1-51　苏州盆景菊陈设

苏州盆景菊历史虽短，但发展迅速，在老一辈艺菊名家的关心指导下，新一代艺菊爱好者不断地有新的作品参展面世，并深受名师专家的好评。我们相信苏州的盆景菊在不久的将来，定会在中国的盆景、艺菊园地里越开越盛。

二十二、天平山古枫香[1]

远上寒山石径斜，白云深处有人家。
停车坐爱枫林晚，霜叶红于二月花。

每逢秋高气爽、霜林醉红之季，凡爱好秋色的人们，自然会吟起唐代诗人杜牧的这首天下名诗。而秋到江南、枫枝撼红之际，融自然景观与人文景观于一体的天平胜景，自然也是人们游览赏枫的最佳选择了。“丹枫烂漫景装成，要与春花斗眼明。虎阜横塘景萧瑟,游人多半在天平”（袁景澜《吴郡岁华纪丽》），天平山看枫叶，代代沿袭，年久成俗，现在已演变成了一年一度的天平山红枫节，引得海内外无数游客纷至沓来。

天平红枫素有“天平红枫甲天下”的美誉。它之所以能与天下的赏枫胜地相媲美，与北京香山、南京栖霞山、长沙岳麓山并称为中国的四大赏枫胜地，是与它独特的地理环境和人文历史分不开的。天平山位于苏州城西，山顶平正而山势高峻，是一座以花岗岩侵入体为主的断层山。冲积而来的山麓土壤深厚肥沃。山体又多泉，涓涓细流与山涧相汇聚，积水于山麓之湖“十景塘”，其水系丰富，大旱而不竭。其山坳坐西朝东，状若簸箕，形似座椅，独得纯阳之气，所以杂树参天，云气萦绕，风水特佳，从而形成了适合于众多植物包括枫香在内的极佳生长环境。因此自从明代万历年间（1573～1619年）范仲淹十七世孙范允临弃官还乡重修天平山祖茔时，将福建带回的380株枫香幼苗栽植于此。这些枫香虽经历了400多年的风雨沧桑，却因有日月的浸润和沃土的滋养，树势依然强健，生机勃发。每当深秋之际，枫林经霜，层林尽染，娇艳如醉，从而形成了闻名遐迩的“万丈红霞”之景，南社诗人庞树柏赞之曰：“晚枫初着霜，靓于越溪女”，殷红的霜叶之美可与越女西施相争艳。纵观天下赏枫胜地，无论北京香山的黄栌，还是南京栖霞山的枫香，大多为自然生成之林，然而像天平山那样的由名人手植，虽经数百年而独存于天地之间的古枫香林，可谓凤毛麟角，绝无仅有，它与范仲淹的“先天下之忧而忧，后天下之乐而乐”的忧怀之观一样，早已成为了一个时代的文化符号，有着独特的历史价值和文化方面的意义。

天平山之枫，学名枫香（*Liquidambar formosana* Hance），古称香枫、灵枫等（图1-52），《尔雅》云：“枫摄摄”，又《汉书》注云：“风则鸣，故曰‘摄’”，枫

[1] 原载刘志平主编《苏州天平胜景》，上海文化出版社2003年版。

叶遇风而鸣，摄摄作响，所以又称“摄摄”。在现代分类学上则为金缕梅科枫香属树种。其叶呈掌状三裂，叶缘有锯齿，蒴果集成球形花序，俗称“路路通”。《花镜》云：“（枫）香木也。其树高大，似白杨而坚，可作栋梁之材。”其果可焚作香；树皮流出的树脂叫“白胶香”，可代作苏合香之用。其叶“一经霜后，叶尽皆赤，故名‘丹枫’，秋色之最佳者，汉时殿前皆植枫，故人号帝居为‘枫宸’”。也许这位官至福建布政使司右参议的范允临先生正是看中了汉时植于宫殿前的这种“栋梁之材”，才不辞劳顿（古人海运须用石等压舱，如陆绩的“廉石”，范则用树苗），以其装点祖茔山林，期盼子孙光耀门楣吧。另据《吴县志》记载：“枫似白杨，叶作三脊，霜时色丹，故有‘枫落吴江冷’之句。”（如宋代王沂孙《绮罗香·红叶》：“赋冷吴江，一片试霜犹浅。”张炎《绮罗香·红叶》：“枫冷吴江，独客又吟愁句”等）有人考证：其枫其实均是乌桕。

图1-52　枫香之形态

图1-53　天平山之枫叶

时世变迁，沧海桑田，天平山原有的380株古枫，虽然至今仅存154株，而且大多已呈老态龙钟之势，然能各显异态，景致独具。有的根部盘突，树瘤奇特；有的枝干四展，叶茂如盖；有的两三株作丛生状，似扶持相依，喁喁细语；有的则横枝照水，鲜红的枫叶将水面染了个彤红，倒影摇动，水光涟漪，从而构成了一幅幅天然图画（图1-53）。

近年来，由于天平山风景管理处不断地补植了“接班枫”3000余株，因此，新老枫香交相辉映，景致更为壮观。深秋之际，枫叶在低温和霜冻的作用下，叶内细胞液中的花青素不断地形成和积累，从而呈现出不同的颜色。又由于年龄和长势的不同，加上地势和所受寒气的不一样，造成了枫叶在色彩变化上的先后不一和深浅各异，从而呈现出绚丽多彩的红霞景观。据《清嘉录》记载：在范仲淹祖坟，即俗称“三太师坟”前，有大枫树九株，“非花斗妆，不春争色，远近枫林，无出其右者”，俗呼

“九枝红”。而且在叶色变化过程中，枫叶常由青转黄，然后由黄变橙、变红、变紫，所以人称“五彩枫”或“五色枫”。有的还呈现出嫩黄、橙红、浅绛、深红等色，宛如春花争艳；有的即使是同一片叶，因在色素变化过程中存在差异，也往往一部分变红了，而另一部分还是青色或黄色、橙色，其色彩变化之丰富，犹如彩蝶群舞，晚霞缭绕。目前天平山风景管理处针对古老枫香衰老的内外因素，采取了一系列有力的措施，如对古枫香进行编号，划分保护区域，建立档案；进一步改善古枫林的立地条件，调整古枫激素水平，以改善树体内的营养分配；并通过个人或单位对古枫的认养，加强宣传保护力度，使得古老的枫香又呈现出生机勃发，焕发了青春。

其实天平山的枫林中还混生着部分古银杏、古松柏和古麻栎。在现存的192株古老树木中，有麻栎4株，榉树5株，入秋叶色黄褐或橙褐，丰富了枫林的景色。尤其是松柏，俗语云：“种枫必种松”，松柏叶色终年苍翠，它正好与鲜红的枫叶相映衬，晚清李宣龚《登天平山看红叶》诗云：“万松千百枫，独醒杂众醉”，秋天的枫林在东麓成片松林的映衬下，更显得金辉流灿，红霞漫卷。你若登上天平山，站在“望枫台”（俗称“中白云”）上，俯视远眺，那成片的枫林正是在苍松的映衬下，“冒霜叶赤，颜色鲜明，夕阳在山，纵目一望，仿佛珊瑚灼海”（《清嘉录》）。大凡祠墓古迹之地多桧柏，天平山现存百年以上的古柏18株，仅次于古枫香。“三太师庙”前有株古柏树龄已达900年多年，虽历经沧桑，却愈显得鹤骨龙姿，古趣盎然，能与网师园宋柏相媲美。正是这些古柏苍松伴随着古枫，演绎着天平山的历史与文化。

配植第二

一、留园的植物配置[1]

现留园基本保持了晚清盛氏园林的格局，中部景区以水池为中心，为全园的精华所在（图2-1）。池北主假山为典型的石包土假山，所以树木能和叠石相结合，身处山林近观，树石相依，树以石坚，石以树华，大树见根不见梢，宛如置身山林间；而从池南的楼榭中远眺，则假山露脚(池岸叠石)不露顶，大树见梢不见根，美自天成，堪得画理。树种以银杏、南紫薇、榔榆等落叶乔木为主，间杂木瓜、丁香之属，春英夏荫，秋毛冬骨，与池西假山上的香樟、桂花等常绿树种形成对比。这样常绿树种便隐去了池西假山的最高点，从而突出了池北假山的主景地位。水池南面则在高低错落、造型多变的建筑物间留有形状、尺度富有变化的庭院，并布置竹石花台小品，以与山池相协调（图2-2）。

图2-1　池中花廊

图2-2　池南青枫与池西银杏

图2-3　留园西部枫林

西部景区是以积土大假山为主景而形成的山林景观，漫山枫林，杂以香樟，点级亭台一二，秋时醉红撼枝，层林尽染（图2-3），与一墙之隔的中部银杏黄叶相映成趣，互为借景。山南环以曲水，遍植桃、柳，仿晋人武陵桃源，使人有世外之感。

[1] 原载《园林》2005年第2期。

二、网师园的植物配置❶

网师园始建于南宋淳熙年间，其布局，现可分为东、中、西三个部分：东部为住宅区，中部为主园，西部为内园，是座完整的古典园林，并素以小巧、雅致著称。

住宅部分从南到北依次为照墙、门厅、轿厅、大厅、内厅等，并按中轴线对称建造，为典型的江南传统建筑。其植物配置也多采用规则式的对植形式：照墙前对植盘槐（龙爪槐）两株，《周礼》曰：“面三槐，三公位焉。”三公即为宰辅，在古代，非官宦人家不能用盘槐对植于屋前。在大厅“万卷堂”的前庭中，对植有白玉兰两株；该厅原名“清能早达”，“清能”即为古代官吏的品德，“早达”即早年发达之意，而白玉兰早春开花，冰清玉洁，暗寓其意；大厅后对植桂花，古代因“桂”“贵”谐音，所以寓意夫妻“两贵当庭”，“双贵流芳”；同时白玉兰和桂花相配，春来玉兰一树千花，夏日绿荫满庭，秋时金桂飘香，冬天则玉兰叶落，极富季相变化，又有“金（桂）玉（兰）满堂”的象征。在“五峰书屋”“集虚斋”“梯云室”等读书课徒之处的庭院中则配以假山小品，杂植山茶、玉兰、木瓜、红枫、枸骨等四季花木。

中部园林以“彩霞池”为中心，为使水池驳岸显得生动有致（图2-4），在池岸处点缀南迎春、络石等常绿披散性灌木。池南主厅“小山丛桂轩”前以假山花池上配植桂花为主，以合北朝庾信《枯树赋》中的“小山则丛桂留人”的主题。池北“看松读画轩”前有古柏一株（图2-5），相传为南宋园主史正志所植，距今已有800多年的历史；在黄石花池中遍植牡丹、海棠。在池东的靠住宅的山墙上，则用木香作垂直绿化，春时千枝万条，千花万蕊，带月垂香，有惹风舞雪之态。

图2-4　网师园之彩霞池

图2-5　池南宋柏

❶ 原载《园林》2005年第3期。

西部内园即为“殿春簃”庭院，古代因一春花事，以芍药为晚，故名“殿春”，此处原为芍药圃，清代嘉庆年间，当时网师园以盛植芍药而闻名于世。芍药圃南，与之一墙之隔的，现辟为牡丹园，春时国色天香，韶光融融，为春天品茗的好去处。

三、艺圃的植物配置[1]

位于苏州文衙弄的艺圃始建于明代嘉靖年间（约公元1560年前后），园主袁祖庚颜其楣曰：“城市山林”。万历末年（1620年）园归文徵明曾孙文震孟，易名“药圃”，“药”即香草中的白芷，《本草》：“白芷，楚人谓之药。”（古代药、藥为二字）古人常以白芷、杜若、蘅芜等香草比德，如屈原所作的楚辞《九歌•湘夫人》：“桂栋兮兰橑，辛夷楣兮药房”，所以“药圃”就是种植香草的园圃，艺圃内至今还有“香草居”这一景点。清初园归姜埰，初名“颐圃”，又名“敬亭山房”，后改名“艺圃”，“艺”（蓺）也是种植的意思。

艺圃布局为东宅西园，大致保持了明末清初的旧况。园以水池为中心，池北以建筑为主，主体建筑“博雅堂”南有小院，院中设太湖石花台，主植牡丹。池南堆土叠石为山，山上有年逾百年的白皮松、朴树、南方枳椇、瓜子黄杨和香樟等，林木茂密，山林之气由此生成（图2-6）。池东、西两岸以疏朗的亭廊树石作南北之间的过渡与陪衬，显得自然贴切，隽永有味。池东南现有屋曰“思嗜轩”，其旁植一枣树，当时艺圃园主姜埰嗜好食枣，曾在园中植有枣树，作为明朝的直臣、忠臣，枣树正好其核为红色，可喻赤子之心，以表达自己对明王朝的忠心；其子姜实节为思其父，特在原园之西南构小轩，名之“思嗜”，并有诗云：“开花青眼对，结实赤心期。似枣甘风味，如瓜系梦思。”其父子亲情，感人肺腑。轩西临池处有亭曰“乳鱼”，旁有老柳、梧桐各一本，当时文氏药圃，仿学陶渊明，植有五柳，姜氏艺圃进门后，有青桐数十本，这些植物均有隐逸高洁之意。水池西南有三折曲桥名“度香”，池中历史上曾植有白花重瓣湘莲、花色娇艳的小桃红，以及罕见的一茎四花宛若众星捧月的荷花品种“四面观音莲”，人度池上桥，满溢荷花香；这圣洁清香的观音莲，正代表了一门忠烈的文氏、姜氏他们忠贞不渝、正气凛然的品格。桥之西南为“浴鸥院”，院中小池与大池相通，散置湖石及南迎春、红枫等花木；院内更有百年榔榆一株，堪可入画。纵观艺圃，黛山青池，水木清华，房栊窈窕，阛阓中可称名胜地。

[1] 原载《园林》2005年第8期。

图2-6　池南假山景物

四、耦园的植物配置[1]

耦园是苏州现存古典园林中保存和开放最为完整的园林之一，其正宅居中，轿厅、大厅前的天井内亦以白玉兰、桂花相配，东、西两园则各具特色。西花园以“织帘老屋”为主体建筑，前有太湖石假山一座，山体蜿蜒曲折，老树荫浓，葱翠入画；屋后则有牡丹花台两座，花时繁香艳态，秀色可餐，令人忘饥。东园原为清初保宁太守陆锦的“涉园”，又名“小郁林”，其布局以山为主，以池为衬，山顶山后的敷土处疏植山茶、紫薇、黄杨等诸花木；绝壁处斜出冠盖于“受月池”上的偃松老朴（图2-7），与壁缝间所生长的悬葛垂萝交相映衬，更增添了山林的自然气息。山池的东南与西南则用“筠廊”“樨廊”来联系和划分景区；东南角的“听橹楼”北，以土坡筑以黄石为边范，培土其内，花台略成台阶状，其间盘以石径；花台内修竹（寿星竹）蒙密，高下成林，更有粉墙边的老树相映，整个景区显得清新活泼，与“受月池”隔岸的雄浑峭拔的黄石假山遥相呼应，形成对比。西南边借“樨廊”划分出几个大小不一的空间，廊南为一疏旷的大院落，四时花木，点衬若干湖石小峰，颇显田园之美；廊西为“枕波轩”，庭前丛桂森森（图2-8），足可忘暑。

[1] 原载《园林》2005年第5期。

图2-7　受月池周边景物

图2-8　枕波轩庭前丛桂

五、怡园的植物配置[1]

在苏州古典园林中，怡园因建造年代晚，所以在造园上吸取了宋、元、明、清各园林的特点，博采众长，自成一格。当时园主顾文彬在给他儿子顾承的信中说：园要造得“朴而无华，雅而不俗，多堆湖石及石笋，多树花卉果蔬竹子。”所以怡园多竹，其东部有因“万竿戛玉，一笠延秋，洒然清风”而名的玉延亭和旁有竹林的四时潇洒亭。东部主厅的南半厅，因庭院中遍植松柏、方竹、老梅、山茶等，经冬不凋，故名“岁寒草庐”，只可惜现老柏独存枯干，而其方竹，至今独享盛誉（图2-9）。

图2-9　岁寒草庐庭前丛竹

图2-10　怡园梅圃

[1] 原载《园林》2005年第4期。

怡园以梅胜，与岁寒草庐为邻的西部山水主园中的“南雪亭”和主厅“锄月轩”均以植梅而名：南雪亭引用南宋潘庭坚约社友聚饮于南雪亭梅花下的故事，“意盖续南宋之佳会”；锄月轩则取宋刘翰“惆怅后庭风味薄，自锄明月种梅花”和元萨都剌“今日归来如昨梦，自锄明月种梅花”诗意而名，现有梅花一林（图2-10），早春之际，缤纷万树，清香盈溢。与梅林一泓池水相隔的北部为“金粟亭”，这里桂花成林，正如《长物志》所云：“丛桂开时，真称香窟，宜辟地一亩，取各种并植，结亭其中。”金桂蕊如金粟，点缀枝间，香飘数里，故有是名。其他如牡丹、碧梧、白皮松（图2-11）等名卉嘉木，点缀于泉石栏杆、梅竹松影之间，长歌自酌，诗酒流连，足可自怡矣。

图2-11　池北临水白皮松等景物

六、环秀山庄的植物配置[1]

位于苏州景德路中段的环秀山庄，面积仅约2000平方米。进门厅，过“有穀堂”，即来到“环秀山庄”四面厅。厅北露台两侧，以鸡爪槭(青枫)对植，夏日绿荫如盖，苍翠欲滴；秋时则叶色陡变，醉红撼枝。厅北正对山林，有当时园主孙均于清嘉庆十二年(1807年)前后，延请叠山名家、常州人戈裕良所叠的“奇礓寿藤，奥如旷如”，被俞樾称之为“天然画本”的假山一座。其地虽不足一亩，却山势磅礴，岩峦耸翠，池水萦绕，有巧夺天工之妙。山池东面，以高墙为界，三四株老朴，遮云蔽日，形成一道绿色屏障（图2-12），隔断红尘喧嚣，而山林之气，亦由此而生。其正如绘画的边框，山

[1] 原载《园林》2005年第7期。

体余脉由此开始，向西犹如山脉奔注，忽然断为悬崖峭壁，止于池边，“似乎处大山之麓，截溪断谷”(张南垣语)。断崖处，有黑松一株，虬枝堰盖，有蛟龙探海之势（图2-13）。假山驳岸处，薜荔、何首乌等野生藤萝，成丛成簇，时断时续，垂挂于水际，与矶岸洞穴混为一体，池水宛如从中弥漫而出，所以曲水萦绕如带，却具幽深之感。

图2-12　假山上的朴树

图2-13　假山断崖处的黑松

而位于假山北侧山麓的“补秋舫”前，旧时曾种植有许多芍药花，春末之际，花开如锦，其中有一种开纯白花色的，名曰“月下素”，弥足珍贵。

七、鹤园的植物配置[1]

建于清光绪三十三年（1907年）的鹤园，东为住宅，西为花园，并素以平坦开朗为特色，其布局以鹤形水池为中心，环池叠砌湖石，配植南迎春、松柏、桂花、紫薇、蜡梅等植物为主景（图2-14）。池南为“枕流漱石”四面厅，厅南栽花种树，更有丁香一株，为第三代园主、清末“词坛四大家”之一的朱祖谋手植，花坛上嵌石刻一方，镌刻着藏书家、群碧楼主邓邦述篆书“沤尹词人手植丁香”八字，并附记云：“彊村师昔尝假馆鹤园，手植此花。鹤缘爱护之，比之文衡山拙政园之藤。足增美矣！弟子邓邦述记。”其花时芳馥，至今犹盛；厅北则植松栽桂，点以立石；厅之西南花坛上有广玉兰和紫藤，似为百年之物。北为“携鹤草堂”，前有广玉兰、龙柏、桂花等，均为百年之物。池东有长廊，自南而北贯穿南北之厅，并与院墙构成若干小院，间以杂花修竹，极具特色。

[1] 原载《园林》2005年第6期。

图2-14 鹤园池岸植物配置

八、苏州园林博物馆新馆的植物配置[1]

苏州园林博物馆新馆可谓是苏州园林的“百科全书”，这座浑似迷宫般的新馆试图通过造园模型、历史图片、建筑构件、营造工具等的陈设和解析，并借用传统书画、现代影像技术等对苏州园林从历史到技艺等方面作一全面的展示，使游人能从多方位、多角度去获取苏州园林的各种知识。

图2-15 角隅绿化

植物（花木）本是中国园林的三大造园要素之一，作为有生命的物体，在园林的专业博物馆内用图片、影像等对其种类、配置等进行展示、阐释相对简单，但如果要用生命实体来陈设，则无异于“蜀道之难”了。新馆利用苏州传统民居建筑中的天井、夹道等空间，将苏州古典园林中诸如拙政园的“海棠春坞”，留园的“古木交柯”“花步小筑”“石林小院”等植物配置的经典之作，穿插其间，做到“神似”地再现，并能与新馆的角隅绿化（图2-15）、实物陈列等结合得“天衣无

[1] 原载《园林》2008年第3期（署名：吴子虚）。

缝”，实属难能可贵。尤其是在叠山馆和北京颐和园藏品专题馆两处馆前，借鉴现代建筑装饰中的玻璃幕墙技术，将狭小逼仄的空间进行延伸、借景，这在造园技法上有所突破，见仁见智，各有评说。

叠山馆中的黄石假山以网师园“云冈”假山为蓝本，幕墙外，峰峦起伏，排闼而来，至室内余脉，平冈浅阜，一树红枫，数竿天竺，几墩书带草，将室内点缀得生机无限，景色非凡（图2-16）。错落的叠石由右向左逶迤，收尾于花池，雄浑古拙的叠石与质朴苍劲、偃盖如云的黑松，尽显阳刚之美，此山堪得“云冈”之神韵，为当今难得的成功假山作品之一。

图2-16　庭院黄石假山

九、苏州园林的植物配置与动物景观[1]

植物与山水、建筑一样，是园林中不可缺少的组成内容之一。以人工建筑与自然山水之美的沟通汇合为特点的苏州园林，正是借助植物的色、香、姿、韵及与自然季候所交织形成的声、影，来满足人们的感官享受和审美情趣的。

“山藉树而为衣，树藉山而为骨”（王维《山水论》），山水“以草木为毛发”，“得草木而华”（郭熙《山水训》），山借花草树木而生姿，得草木而呈四时之景，朝暮之息。疏林淡影，落木远下秋山，薄暮横拖野汀，方显山林本色。早在汉

[1] 原载徐文涛主编《苏州园林纵览》，上海文化出版社2002年版。

代，人们就以花草树木配合山水峰石，创造出蓄以自然情趣的园林景象。

我们的祖先，在漫长的生活和生产实践中，在直接利用植物的同时，还赋予了它们不同的性格，使一草一木都有其特定的象征意义。孔子说："岁寒，然后知松柏之后凋也"（《论语•子罕》），以岁寒比喻乱世，或事难，或势衰；以松柏比拟君子所具备的坚贞品德。屈原"以芷兰而自比，鸾凤以托君子"（王逸《离骚经序》）。其他如水仙、瓯兰之品逸，松柏之高大坚强，翠竹之潇洒劲挺，等等。松、竹、梅乃"岁寒三友"，梅、兰、竹、菊合称"四君子"，兰、菊、水仙、菖蒲则称作"花草四雅"，就连园林建筑中的花罩以及漏窗上雕镂的葫芦藤蔓也寓意为"子孙万代"。凡此种种，借植物或言志，或比德，或寄情，所以古代文士，"学《诗》者多识草木之名，为《骚》者必尽荪荃之美"，常把读书与赏花（格物）相联系，并视之为风雅之事。现留园"五峰仙馆"有清代状元陆润庠所撰写的对联："读《书》取正，读《易》取变，读《骚》取幽，读《庄》取达，读《汉文》取坚，最有味卷中岁月；与菊同野，与梅同疏，与莲同洁，与兰同芳，定自称花里神仙。"上联写读书，下联言赏花，花品即人品，花木成了人的思想情感的载体，也成了园林表现的主题。"寒则温室拥杂花，暑则垂帘对高槐"，这便是苏州古代文人、士大夫们的生活写照，也是造园、居园、游园的要旨所在。

苏州地处我国东南，自然条件极为优越，利于花木的生长。所以园林中所选的种类，也往往基于上述认识，常选择一些观赏价值高，本地区又常见的传统花木。而各类花木又具有不同的性格和生态习性。苏州园林中的植物，依其性状可分为以下几大类：

（1）乔木类：乔木是园林植物景观的主体和"骨架"，也是构成园林山林景象和绿荫的主要元素（图2-17）。其所选种类，如榆、榉、朴、枫、松、樟等等，或姿态古拙，葱翠入画；或翠樾千重，拂拂有声。如留园中部主山上，只植乔木大树，虚其根际，山石相依，两株银杏，高耸入云，秋日树叶金黄。南紫薇、木瓜、丁香等各式花木相杂，配以幽亭，置身其间，晨有宁静之状、清新之息，晚有昏暗之象、薄暮之气。有人认为这是仿倪云林清逸淡泊之画风，由此而表现出一种闲适淡然、简远旷达的思想情感。"……幽亭秀木，自在化工之外，一

图2-17　苏州园林中的粗糠树

种灵气。”（恽寿平《南田论画》）而其西部土山之上，则以枫林为主，杂植香樟等各类乔木，入秋时节，层林尽染，并能与中部山林相呼应。至于厅前庭后，或“两桂当庭”，如网师园撷秀楼前；或“金（桂）玉（兰）”满堂，如留园敞厅；夏日可防骄阳，以缓和溽暑之熏人；或春或秋，更可观花闻香，于闲适幽静的环境中体现出一种高雅孤洁的人格魅力。

（2）灌木类：灌木是指没有明显主干，多呈丛状生长，或自基部分枝的一类低矮树木。由于苏州园林大多墙高院小，常少阳偏阴，所以常配植一些常绿而能耐阴的灌木，如南天竺、洒金珊瑚、瓜子黄杨等。这些树木不但姿态极佳，或叶翠，或花冷，或实鲜，而且高洁耐赏，并能与狭小的空间恰成比例。如留园花步小筑小庭，因庭院狭小，只在湖石嶙峋的花池中配植南天竺、书带草数丛而已，再用爬山虎攀附于粉墙之上。另一类开花灌木则在园林中应用更为广泛，常绿者如：山茶、杜鹃、栀子花、迎夏、云南黄馨等；落叶者如：牡丹、月季、蜡梅、迎春、海棠等。某些花灌木常成为一园之胜。比如：牡丹素有花王的称誉，天香国色，早在隋唐之际已盛极一时；宋人更是把它列为“十二客”之首，并称之为贵客；因其姿丽花艳，又喜高爽，向阳斯盛，所以常用文石为台（图2-18），把玉兰、海棠、牡丹、桂花四种花木配植在一起，取其谐音，称为“玉堂富贵”。丛桂修竹远映，一般主植于主厅之南，如狮子林的燕誉堂、留园的涵碧山房、怡园的藕香榭等。蜡梅为寒客，素有“寒中绝品”之称，在园林中常与南天竺相配；严冬之际，黄花红果，倾盖相交，若遇雪压花枝，则更具韵味。

图2-18　苏州留园涵碧山房之牡丹花台

（3）藤蔓类：藤蔓是指自身不能自立，而依附于诸如山石、墙垣，或棚架之上的一类植物，它们或具吸盘，如爬山虎、凌霄；或有卷须，如葡萄；或茎干缠绕，如爬山虎；或茎干攀缘，如木香、十姊妹等等，在园林中常用来填补空白，增添生机。常见者如紫藤，常作花廊或花架用。苏州古紫藤极多，也不乏千年古藤，著名者如苏州一中、东山镇紫藤等，据说均为宋代之物；而名声最著者要数拙政园现入口西侧庭园内的一架紫藤了，相传为明代著名画家文徵明手植，入春花垂盈尺，望之似珠光宝露，夏日则绿荫满架，溽暑顿消，额曰："蒙茸一架自成林"，近人李根源先生更是把它与瑞云峰、环秀山庄假山并誉为"苏州三绝"。木香、十姊妹常多攀缘于粉墙之上，以破白壁之单调和阳光反射；如网师园引静桥侧的观音兜山墙上的白木香，春天一壁千花，卓然可观。而爬山虎则多用于垂直绿化，能起到美化建筑立面，丰富空间色彩，弥补或掩蔽墙面平坦单调的不足，如拙政园的小沧浪前、留园的花步小筑、艺圃的浴鸥园等处。至于薜荔、络石等，或攀附于岩隙之间，或垂挂于石壁之上，如网师园的云冈假山及引静桥（图2-19）、拙政园的远香堂南驳岸黄石等随处可见，能使园景苍润古朴，野趣盎然。

图2-19　苏州网师园引静桥之络石

（4）竹类：竹以其"似木非木，似草非草"，"虚心密节，性体坚刚，值霜雪而不凋，历四时而常茂"的秀雅灵奇之态，贯穿于中国的造园史。竹之用于造园，在周朝就有。《穆天子传》载："天子西征，至于玄池，乃树之竹，是曰竹林"，虽为传说，却已显造园用竹之端倪。江南人文荟萃，地沃物多，"三江既入，震泽底定，竹箭既布"，是出美竹的地方。吴中之竹有着极高的观赏价值和造园价值，历代名园都有利用自然生长的竹或植竹造园的传统。如晋代的辟疆国园、唐末五代的南园、北宋的沧浪亭、元代的狮子林、明代的拙政园等，无不以竹取胜。竹几乎成了苏州园林中不可或缺的一个部分了。

竹类依其地下茎（竹鞭）的性状，可分为单轴散生型竹、合轴丛生型竹和复轴混生型竹三大类。散生竹有毛竹、刚竹、紫竹、寿星竹、方竹等。毛竹、刚竹，竿粗且直，多成片种植，或中取曲径，“月来金影碎，风动玉声寒。障暑阴堪息，停云秀可餐”；而紫竹、寿星竹、方竹则竿叶纤细，常植于墙阴屋隅，翠茎扶疏，翛然出尘（怡园岁寒草堂的庭院南侧原有方竹，可惜今已不存）。丛生竹则主要以孝顺竹（慈孝竹）及其变种（如琴丝竹、凤尾竹）为主，常作点缀之用，以填空白，或遮挡视线，刘兼《咏竹》诗云：“近窗卧砌二三丛，佐静添幽别有功。影镂碎金初透月，声敲寒玉乍摇风。”竹影摇曳于粉壁、窗外，更能衬托出园林的幽静境界。混生竹，主要有箬竹、菲白竹、翠竹（鸡毛竹）等，苏州园林中尤以野生箬竹为多，其姿态低矮成丛，多植于山石之间、土坡之上，以增添山林野趣，如沧浪亭假山（图2-20）、拙政园的枇杷园等等。

图2-20　苏州沧浪亭假山上的箬竹

（5）草本及水生类：苏州园林中常见的草本植物种类繁多，但应用较多且构成园林植物景观的，尤以芭蕉、芍药、菊花、兰花、书带草等为多。芭蕉为多年生大型草本植物，因其“能使台榭轩窗尽染绿色”，所以有“绿天”“扇仙”的雅称；古人认为凡幽斋只要有空隙之地，就宜种植芭蕉。而芍药、菊花、兰花等观赏名种常为一园之胜，如网师园的芍药、沧浪亭的兰花。芍药早在周代就具盛名，而牡丹只是依芍药而名为“木芍药”（如芙蓉与木芙蓉一样）。书带草，又名沿阶草，叶丛生如韭，色翠妍雅，《群芳谱》说：出自山东淄城北郑康成（即汉末经学家郑玄）读书处的，名“康成书带草”者，最为名贵；苏东坡有“庭下已生书带草，使君（即竹）疑是郑康成”诗句咏之。书带草和竹、芭蕉一样是苏州园林中书窗檐下最不可少的植物，它常被配植于山石之隙，或映阶旁砌，“萧萧而不计荣枯”，“庶几长保岁寒于青青”（陆龟蒙《书带草赋》）。

水生植物主要点缀水景之用，苏州园林中常见的有荷花、睡莲等。一般池大者宜荷，但应控制其生长，古时常埋缸于池底，花时亭亭玉立，莲叶田田，宛在水之中央，更能体现其出淤泥而不染的高洁形象。池小者宜植睡莲，如网师园的彩霞池、虎丘山的白莲池等，叶伏波面，花缀其间，蕃茂于碧水沦漪之上，情趣别具。此外，如拙政园的荷风四面亭之北的水湾一角，于黄石矶隙之处，配植芦苇几丛，更能体现出江南园林的自然野趣（图2-21）。

图2-21　苏州拙政园荷风四面亭之芦苇

（6）盆景、盆栽及瓶插类：盆景与盆栽是园林建筑物内及庭院中陈设点缀的常用之物（图2-22）。庭院是室内空间的延伸和补充，把盆景或盆栽直接布置于此，更利于盆中植物的生长和发育。而将盆景、盆栽点缀于室内则能使室内外的植物景观相互渗透。苏州盆景源于唐宋，盛于明清，发展于当代。明代文震亨在《长物志》中说：“盆玩（即盆景），以列几案者为第一，列庭榭中者次之。”“最大者以天目松为第一，高不过二尺，短不过尺许，其本如臂，其针若簇，结为马远之欹斜诘曲，郭熙之露顶张拳，刘松年之偃亚层叠，盛子昭之拖拽轩翥等状，栽以佳器，槎牙可观。”其他如古梅、枸杞、野榆、桧柏等，均为盆景佳品。在室内陈设方面，强调少而宜精，“斋中亦仅可置一二盆景，不可多列”；对于大型盆景置列于庭院之中，则“得旧石凳或古石莲礅为座，乃佳”。在明清两代，许多园林都以盆饰为玩，如成书于明末的《梼杌闲评》中就有这样的描写：“进来是一所小小园亭，却也十分幽雅。朝南三间小槿，槛外宣石小山，摆着许多盆景，雕梁画栋，金碧辉煌。”正所谓盆景、盆栽家家有。

图2-22　周瘦鹃所制作之盆景

插花在我国起源虽早，但也主要兴盛于明清两代。其所用器具，也以瓶插为主，这从袁宏道的《瓶史》、张谦得的《瓶花谱》、文震亨的《长物志•瓶花》到清初《花镜•养花瓶插法》等诸多名称中可以看出。插花主要用于室内陈设，“堂供须高瓶大枝，方快人意。若山斋充玩，瓶宜短小，花宜瘦巧”（屠隆《考槃余事•瓶花》）。在花材选择方面，正如清人沈复所说：“即枫叶竹枝，乱草荆棘，均可入选。或绿竹一竿，配以枸杞数粒，几茎细草，伴以荆棘两枝，苟位置得宜，另有世外之趣。”（《浮生六记》）在苏州园林中，尤其注重厅堂的陈设，所以厅堂内常设有天然几和高几花架，以专供盆景、盆花和瓶插之用（图2-23）。春节期

图2-23　苏州留园之插花

间点缀花木盆景，后发展为丹青墨妙，统称为“岁朝清供”。或迎春、玉梅、水仙、山茶合称为“雪中四友”；或蜡梅、天竺，寒水一瓶，虽为寒冬，然亦能清香徐来，爽人神志。至于花器，袁宏道把他在江南人家所见的“青翠入骨，砂斑垤起”的旧觚，称之为“花之金屋”，列为上品；把细媚滋润的官、哥、定等窑器，称之为“花之精舍”；把其他一些铜器，如尊罍、匾壶及形制短小的窑器，也放入清供之列，否则“虽旧亦俗”。这说明古代文人骚客对花器的使用是更为讲究的。在陈设方面，“视桌之大小，几之高低，……必然参差高下，互相照应，以气势联络为上”（《瓶史》），全在会心者得画意乃可。

古人云：“栽花种树，全凭诗格取裁。”苏州园林大多空间局促，但由于对花木的剪裁得体，虽花树一角，幽篁一丛，芭蕉数本，却能给人以气象万千之感。植物配置也正是沿袭了这种诗格绘画的技艺，把理想中的自然幻景，通过诗画提炼，创造出了丰富的园林景象。“山川草木，造化自然，此实景也；因手运心，此虚景也。”（方士庶《天慵庵笔记》）由实而虚，由虚而实的构思创作，使植物的配置关系以及园景的立意，日臻完美。而园林植物在造园上的功能，不外乎以下几个方面：

一是遮蔽视线，分隔空间，使其能“隔断城西市语哗，幽栖绝似野人家”。如拙政园的远香堂北的池岛之上，杂树成林，蔚然深秀，借乔木形成的起伏多变的天际线（林冠线），既遮挡了游人远观的视线，又丰富了园林空间的立体之美，形成了一个由亭台山水构成的半闭合空间；闲坐于远香堂内，犹如置身于自然山水之间。

二是借助植物的季相变化，以反应时序，或春华秋实，或夏茂冬枯，四季节序备矣。如留园中部，以前在秋季从涵碧山房露台西望，树石亭廊之后的西部土山上有枫林、香樟作背景，醉红霜叶摇曳于绿树丛中（图2-24），层次重叠而高远。

图2-24　苏州留园西部之红枫

三是配植于堂前，或取其绿荫，或点题鉴赏（图2-25），如拙政园的远香堂，堂名取自于周敦颐《爱莲说》的“香远益清”句意，是夏季赏荷的绝佳之处；而堂南的荷花玉兰（广玉兰），虽为后人补植，然尚能牵强切题，且更能起到分隔空间，拓展景深，加强假山水池与厅堂的过渡和联系的作用。再如留园的绿荫轩和明瑟楼之间植有高大的青枫（鸡爪槭）一株，将其作为平屋和楼阁之间的联系和过渡，这样在景观立面上形成一种简单的节律变化。

此外，水池驳岸处配植云南黄馨等披散性花灌木以及薜荔、络石等藤本植物，不但能使池岸山石显得苍古多致，野趣横生，更能弥补和遮蔽驳岸的不足，加强山石与水面的过渡联系。水从灌丛中出，更具水乡弥漫之感（图2-26）。诸如花之引蝶，果之招鸟，亦能活跃园林气氛。

图2-25　苏州博物馆新馆之松柏配植

图2-26　苏州环秀山庄之薜荔

“语鸟拂阁以低飞，游鱼排荇而径度，幽人会心，辄令竟日忘倦。”动物和植物一样，同样是园林中不可或缺的观赏要素之一，只是动物更易变换和活动。水静鱼游，花静蝶飞，树静鸟鸣，使园林景象更趋生动，只要稍加会心，便有天机可参，油然而生古人的濠梁之趣、隐逸之志和淡泊之怀。

苏州园林中的动物景观之美，不外乎有飞禽、水族及少量的走兽类：

（1）飞禽：尤以鸟纲类动物为主。鸟是两足而羽的飞行脊椎动物，是大自然中不可或缺的重要资源，也是园居生活中的清幽之物。“蝉噪林愈静，鸟鸣山更幽”，喜鹊、燕子等还常在古老的宅第厅堂上筑窝营巢，与人为伴。“大厦成而燕雀相贺”，也正是它们把古代文士的园居生活点缀得丰富多彩，情趣盎然（图2-27）。杜甫有诗云：“自来自去梁上燕，相亲相近水中鸥”，狮子林就有燕誉堂，堂名取自《诗经》“式燕且誉，好尔无射”句意，意为燕（“燕”通“宴”）集而相互赞誉，爱你无厌。同时，苏州人认为：燕子最顾家，“燕誉”也寓有名利双收之意。燕子为鸟纲燕科动物的通称，常见的如营巢檐下、冬迁南方的家燕，其飞行时常捕食昆虫，故为益鸟。常熟有个园林叫燕园（“燕”通“宴”，有安闲、休息、闲居、燕乐之意），园内黄石假山为戈裕良所叠，中有一洞，颜曰“燕谷”；谷中有水，置以步石，别具一格，为罕见之例，可与苏州惠荫园的“小林屋”假山相媲美。“水阁重帘有燕过，晚花红片落庭莎”，此景此情，又是何等的闲雅。鸥为鸟纲鸥科动物，其类概为水鸟，善飞翔，主食鱼类、昆虫及多种水生动物；古人常以“鸥盟”或“盟鸥”隐喻有退居林泉之想；“鸥盟”或“盟鸥”，都是指与鸥鸟为伴、为盟；《列子•皇帝》中记载有人与成群鸥鸟相嬉的传说，“除却伴谈秋水外，野鸥何处更忘机”（陆龟蒙《酬袭美夏首病愈见招》），“富贵非吾事，归与白鸥盟”（辛弃疾《水调歌头•壬子三山被召》），凡此等等，正是通过鸥鸟这一动物表达了士大夫的隐逸之思的；现艺圃有浴鸥池，位于园之西南，与大池相通，中有高深院墙相隔，花木池石，玲珑静幽；园主在此读书以自乐，不以世事为怀。小池西侧有芹庐、南斋等小筑；芹庐内有匾曰“鹤砦”。鹤是鸟纲鹤科动物，古人常把它视为闲逸高雅之物。当年林逋隐居在杭州西湖的孤山上，种梅养鹤，人称“梅妻鹤子”，所以在以隐逸之风为宗的园林中，养鹤也是断不缺少的。文震亨在《长物志》中说：“（鹤）蓄之者当筑高台，或高冈土垅之上，居以茅庵，邻以池沼，饲以鱼谷。”认为只有空林野墅，白石青松，与它最为相宜。现在留园也有一景叫“鹤所”，是以前主人养鹤的地方；窗外庭松飘逸，白鹤翩翩起舞，渲染出一种雅致高洁的意境之美。

图2-27　园林之鸟

鸳鸯也是一种鸟纲动物，属鸭科，是我国著名的珍禽，特别是雄鸟，更是鸭类中羽色最为鲜艳华丽的佼佼者，自古以来，人们一直把它视为“守情鸟”，为夫妻恩爱

图2-28 宋·张茂《双鸳鸯图》

（北京故宫博物院藏）

或爱情忠贞的象征（图2-28）。《古今注》释："鸳鸯，水鸟，凫类，雌雄未尝分离，人得其一，则一者相思死，故谓之'匹鸟'。"《本草纲目》说："终日并游，有宛在水中央之意也。或曰：雄鸣曰鸳，雌鸣曰鸯。"现拙政园西部有"卅六鸳鸯馆"一景，取自《真率笔记》："霍光园中凿大池，植五色睡莲，养鸳鸯三十六对，望之灿若披锦。"此处旧为园主人顾曲之处，"雍雍和鸣，肃肃其羽"，"圣居之世，来人国郊"，含歌舞升平之意。其实，雌雄鸳鸯只有在热恋的交配期间才会形影相随，繁殖期一过，雄鸳则休妻弃子，一去不返，旧情皆抛。

（2）水族：以鱼类为主。苏州素为水乡泽国、鱼米之乡，鱼类资源极为丰富。据说陶朱公范蠡曾在蠡口隐迹养鱼，并有《养鱼书》留传："以六亩地为池，池中有九洲，则周绕无穷，自谓江湖也。"园林中饲养锦鱼在唐代就有，如裴度的午桥庄软碧池就蓄有"绣鱼"，但宋代以前尚未见诗人吟咏。宋代以后，观赏鱼开始进入园林，逐渐成为园林审美的重要内容之一，诗人苏舜钦有"沿桥待金鲫，竟日独迟留"咏之。至南宋，"南渡驻跸，王公贵人园池竞建，（金鱼）豢养之法出焉"（戴埴《鼠璞》）。岳柯在《桯史》中说："今中都有豢鱼者，能变鱼于金色，鲫为上，鲤次之。贵游多凿石为池，寘之檐间以供玩。" 金鲫鱼，又称朱鱼、锦鱼、朱砂鱼等，为鲫鱼的变种，经过人们的长期选育，现已形成了形姿各异、色彩绚丽的各种金鱼。《长物志》云："朱鱼独产吴中，以色如辰州（今属湖南）朱砂，故名。"认为金鱼最宜盆蓄，如果是红而带黄色的，则仅可点缀陂池而已。金鲤，又称赤鲤、红鲤，鲤为鱼的饲养品种，体红；或有黑白斑纹，供观赏用。苏州人历来把鲤鱼看作吉祥之物，俗呼"鲤鱼跳龙门"，所以常不作食用。

苏州园林中放养观赏鱼类由来已久，明代张丑在《硃砂鱼谱》中说："吴地好事家，每于园池斋阁胜处，辄蓄朱砂鱼，以供目观。"还说金鱼之类，不特尚其色，其尾、其花纹、其身材，也和一般的鱼不同。放养中不论身材长短，只要肥壮丰美者，方能入格。现留园中部水池中有濠濮亭（图2-29），是著名的观鱼绝佳之处；濠、濮均为水名，《庄子•秋水》谓：庄子与惠子游于濠梁之上，庄子说："儵鱼出游从容，是鱼之乐也。"濮水，则是所谓的"桑间濮上"，如亭中匾额上的题注所言："林幽泉胜，禽鱼目亲，如在濠上，如临濮滨，昔人谓：会心处便自有濠濮间想，是也。"

借喻身置亭中，与简文帝入华林园相仿佛；临斯亭，锦鱼悠游清泉碧藻之间，似武陵之落红点点，如逢惊鳞拔刺，亦足醒耳目（图2-29）。艺圃有乳鱼亭，为明代遗构；身临其境，偶见乳鱼嬉水，且飞且跃，竟吸天浆；或“草草鱼梁枕水低，匆匆小住濯涟漪”，皆致极可人。鱼相忘于江湖，鱼之乐也；人观之逗之，则人之乐也。

图2-29　苏州留园濠濮亭观鱼

水族中还有一类两栖爬行类动物（图2-30），如癞头鼋，其学名叫“斑鳖”，属龟鳖目鳖科，为世界上极为珍稀的鳖类，仅在我国台湾和越南出土过它的化石。据说苏州城内仅存3只百岁高龄的老鼋，分别饲养于西园寺放生池和苏州动物园内。只可惜，因池岸的硬化驳岸，影响了斑鳖的自然产卵，以致长年无后，濒临灭绝。西园寺的癞头鼋为明代老鼋之后，旧时若逢炎热之季，偶尔会露出水面，引得游人竞相投食，以逗为玩。

（3）走兽类

走兽也常常是人们豢养和观赏的对象。留园的佳晴喜雨快雪之亭中有六扇楠木隔扇，上面就雕刻有猴、羊、虎、象、犬、狮六幅图案（图2-31）。兽类是指四足有毛、幼仔靠母体授奶生长的脊椎动物，故又称哺乳动物。据称苏州地区可能出现过华南虎，《吴地记》中有“吴王阖闾葬虎丘山下，有白虎距其上，故名

图2-30　园林之龟

虎丘”的传说。另据《吴郡志》记载：汉代的上林苑豢养的禽兽还比不上吴王的长洲苑。晋代高僧支道林“喜养骏马”，并在现在的白马涧放鹤。在苏州园林中，网师园的殿春簃，20世纪30年代张善孖、张大千昆仲曾寓居于此。张善孖善画虎，别署“虎痴”。当年张善孖曾从汉口抱得一只幼虎归，名“虎儿”。《说文》曰：“虎，山兽之君也。”虎为食肉目猫科动物，因其凶猛强健，历来作为男性的象征。而张氏昆仲画虎十二幅，却称《十二金钗图》。张善孖画虎，大千补景，以虎喻美人，并以王实甫的《西厢记》艳词来为山君作注解，可谓别出心裁。这正是作者在诗题中所言，“慨世局之沧桑，学曼倩之善谑”的心态写照。后虎儿不幸夭折，善孖在伤感之余，建冢立碑，亲题“虎儿之墓”。墓原在现殿春簃西墙边，后废。现“先仲兄所豢虎儿之墓”九字碑，为张大千在1982年所补题。

图2-31　苏州留园槅扇裙板上雕镂的走兽

当然，在我国古代，尤其是明清两代，在文士的园居生活及百姓的日常生活中所豢养观赏的动物，远不只以上所列，其他如蜘蛛、鹌鹑、画眉、猫、鸽、促织（即蟋蟀）等，也成为一时风尚（见袁宏道《斗蛛》、张岱《斗鸡檄》等）。大凡文士们所造园营筑的惬意生活环境，更多的是追求那种为东晋名士戴逵所说的“故荫映岩流之际，偃息琴书之侧，寄心松竹，取乐虫鱼，则淡泊之愿于是毕矣”的心境吧。

十、观果植物在传统园林中的应用[1]

植物的果实本是人类的口腹之物，据《周礼·地官司徒》记载，当时就有“掌国之场圃，而树之果蓏珍异之物，以时敛而藏之”的“场人”一职，郑玄注解道：“果，

[1] 原载《园林》2011年第11期。发表时文名《传统园林中的观果植物》。

枣、李之属；蓏，瓜、瓠之属；珍异，蒲桃、枇杷之属。”《管子·立政》也说：“瓜匏荤菜百果不备具，国之贫也。”说明在上古时期瓜果在国家经济和日常生活中有着举足轻重的地位。《诗经》305篇中提到的植物就有132种，其中20多种就是果蔬。

图2-32　清·恽寿平《花卉图中的红果》（私人收藏）

在中国将木本观果植物应用于园林之中，至少有2000多年的历史了。汉武帝在上林苑内种植有群臣远方献来的各种名果异树，计有梨、枣、栗、桃、梅、李、杏等多种，并起有很好听的名字，此外还有林檎、枇杷和石榴各10株（见《西京杂记》），其虽为果品或猎奇，但也都是一些实用与观赏相结合的古代园林观果树种，以后的历代御园也都辟有一些专门的果木园林，以供观赏和食用。对于江南文人园林而言，种植观果树种更多的是强调其观赏性（图2-32），正如文震亨在《长物志》中所云：蔬果之属，“庶令可口悦目，不特动指流涎而已”。如明代苏州的王氏拙政园有园景31处，直接以植物命名的园景就有20处之多，其中以观果树种命名的园景有待霜亭（橘）、来禽囿（林檎）、珍李坂（李）、嘉实亭（梅）4处，它在造景上以植物为主，强调植物的寓意；布局上则旷远疏朗，近乎自然。在传统的中国园林中，对观赏植物的应用大多注重果实的形、色、味，然而就其配植和功用而言，无外乎以下几种。

（一）托物寓意，兼及品尝

由于中国有长达数千年的农耕社会，信奉耕读持家，耕可以维持物质生活，读则可以为官，可以丰富精神生活，像先秦诸子的“比德”思想，几乎渗透到了读书人的每一个细胞，他们常把身边的一草一木拟人化一番，把咏物和抒怀结合起来。以橘树（*Citrus reticulate* Blanco）为例，因屈原作了个《橘颂》，说它是天生的“嘉树”，“绿叶素荣”，“圆果抟兮”，更有专一的意志，不肯随波逐流，就像拒食周粟饿死在首阳山的伯夷，“置以为像兮”（种植它，可以作为学习的榜样），所以后世对橘尤重，在传统园林中代有种植（图2-33）。苏东坡在元丰七年（1084年）的《楚颂帖》中说："吾性好种植，能手自接果木，尤好栽橘，阳羡（即宜兴）在洞庭（即太湖）上，柑橘栽至易得，当买一小园，种橘三百本，屈原作《橘颂》，吾园若成，当作一亭，名之曰楚颂。"所以像明代的王氏拙政园、王世贞的弇山园等都辟有橘林。秋后橘红如染，既能观赏，又能食用，清初的高士奇说："果中橘最可珍，香、色、味皆冠绝群品，啖一二颗，可以蠲烦涤闷，沁润诗脾。"同时种橘也是一种维持生计的产业。

图2-33　宋・马麟《橘绿图》（北京故宫博物院藏）

其他如枇杷（*Eriobotrya japonica*（Thunb.）Lindl.）、石榴（*Punica granatum* L.）、柿树（*Diospyros kaki* Thunb.）、枣树（*Zizyphus jujube* Mill.）之类食用兼及观果的树种，基本上和橘树一样，在园林适宜三五株丛植点缀庭院，或群植辟为专园。如拙政园内有个园中之园——"枇杷园"，相传为太平天国忠王李秀成所植，因枇杷的叶子寒暑无变，四时不凋，故有晚翠之称，所以现在小园的圆形月洞门上有砖额曰"晚翠"；小园内有一轩叫玲珑馆（因有玲珑太湖石而得名），这里曾经是啜茗赏枇杷的地方，所以周瘦鹃曾说，若将其改称晚翠轩，也无不可。石榴、枣树之类在传统园林中则多以点缀为主，梁代的王筠在《摘安石榴赠刘孝威》一诗中说："中庭有奇树，当户发华滋，素茎表朱实，绿叶厕红蕤。"民间认为石榴多子，枣子有早生贵子之寓意，在农耕社会中，多子多孙则多福，所以在江南园林和一些古建筑庭院中常能见到它们的身影。像枣树，因其木材纹理细致，既可作大材，古代又多用作雕刻书版，枣本就是书版或刻书本的别称，南宋刘克庄有诗云："枣本流传容有伪，笺家穿凿苦求奇。"所以也颇受古代文人的青睐，同时因枣实的内核色泽赤红，就像梁武帝萧衍投枣酒醉的萧琛，被说成是"投臣以赤心"一样，被赋予了赤子忠心的含义。如苏州艺圃的“思嗜轩”，原是清初园主姜实节以思其父姜埰这位明代遗臣喜欢吃枣子而建的，“揖我思嗜轩，顿生忠孝魂” 。现移址而建的思嗜轩旁有枣树数株，清荫如画，颇存遐想。

（二）丰富秋色，招引鸟类

植物的果实与花朵相比，虽无艳丽的色彩，却能给人以丰收和收获的景象，苏东坡《初冬诗》云：“荷尽已无擎雨盖，菊残犹有傲霜枝。一年好景君须记，最是橙黄橘绿时。”秋冬时节，殷殷果实，或点缀于翠绿丛中，或给萧瑟的冬日带来了几许暖意，更显韵味。因此传统园林中常常选择一些秋天结果、色彩艳丽而观果期较长的树种，但在选择上常常带有地带性特征和地域文化的特点，如我国北方的花楸（*Sorbus pohuashanensis*（Hance）Hedl.）、山楂（*Crataegus pinnatifida*）、越橘（*Vaccinium vitis-idaea*）等，南方的金橘（*Fortunella margarita*（Lour.）Swingle）等，欧洲、北美的匍匐栒子（*Cotoneaster adpressus* Bois）、北美红豆杉（*Taxus media*）等。

在江南园林中栽植较多的如枸骨（*Ilex cornuta* Lindl. ex Paxt.），其果有红、黄两种，常点缀在厅堂之前的庭院中，如苏州怡园“湛露堂”、网师园“梯云室”前（图2-34），枝叶荫翳，红果经冬不凋，遇雪则翠盖、白雪、红果相映成趣，有如雪压珊瑚，洵为奇观。冬青（*Ilex purpurea* Hassk.）又名万年树，明代陈谟《万年树》注说：“俗名冬青，结子红明如樱，故宫中多植之。”据说宋徽宗曾在宫廷画院中出了个“万年枝上太平雀”的题目，竟无人能识得万年树就是冬青，从宋人的“百子池边种最奇，无人识得万年枝”，“太液池边看月时，好风吹动万年枝”等诗句可以看出，宋代宫苑中种植尤多。柿科的瓶兰，即金弹子（*Diospyros armata* Hemsl.）也是江南园林和传统庭院中的常见之物，因其花形似瓶，味香如兰而得名；因其铁干虬枝，枝叶细密，深秋果熟，色彩橙红，形似金丸，经冬不落，故而常点缀在庭院一角，以资观赏。琼花（*Viburnum macrocephalum* Fort f. keteleeri Rehd）则是江南传统园林中观果赏花的常见树种。

图2-34 苏州网师园梯云室前之枸骨

鲜红艳丽、香气四溢的植物果实和种子也是鸟类觅食的主要对象，它为鸟类提供了丰富的食物来源，同时也是鸟类的栖息场所，群鸟嘤鸣枝头，给园林平添了几分生动。据观察，如红豆杉（*Taxus chinensis* (Pilger) Rehd.）、罗汉松（*Podocarpus macrophyllus*（Thunb.）D.Don）的红色肉质假种皮会招引白头鹎、乌鸫、灰喜鹊，枸骨、冬青等肉质核果会招引乌鸫、斑鸠、山斑鸠，火棘［*Pyracantha fortuneana*（Maxim.）Li］、石楠（*Photinia serrulata* Lindl.）等红色的肉质梨果会招引乌鸫、黑尾蜡嘴雀、灰喜鹊等鸟类的取食等。如在明代园林中栽植较多的林檎（即花红*Malus asiatica* Nakal.），因“林檎一名来禽，因其能来众鸟于林”（《花镜》）而得名。王世懋《学圃杂疏》：“花红一名林禽，即古来禽也，郡城（指苏州）中多植之觅利。味苦非佳，而特可观。”可见林檎在传统园林中主要是用于观赏和招引鸟类的（图2-36）。

图2-35　红豆杉

图2-36　宋·林椿《果熟来禽图》
（北京故宫博物院藏）

（三）丰富林相，点缀岩隙

一些矮生型的观果灌木，大多作为林下地被植物，以起到丰富林相（林层）的作用，明代高濂在《遵生八笺》中说：平地木（即朱砂根*Ardisia crenata* Sims）“高不盈尺，叶色深绿，子红甚，若棠梨下缀，且托南根多在瓯兰之旁，岩壑幽处，似更可佳”。将高不满尺的平地木栽种在棠梨之下，红果绿叶，如果衬以瓯兰、幽岩，则景观效果更佳。南天竹（南天竺*Nandina domestica* Thunb.）是江南园林中常见的观果植物，明代王世懋在《学圃杂疏》中说：“然吾所爱者天竹，累累朱实扶摇绿叶之上，雪中视之尤佳。”在传统配置中，常将它和蜡梅相配，红果黄花，分外醒目，是冬天赏花观果的佳偶，被周瘦鹃先生誉为“岁寒二友”。或点缀于庭角山石之间，如留园的“花步小筑”庭院，只是一个几平方米的小小天井，因院墙过于高深，四周又有廊轩围合，所以常见天不见日，有时虽初阳煦照，却也只是一瞬即过，因此这里只配植一丛低矮而又耐阴、常绿的南天竹，在花台沿边石隙中点缀书带草数丛，再用数块湖石围合成一个极小的角隅花台，其空间虽小却能绿意无穷，得“空庭不受日，草木自苍然”之神理。其他如枸杞（图2-37）、栒子等观果树种则大多点缀于岩隙或墙角。

图2-37　太湖石隙之枸杞

（四）棚架纳阴，或案头清供

像葡萄、枸杞一类藤木或蔓生灌木在古典园林或传统庭院中用作垂直绿化。葡萄夏日叶密阴厚，纳凉最宜，王世懋说它“宜于水边设架，（果实）一年可生，累垂可玩”（图2-38）。枸杞则宜丛植于峰石或岩隙之间，在苏州、扬州等地的太湖石峰或墙垣上常能见到，如扬州“旧城大东门一家庭园中，于楼檐下种枸杞一株，与楼同高，蒙茸一架，独自成荫；加之春有花，秋有实，红似宝石，分外好看”（《扬州园林品尝录》）。

案头清供是明清文人间的一种高雅的流行文化，盆景、插花、鲜果等常是依照岁朝节序装点环境、居室或馈赠好友的高雅礼品，如木瓜“香极醲酽，以一二枚置坐隅，清芬满堂，可经数月”（《北墅抱瓮录》）。“百花之外，更有结子花草，青红蓓蘽，可移盆中蟠簇，虽严冬不凋者，有二十二种，俱堪斋头清玩。”（《遵生八笺》）像红豆树（*Ormosia hosiei* Hemsl.et Wils）一类的种子也是古代文人喜欢收藏馈赠的佳品，明代旅行家徐霞客说：“其子如豆之细者而扁，色如点朱，珊瑚不能比其彩也。”（图2-39）

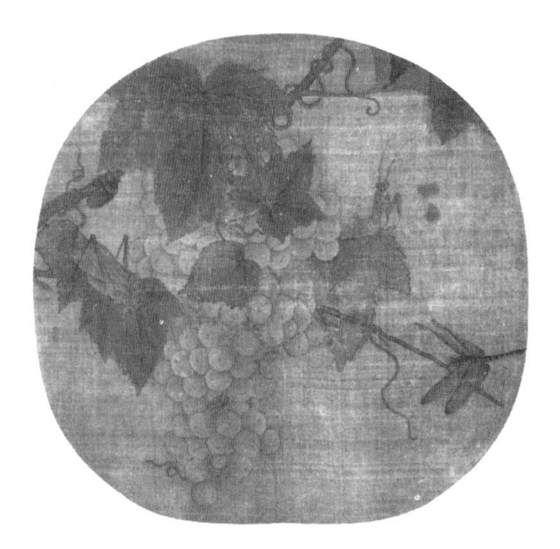

图2-38　宋·林椿《葡萄草虫图》
（北京故宫博物院藏）

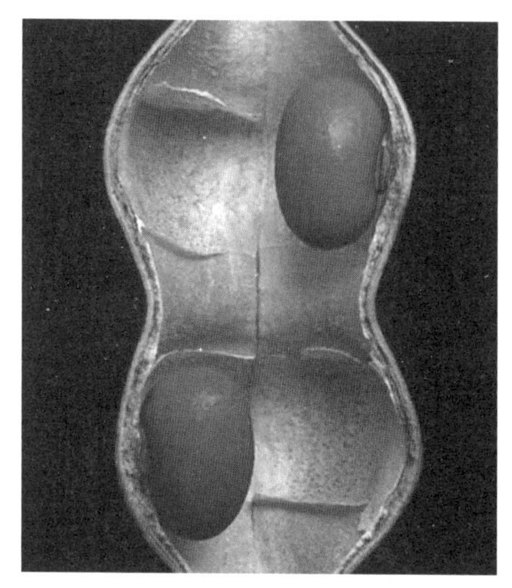

图2-39　红豆

图2-40　苏州同里退思园之南天竺

如果以植物的花与果作一比较，繁花宛如雕梁画栋，令人目不暇接；而果实则如竹篱茅舍，颇具平淡天真之趣。中国传统的园林植物配置在讲究因地制宜、适地适树同时，因受传统中国文化的影响，也信奉天人感应、天人合一的阴阳五行说。如《遵生八笺》中引《地理心书》说："东种桃柳，西种柘榆，南种海枣，北种奈杏为吉。""堂前宜种石榴，多嗣，大吉。""大树近轩多致疾，门庭双枣喜加祥。""阑天竺（南天竺）叶俨似竹，生子枝头，成穗，红如丹砂，经久不脱，且耐霜雪。植之庭中，可避火灾，甚验。"（图2-40）……这种传统的习俗配植可以说是中国传统文化在园林植物配置上的具体反映，在现代园林植物配置上也仍有一定的借鉴意义。

名园第三

一、拙政园梧竹幽居[1]

位于苏州古城齐、娄二门之间的拙政园，其中部为全园之精华，布局以水池为中心，水面约占1/3，主要建筑临水而筑，错落有致，富有江南水乡韵味。“梧竹幽居”就位于狭长水池的东北隅池岸之上（图3-1）。

亭取四方攒尖式样，嫩戗发戗，飞檐翘角，四壁设有月形洞门，粉壁之外套以回廊，宛若亭中有亭。而其外方内圆的造型，又仿佛是我国古代“天圆地方”哲理的物化。综观其构思之独特，设计之巧妙，为苏州古典园林诸亭中的孤例。

图3-1　拙政园之梧竹幽居

该亭取名“梧竹幽居”，据说是吴语“吾足安居”之谐音，意思是自己有这么一座幽静舒适的亭园，足足可以安享度日了。其实梧、竹都是至清、至幽之物，古人认为“凤凰非梧桐不栖，非竹实不食”。如《晋书·苻坚载记》说：当初因长安有童谣“凤凰凤凰止阿房”，苻坚就“以凤凰非梧桐不栖，非竹实不食，乃植桐竹数十万株于阿房城待之”。《魏书·彭城王勰传》亦记载，北魏高祖孝文帝在金墉城升堂，见堂后梧、竹并茂，就问彭城王勰：“凤凰非梧桐不栖，非竹实不食，今梧竹并茂，怎么没凤凰到来呀？”所以梧、竹并植并茂，意在招凤凰。而凤凰是一种“灵鸟，仁瑞也”。《山海经·南山经》说：“有鸟焉，……名曰凤凰。……是鸟也，自饮自食，

[1] 原载《园林》2007年第1期。

自歌自舞，见则天下安宁。”《尚书·益稷》说：“萧韵九成，凤凰来仪”，则叙述的是大禹治水后，举行盛大庆典时，群鸟群兽载歌载舞，最后凤凰也来了。所以在先秦的典籍中，凤凰是作为一种祥瑞、一位舞神出现的，它自饮自食，自歌自舞，清高到了只栖梧枝，只吃竹米。同时凤凰的出现，则预示着天下安宁，它是和平的使者。正因如此，以至于现在有人因为西方人反感龙的张扬，建议将“龙凤呈祥”来替代龙作为中国的形象。当年正因“凤鸣岐山”，预示着周邦之将兴，才有了后来周王朝的八百年基业。而今园亭中梧、竹并茂（图3-2），不亦是家道兴旺之兆？所以在我国古代便有了梧、竹相配植的传统习俗。《花镜》云：“藤萝掩映，梧竹致清，宜深院孤亭，好鸟闲关。”“梧竹幽居”可谓独得三昧。

图3-2　明·仇英《梧竹消夏图》（武汉市博物馆）

梧竹幽居最宜夏秋，一是梧、竹被称为消夏良物，梧、竹相互配植，以取其鲜碧和幽静境界。秋梧一叶知秋，竹之“凤尾森森，龙吟细细”（《红楼梦》），亦最宜秋月，是庭院中最不可少之物。明代陈继儒说：“凡静室须前栽碧梧，后栽翠竹，前檐放步，北用暗窗，春冬闭之，以避风雨，夏秋可以开通凉爽。然碧梧之趣，春冬落叶，以舒负暄融和之乐；夏秋交荫，以蔽炎烁蒸烈之威。”二是梧竹幽居亭外的古枫杨，夏日绿幄周匝，荫浓如盖，一片清凉世界。三是亭侧的夏天荷池，与蓝天白云相映成趣的莲叶，有风既作飘摇之态，无风则呈袅娜之姿；而当菡萏成花，则娇姿欲滴，香远益清，真可谓是消暑的绝佳妙境；自夏徂秋，荷生莲蓬，蓬中结籽，亭亭玉立，与翠叶并擎，别具韵味。因此，现在将亭名的出典说成是取自于唐代羊士谔的《永宁小园即事》诗的“萧条梧竹月，秋物映园庐”句意，其与“梧竹幽居”的立意和周边景物，疑为不合，似有不妥之处。

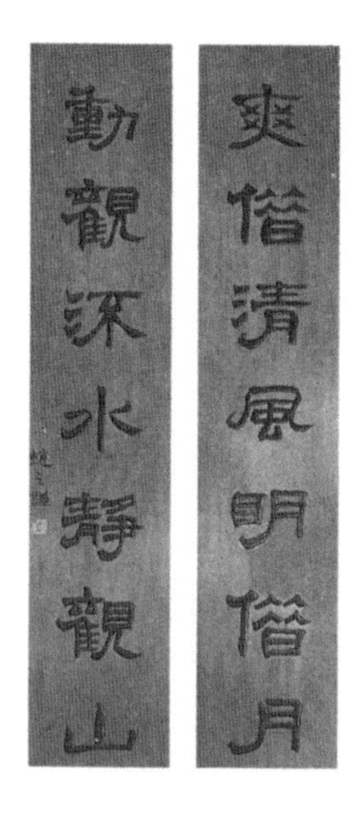

图3-3　梧竹幽居之洞门与对联

据潘贞邦在1941～1951年这十年中所录存的苏州园林联额中，有这样的描述：“‘梧竹幽居’额，在‘倚虹’旁之小榭中（环洞亭），木地蓝字，无款识。中有紫袈道人、吴鸿勋画梅、兰、竹、菊屏条四幅，均系木板朱漆底白碗砂嵌成，末条署名，印鉴二方。”现已改为摹录文徵明字体的“梧竹幽居”匾额。两侧有晚清书画篆刻名家赵之谦（1829～1884年）所撰书的“爽借清风明借月，动观流水静观山”对联（图3-3），清风明月，一虚一实，虚实相济；静山流水，一静一动，动静交织，其景其境，皆可借我所用，这就是造园上所说的“借景”中的“应时而借”。这与“梧竹幽居”边可远借北寺塔有异曲同工之妙。计成在《园冶》中说：“园林巧于因借，精在体宜。”还说：“构园无格，借景有因”，“因借无由，触景俱是。”所以只要“切要四时”，诸如“池荷香绾，梧叶忽惊秋落，虫草鸣幽”，皆为我而备。现该亭正中，还有花岗石石桌、石凳，供人闲坐。倘若你在夏秋，有闲而来，坐于斯亭，透过亭壁的四方月洞，可看到四种不同的景色。东则粉墙黛瓦，长廊迤逦，透过长廊上的不同花窗，可窥探到拙政园东部的自然之景；南望则是“小桥流水人家”，好一派江南风光（图3-4）；西看却又是一幅完全不同的景象，古木、碧莲，山光物态，尽收眼底；北面则是丛篁高梧，幽亭修廊远映。这种有意识地设置门窗、框洞，因能约束和引导人的视线，将选择的精美景物摄入视野，宛如经过剪裁的一幅图画，在造园上称之“框景”，即清代李渔所谓的“尽幅窗”“无心画”。著名者如扬州瘦西湖上的“吹台”（亦称“钓鱼台”）将白塔和五亭桥同时框入两个相邻的月洞之内。

图3-4　从梧竹幽居东望小桥与海棠春坞

二、拙政园枇杷园[1]

拙政园中部以主体建筑“远香堂”为布局中心，厅南为原园入口处，中间布以假山小池，四季常绿的广玉兰接叶扶疏，这样便形成了进门处的障景（俗称“开门见山”），坐厅南望，有山如屏，仿佛置身于山林野亭之中。主厅之北，隔水相望，有“雪香云蔚亭”和“待霜亭”突出于两个岛山之上，林木苍郁，列障如屏，正如戴醇士所云：“重阴压水，暗绿迷天”，纯是一片自然之景。主厅之西，则水院疏廊，构以亭阁桥梁，从“小沧浪”透过“小飞虹”北望，“荷风四面亭”“见山楼”与临池的树木掩映成画，显得空灵而又极富层次。而主厅之东，便以云墙相隔，小院庭深，布置得细致而紧凑。综观其布局，厅之南北，皆为山池，而厅南以黄石假山叠砌，北则以土石成山；厅之东西，以水院与陆庭形成对比，“枇杷园”（图3-5）便是这主厅东部的一座“园中园”式的庭院。

[1] 原载《园林》2007年第2期。

图3-5　拙政园之枇杷园

枇杷园北有土山一座，以分隔枇杷园与北面水池的空间，山脚叠砌黄石，作挡土护坡，随意布置牡丹花池，它和远香堂南面的黄石假山相互穿插延伸，再利用枇杷西面的云墙作过渡联系，使得两山在构图上组成了一个有机的整体，并与远香堂前池北的两个岛山，彼此呼应、协调。土山之顶有亭曰“绣绮亭”，因土山山形一般以平冈缓坡见长，山体不宜高耸，所以该亭采用了长方形平面，其平宽闲敞的风格，显得非常富有安定感，同时又和土山之北的广漠水池调和相称。亭侧有合抱的百年古枫杨一株，姿态苍老，质朴古雅，极富画意。拙政园这三处假山为苏州古典园林中假山的上品，历来为人称道，无论是其黄石假山，还是其积土假山，山虽不是高，却能注意山体的形状，在布置上有主有次，有起有伏，远观有气势，近处则山林气息浓郁，正所谓“无补缀穿凿之痕，遥望与真山无异”。其结构之全体，犹如唐宋八大家之文，亦全以气魄胜人，一望而知为名作。尤其是积土假山，近乎大自然的天然风景，其用黄石护坡及叠砌蹬道，又似乎是“人化的自然”，李笠翁说：“用以土代石之法，既减人工，又省物力，且有天然委曲之妙。混假山于真山之中，使人不能辨者，其法莫妙于此。……以土间之，则可泯然无迹，且便于种树。树根盘固，与石比坚，且树大叶繁，混然一色，不辨其谁石谁土。”枇杷园的这座假山便是笠翁这段文字的最好实证和诠释。

枇杷园西原为主厅远香堂前黄石假山的坡脚及上山蹬道，造园者为了增加景深，便采用了“隔景”。隔景可分为实隔和虚隔两种，用空廊棚架、疏林水体等为虚隔，用围墙假山、建筑墙壁等为实隔。此处用云墙实隔，这与远香堂西用空廊相隔的虚隔便形成了变化。只是枇杷园内沿墙的假山在修缮时变更了原形，现以太湖石立峰点衬其中，而云墙上部呈波浪形的顶端因没有收头，转折处又略嫌生硬，故稍感不足（留园中部与西部大型积土大假山的交接处，同样是用院墙进行空间分隔，而以龙脊墙出之，则更臻其妙）。在黄石假山与绣绮亭积土假山的交会处，利用云墙，辟以月洞门，人们从远香堂处疏朗的山水大空间中，由月门转入这个精巧雅致的枇杷园庭院，便会产生一种宁静安谧、别有天地的感觉。同时从月门中回望，池岛上的雪香云蔚亭掩映于苍翠的林木之中，如在环中，它和枇杷园内的嘉实亭又却成“对景”。对景是指通过轴线引导，使景物和观景视线的关系固定，观赏点（或景物）和景物在轴线上的两端相对。但在苏州古典园林中所形成的各种对景，与西方庭园中的轴线对景方式却有不同，它是步移景异式的，随着曲折的平面，依次展开的。

图3-6 拙政园枇杷园之嘉实亭

枇杷园南原为拙政园中部的住宅区，所以中部园林中的建筑群及庭院都集中在狭长水池的南面，以与住宅建筑相协调、过渡；池北则为天然图画式的池岛，再缀以幽亭，人们在水池的东（倚虹亭）西（别有洞天）相望，一面是人工华丽的远香堂、南轩、香洲等建筑，一面则是天然苍翠的岛山，而两者之间的池岸水面虽然距离不大，但因修长空透，自然使人感觉到深远和疏朗，所以刘敦桢教授说：“此为园林设计上运用最好的对比方法。”在枇杷园和住宅区相接处，辟地广植枇杷树，中有嘉实亭（图3-6）。此处数十株枇杷相传为太平天国忠王李秀成所植，故而得名，后经补植，并在石隙中点缀合轴混生型箬竹，显得苍润而富有层次。枇杷树，因枝叶肥大，而被称作“粗客”，加上其浓郁如幄，寒暑无变，四季常绿，而又有“晚翠”之称，所以枇杷园的月洞门上砖额曰“晚翠”（此处原为“槐荫”二字隶书砖额，后佚。据明代拙政园园主王献臣，当时31景中有槐幄、槐雨亭诸景）。

图3-7　拙政园枇杷园之玲珑馆

枇杷园东侧为园内主体建筑“玲珑馆”（图3-7），其因旧有太湖石玲珑可爱，故以得名，据说后为汪伪大汉奸李士群移去。现以宋苏舜钦“日光穿竹翠玲珑”诗句释之，实为不妥。一是这种解释与沧浪亭“翠玲珑”馆重复，显得单调无变化；沧浪亭以竹胜，其名用原沧浪亭主人的诗句注释则非常的贴切。二是玲珑馆庭前现多为矮生竹，也只有虫蚁辈才能享受得到那日光穿竹的玲珑光斑了。而太湖石所具有的瘦皱透漏、玲珑可爱的特点，正是为苏州园林庭院中广泛应用的缘由。馆之窗格和庭院铺地均为冰纹图案，以与馆内的“玉壶冰”题额相呼应。由玲珑馆旁之曲廊可转入“海棠春坞”和“听雨轩”两组小院，其设计之妙在于看似环境封闭，实则处处通畅，面面玲珑，置身其间，只感到密处有疏，小处现大，尽显苏州园林含蓄曲折、余味不尽的造园特征。

三、拙政园与谁同坐轩[1]

位于拙政园西部的“与谁同坐轩”以其独特的扇形造型，因地制宜地布置于曲水

[1] 原载《园林》2007年第3期。

的转角之处，而成为苏州古典园林中不可多得的典范之作。清末光绪年间，这里是盐商张履谦的补园。张氏在《补园记》中说："宅北有地一隅，池沼澄泓，林木蓊翳，间存亭台一二处，皆攲侧欲颓，因少葺之，芟荑芜秽，略见端倪，名曰补园。"其水体曲折窈窕，主要建筑亦大多临水而筑，只是与中部拙政园平远疏朗的风格相比，略嫌逼迫拥塞，但其水廊却能高低曲折，人行其上，宛若凌波；与谁同坐轩便临流随意而设。1951年张氏后裔将园捐给了政府。1952年苏南区文物管理委员会为恢复名园，把原属明代拙政园址的补园与中部拙政园合而为一，将两园间的两堵风火墙木门改建成砖细圆洞门"别有洞天"，所以其洞门墙体比一般的月洞门墙体要厚得多，后又将中、西两园之间的风火墙改建为云墙，这样便形成了现今所见的拙政园格局。

图3-8 拙政园之与谁同坐轩

与谁同坐轩（"风月自赏"）为补园十景之一（图3-8），可谓是西部园林的视觉中心，造园者能按照原有的池岸地理形势，将临水建筑巧妙地设计成平面似折扇形的小轩，前人对此曾有"结构紧凑，布景调和，不放松一步，也不随便落空"的评价。其背倚土石假山，依山势而上，分别筑以笠亭和与之有深涧相隔的浮翠阁，从别有洞天的一侧波形水廊观之，显得错落有致，极富层次。而若身处小轩，透过扇形空窗，形似"箬帽"的笠亭却又立现眼前。临水一侧，设置"吴王靠"（苏州香山帮建筑称谓，因其弯曲似鹅项而得名，为建筑术语"鹅项"靠背栏杆之讹，俗称"美人靠"，又称"鹅颈椅"），正所谓"常倚曲阑贪看水，不安四壁怕遮山"，倚栏闲眺，对岸凌跨于水际的波形长廊宛如长虹卧波（图3-9），景色绝佳。而东南一侧，碧波之中，莲花石幢，宜两亭，又历历在目。透过别有洞天月门，又能窥探到中部园林的景色。轩左右进出的门宕，用嵌线方砖装饰，其图案花色，又各不相同。透过西南门宕可见“留听阁”船厅（只是后来管理者不解其意，由于栽植的丛竹过密，遮挡了观赏视线），东北门宕则又与“倒影楼”（即“拜文揖沈之斋”）对景（图3-10）。闲坐于此，拙政园西部园林的众多美景，可以一一呈现在眼前。

图3-9　拙政园西部之卧波长廊

在植物配置上，由于与谁同坐轩处于假山与水体的交会之处，一是要有山林作背景或陪衬，同时也要考虑到山体与水体的呼应过渡，使山体、水体与建筑浑然一体，以达到构图与景色上的调和一致。所以其土山之上，以樟树、榆朴之属，营造山林主景，间杂瓜子黄杨等常绿树种，进行错综配植，以构成层次丰富、负势竞茂的山林景象。由于与谁同坐轩后侧的笠亭土山面积局促，山高坡陡，江南又多雨，泥土易遭雨水冲刷，所以再在树木之下配植低矮箬竹，以作护坡之用。在苏州古典园林中，对于大型土山上的树木配植，大致有两种情况，一类是在山巅山麓只配植乔木，而虚其根部，远观之，大树见梢不见根，假山露脚（池岸叠石）不露顶；而当身处山林蹬道近观之，则树根与山石相依，树以石坚，石以树华，树木见根不见梢，美自天成，这以留园中部的“可亭”假山为典型，据分析，这是师法了元代画家倪云林（倪瓒）的清逸之风的配植形式。而另一类，就像这里（包括拙政园中部的两个山岛及沧浪亭假山）的多层次树木配植，即土山之上，以乔木出于丛竹或灌木之上，山石之表，薜荔、络石藤萝攀附，远远望去，整个山林莽莽苍苍，青翠欲滴，这是效法了明代沈石田（沈周）的沉郁画风。小轩左侧的大叶黄杨，原为20世纪50年代种植的灌木球类，

图3–10　从扇亭北望倒影楼

经过半个世纪的生长，已成了该处不可或缺的景观树了（笔者曾于20世纪末为拙政园进行树木修剪培训时，对其作整形修剪及讲解），其干斜展，枝叶盘旋于清澈的池水之上，堪为入画。在管理上一是通过修剪控制其高生长，使它和小轩相协调，并与小轩正立面后侧的樟树形成错落的层次；二是使其枝叶低垂于水面之上，而与水面又有一定的距离，以增强叠石池岸（驳岸）与水体的联系。

小轩因其形如扇，故又称“扇亭”，这里陈设着的石桌、石凳、匾额以及空窗等亦均作扇形。张氏先祖“有容堂”主人原以制扇起家，所以其后代对扇子可谓情有独钟。张履谦将小轩置于原补园的视觉中心，从四周均能看到小轩，可谓用意至深，同时如果你在对岸的波形水廊，直线眺望与谁同坐轩和笠亭，那笠亭的宝顶恰似扇柄，笠亭的锥形屋顶则形似扇骨，而与谁同坐轩的屋面宛如扇面，两边的脊瓦却如同侧骨一般，你看到的恰似一幅倒悬着的大型折扇，这也算是张履谦不忘祖宗、别出心裁的扇子情结的表露了。此轩置于岸边，宜于闲眺，故取苏东坡《点绛唇》中“闲倚胡床，庾公楼外峰千朵，与谁同坐？明月清风我”词句名之，周瘦鹃曾赞之为“别创一格”，并有《望江南》一词咏之：“苏州好，拙政好园林。轩宇玲珑如展扇，与谁同坐有知音。于此可横琴。”

四、明代王氏拙政园原貌探析[1]

拙政园位于苏州城内东北的齐门和娄门之间，明代弘治年间御史王献臣（字敬止，号槐雨）因于明武宗正德（1506～1521年）初“甫及强仕即解官家处”，便以元代大弘寺址拓建为园，因感“昔潘岳氏仕宦不达，故筑室种树，灌园鬻蔬，曰：‘此亦拙者之为政也。’”取名拙政园。当时因“居多隙地，有积水亘其中”，便“稍加

[1] 原载《中国园艺文摘》2012年第2期。

浚治，环以林木”，而有水石林木之胜。园内“凡为堂一，楼一，为亭六，轩、槛、池、台、坞、涧之属二十有三”，共有31景。以植物为主景的共有25处，而直接以植物命名的园景有20处之多，可见园林造景是以植物为主的。

（一）关于拙政园的建造年代

关于拙政园的建造年代，明季诸生徐树丕在《识小录》中说：“园创于宋时某公，至我明正嘉年间，御史王某者复辟之。”此说拙政园建园是在正德（1506～1521年）和嘉靖（1522～1566年）年间，比较含糊。至清乾、嘉年间的顾公燮、钱泳均说拙政园建于嘉靖年间，这大概是因为文徵明作《王氏拙政园记》（以下简称《记》）的年代而言的，后基本沿用此说，如童寯《江南园林志》：“拙政园在娄、齐门之间，……明嘉靖初，御史王敬止因寺基为别业，名拙政园。”陈植等根据文徵明为王献臣所作的《王氏敕命碑阴记》，认为“可上推至正德初年”。刘敦桢则根据文徵明《记》（作于嘉靖十二年，即1533年）所称的“君甫及强仕，即解官家处，……享闲居之乐者，凡二十年于此矣。”推断建园之始应为明正德八年（1513年）。又根据王献臣《拙政园图咏跋》所说：“罢官归，乃日课童仆，除秽植楥，……屏气养拙几三十年。”推断建园之始应为明正德四年（1508年）左右，所以现在一般均采用正德四年说。但近年又根据这两个建园年份，聚讼纷纭，莫衷一是。但拙政园建于明代正德初则是不争的事实。

（二）文徵明与拙政园

文徵明（1470～1559年），原名壁，字徵明，后以字行，更字徵仲。明代长洲（今江苏苏州）人。因先世为衡山（今属湖南衡阳）人，故号衡山居士，世称文衡山，曾授官翰林待诏，故又称文待诏。文徵明和王献臣过从甚密，有诗、记、图等写拙政园。如正德五年（1510年）为王氏作《王氏敕命碑阴记》，说王献臣之父王瑾“正德庚午（即正德五年）卒于吴门里第”（古人守孝三年，由此推断，作为拙政园建于正德八年的主要依据）。正德九年（1514年）有《饮王敬止园池》诗，正德十二年（1517年）作《寄王敬止》：“流尘六月正荒荒，拙政园中日自长。”已提及拙政园之名。正德十三年（1518年）文徵明从王氏园移竹数枝，种植在自己的停云馆前，有诗记之；正德十四年（1519年）作《新正二日冒雪访王敬止，登梦隐楼，留饮竟日》，梦隐楼是拙政园内的主要建筑之一。嘉靖十一年（1532年）偶过拙政园，录苏东坡《洋州园池诗》。嘉靖十二年（1533年）作《拙政园图咏》，绘三十一景，并各系以诗，同时作《王氏拙政园记》。此外文徵明所作的有关拙政园传世图轴甚多，如《拙政园图轴》（款署作于正德癸酉，即1513年），《槐雨亭图轴》（款署作于嘉靖戊子，即1525年），《拙政园图卷》（款署作于嘉靖三十七年，即1525年）以及于嘉靖三十年（1551年）从三十一景中选择十二景重绘，藏于纽约大都会艺术博物馆（今存其八）的拙政园图册等等，今人均疑为伪作。

（三）原貌探析

今据嘉靖十二年文徵明《拙政园图咏》（以下简称《图》，题咏简称《咏》）和《王氏拙政园记》，结合现状，加以分析。各景点按《记》之文字出现先后进行排序。

（1）梦隐楼。位于沧浪池之北。《记》："槐雨先生王君敬止所居，在郡城东北娄、齐之间。居多隙地，有积水亘其中，稍加浚治，环以林木。为重屋其阳，曰'梦隐楼'。"古代山之南、水之北为阳。《图》中楼为歇山式屋顶，上有外廊围栏，掩映于丛林之中。因登楼可见苏州城外西南诸山，故图有高山。楼名因王氏曾在九鲤湖祈梦，得一"隐"字而名。

（2）若墅堂。堂在拙政园水池之南，即现远香堂址。《记》："为堂其阴，曰若墅堂。"山之北、水之南为阴。《图》：南为门与园篱，北望可见城墙雉堞（图3-11）。《咏》说拙政园是唐末诗人陆龟蒙故址，因皮日休称陆龟蒙所居"不出郛郭，旷若郊墅"，故以为名。

图3-11　文徵明《拙政园卅一景》图册之若墅堂

（3）繁香坞。《咏》："在若墅堂之前，杂植牡丹、芍药、丹桂、海棠、紫璚诸花。"取金代诗人孟宗献《苏门花坞》诗意而名之："绕舍云山慰眼新，看花差后洛阳尘。从君小筑繁香坞，不负长腰玉粒春。"

（4）倚玉轩。玉指翠竹与昆石，故而得名。《咏》："倚玉轩在若墅堂后，傍多美竹，面有昆山石。”《记》：“轩北直‘梦隐’，绝水为梁，曰‘小飞虹’。”可见即现倚玉轩位置。《图》：轩旁有密竹围栏，面有昆石置于盆盎之中。

（5）小飞虹。《咏》：“在梦隐楼之前，若墅堂北，横绝沧浪池中。”《图》中为一架在沧浪池的板桥，桥为三折，是明代常见的平弧形桥梁，文震亨《长物志》：“板桥须三折”，刘敦桢教授推定大约是明代定制，现在江南一带的古村落常能见到。

（6）芙蓉隈。是种植木芙蓉的曲水处。《记》：“逾小飞虹而北，循水西行，岸多木芙蓉，曰‘芙蓉隈’。” 隈指水弯曲处。《咏》：“芙蓉隈在坤隅，临水。”坤隅：即西南方。

（7）小沧浪。《记》：“（芙蓉隈）又西，中流为榭，曰‘小沧浪’。”《咏》：“园有积水，横亘数亩，类苏子美沧浪池，因筑亭其中，曰小沧浪。”北宋苏舜钦的沧浪亭是苏州的一处名园，后人都在临水处筑亭以仿学前贤。

（8）志清处。是栽植成片竹子的地方。《记》。“（沧浪）亭之南，翳以修竹。经竹而西，出于水澨，有石可坐，可俯而濯，曰志清处。”《咏》：“志清处在沧浪亭之南稍西，背负修竹，有石磴，下瞰平池，渊深浤渟，俨如湖澨。”

（9）柳隩。栽植柳树的崖岸。《记》：“（志清处）水折而北，滉漾渺弥，望若湖泊，夹岸皆佳木，其西多柳，曰柳隩。”

（10）意远台。《记》：“东岸积土为台，曰‘意远台’。”《咏》：“在沧浪西北，高可丈寻。”（图3-12）

图3-12　文徵明《拙政园卅一景》图册之意远台

（11）钓䂬。突出江边，可以坐而钓鱼的大石头。《记》：“（意远）台之下，植石为矶，可坐而渔，曰‘钓碧’。”

（12）水花池。栽植荷花的水池。《记》：“遵钓碧而北，地益迥，林木益深，水益清驶，水尽别疏小沼，植莲其中，曰‘水花池’。”

（13）净深亭。为竹林中的小亭。《咏》作深静亭。《记》：“池上美竹千挺，可以追凉，中为亭，曰净深。”《咏》：“深静亭面水华池，修竹环匝，境极幽深。”取杜甫“竹深留客处，荷净纳凉时”诗意。

（14）待霜亭。在净深亭东，亭的四周栽植柑橘。《记》：“循净深而东，柑橘数十本，亭曰‘待霜’。”取韦应物“怜君卧病思新橘，试摘犹酸亦未黄。书后欲题三百颗，洞庭须待满林霜”诗意而名。

（15）听松风处。该处成片栽植松树。《记》：“又东，出梦隐楼之后，长松数植，风至泠然有声，曰‘听松风处’。”南朝陶弘景“特爱松风，庭院皆植松，每闻其响，欣然为乐”。

（16）怡颜处。观赏古木竹石的地方。《记》：“自此（即听松风处）绕出梦隐楼之前，古木疏篁，可以憩息，曰‘怡颜处’。”取陶渊明《归去来辞》而名：“引壶觞以自酌，眄庭柯以怡颜。”

（17）来禽囿。栽植林禽的囿圃。《记》：“（怡颜处）又前，循水而东，果林弥望，曰来禽囿。”《咏》：“来禽囿沧浪池南，北杂植林檎数百本。”林檎即花红（*Malus asiatica* Nakal.），为蔷薇科苹果属小乔木，春天开花，花色粉红，后转白。《花镜》：“林檎一名来禽，因其能来众鸟于林”而得名。

（18）得真亭。用四株松柏结成的亭子。《咏》：“在园之艮隅，植四桧结亭，取左太冲《招隐》诗‘竹柏得其真’之语为名。”

（19）珍李坂。栽植名贵李子的山坡。《咏》：“在得真亭后，其地高阜，自燕移好李，植其上。”这是王献臣在北京做官所移植的李树珍果品种。

（20）玫瑰柴。栽植玫瑰的篱落。《咏》：“玫瑰柴匝得真亭，植玫瑰花。”得真亭四周栽满了玫瑰花。

（21）蔷薇径。为得真亭前的蔷薇花境。《咏》说“在得真亭前”。

（22）桃花沜。水池两岸栽植的桃花（图3-13）。《记》：“至是，水折而南，夹岸植桃，曰‘桃花沜’。”

图3-13　文徵明《拙政园卅一景》图册之桃花沜

《咏》："桃花沜在小沧浪东，折南，夹岸植桃，花时望若红霞。"

（23）湘筠坞。栽植竹子的花坞。《咏》："湘筠坞在桃花沜之南，槐雨亭北，修竹连亘，境特幽迥。"

（24）槐幄。古槐如帷。《记》："又南，古槐一株，敷荫数弓，曰'槐幄'。"《咏》："槐幄在槐雨亭西岸，古槐一株，蟠屈如翠蛟，阴覆数弓。"

（25）槐雨亭。王献臣自号槐雨，槐花开时，花飞如雨。《记》："其下跨水为杠，逾杠而东，篁竹荫翳，榆槐蔽亏，有亭翼然而临水上者，槐雨亭也。"《咏》："槐雨亭在桃花沜之南，西临竹涧，榆槐竹柏，所植非一。"

（26）尔耳轩。因盆中叠石以适兴而名。《咏》："尔耳轩在槐雨亭后。吴俗喜叠石为山，君特于盆盎置上水石，植菖蒲、水冬青以适兴。"

（27）芭蕉槛。栏杆边栽植芭蕉。《记》《咏》均说在槐雨亭之左。

（28）竹涧。山涧两侧栽有成片的竹子。《记》："自桃花沜而南，水流而细，至是伏流而南，逾百步，出于别圃丛竹之间，是为竹涧。"

（29）瑶圃。栽植梅花的花圃。《记》："竹涧之东，江梅百株，花时香雪烂然，望如瑶林玉树，曰瑶圃。"《咏》："瑶圃在园之巽隅，中植江梅百本，花时灿若瑶华，因取楚词语为名。"

（30）嘉实亭。梅花花圃中的亭子（图3-14）。《咏》："嘉实亭在瑶圃中，取山谷《古风》'江梅有嘉实'之句，因次山谷韵。"

图3-14　文徵明《拙政园卅一景》图册之嘉实亭

（31）玉泉。《记》："圃中有亭曰'嘉实亭'，泉曰'玉泉'。"《咏》："京师香山有玉泉，君尝勺而甘之，因号玉泉山人。及是得泉于园之巽隅，甘洌宜茗，不减玉泉，遂以为名，示不忘也。”可知泉在园之东南（巽隅）。民国年间，在远香堂到枇杷园的走道旁曾有一泉，因影响路人通行，新中国成立后用石板盖没，现已恢复。

由《记》《咏》等可见，明代的拙政园以若墅堂和梦隐楼作为对景，隔水相望，由小飞虹相通。其布局似乎以梦隐楼为中心，竹树掩映，花果成林，极具空明疏朗之自然风光。梦隐楼以西，即今日之柳荫路曲、见山楼一带，水波渺弥，“望若湖泊”，沧浪池畔，春柳秋蓉，竹树荫翳。梦隐楼之北，长松覆地，柑橘成林。梦隐楼向东，“果林弥望”，花木成圃。梦隐楼东南（即若墅堂之东）则花竹夹岸，“榆槐蔽亏”，江梅烂然（图3-15）。

图3-15　明代王氏拙政园复原图

拙政园是明代文人园林的典型代表，它所追求的是一种隐逸淡泊的情调，抒写的是一种宁静清寂的情怀，正如明代吴门画派代表人物沈周的那种亲切温润的自然风景与平淡天真的心境完美融合的绘画风格，而迥异于商贾富豪们的穷欲奢侈的雕梁画栋和市侩气十足的庸俗。就像袁学澜所筑的双塔隐园：“今余之园，无雕镂之饰，质朴而已，鲜轮奂之美，清寂而已。” 当时在造景上以植物为主，强调植物的寓意；布局上则旷远疏朗，近乎自然，主要建筑临水而筑，正如文震亨（文徵明曾孙）在《长物志》“室庐”中说的那样，“居山水间者为上”。在建筑物的题名上，诸如梦隐楼、若墅堂、怡颜处、瑶圃等等，无不表达出明代文人的那种对社会政治的退避和自我人格完善的特质。对于花木的配植如听松风处、怡颜处、来禽囿等，亦如《长物志》所云："乃若庭除槛畔，必以虬枝枯干，异种奇名，枝叶扶疏，位置疏密。或水边石际，横偃斜披；或一望成林，或孤枝独秀。草木不可繁杂，随处植之，取其四时不断，皆入图画。"把造园与诗文、绘画等结合起来，强调景物的画意生成。

五、留园花步小筑与古木交柯[1]

图3-16　留园花步小筑庭院

在苏州古典园林诸园中，留园一向以建筑的华瞻和空间艺术而享誉于世，位于留园中部山池主景区东南角的花步小筑（图3-16）与古木交柯一组小庭院就是其建筑空间处理的经典之作。

这里原是中部水池的东南池岸的转角处，也是建筑与水池的过渡地带，其东为住宅，南面则是祠堂，而且均有实墙相隔。清道光三年（1823年），园主为了对外开放，延客游园，便在沿街设门，这样就不得不在原住宅和祠堂的高墙中间开辟入园通道。开放当时，曾"来游者无虚日，倾动一时"（钱泳《履园丛话》）。从此，这里便成了从大门入园到中部园林游览的起点和"交通枢纽"。为了避免山池的一览无余和引导游客渐次进入山池主景区，造园者采用"欲扬先抑"的造园手法，在池岸与实墙之间依墙环池设置廊榭，东面走廊与入口过道相接，北连曲溪楼；南面穿廊往西则可达明瑟楼与涵碧山房庭院。沿池廊墙则采用图案各异的漏窗，究其功能，一是通风、透光；二是欲隔还泄，隔中有透，景深而更富层次（图3-17）。透过漏窗，中部山水园的山容水态若隐若现，树石亭台半掩半露，恰似"犹抱琵琶半遮面"，这就是造园上所谓的漏景或泄景。而当你穿廊来到敞榭绿荫轩时，凭栏闲眺，中部园林诸景，又一一

图3-17　留园古木交柯庭院

[1] 原载《园林》2007年第4期。

在望。再转身西行至明瑟楼下，则见花木环覆，水石横陈，不觉已置身于山色波光之中，山池主景，这才“千呼万唤始出来”。

由于水池东南角的东面走廊紧贴住宅墙体而筑，所以只好在墙体上用书条石相嵌，以作装饰。而南面则因空间稍大，造园者便将其设计成东西向的矩形建筑轮廓，沿池岸设置走廊和临水敞榭，再在廊、榭之间添置一道隔墙和一堂海棠式镂花隔扇，以显走廊更加曲折有致；在廊、榭与高墙之间，为了便于采光，就留出一定的空间，为了更能衬托出山池景色的自然开阔，所以将其处理成一组尺度极小又颇具人工气息的“L”形小院，这就是古木交柯和花步小筑，它打破了一般庭院为矩形的形制，使得空间更加生动、活泼，并和狭长而曲折的入园通道相呼应；在空间处理上，由于南墙本为祠堂的高墙，两个小庭的进深又极小而看不到墙头，所以在粉墙上用“古木交柯”和“花步小筑”两匾额作装饰，其下点衬花池树石小景，这样便化实为虚，而画意极浓，再在两庭间用一八角洞门相沟通（图3-18），既分又合，显得庭院深深。其余三面则用完整的建筑屋面檐角作对比，从而更加丰富了空间的变化，使得它们显得分外小巧幽僻。在平面上，两者均采用了碎石铺地，但花步小筑小庭拼成水纹形，而古木交柯的地面则用几何形，前者用湖石叠砌成自然形花池，而后者则用砖砌一规则形花台，从而形成了两个相互间既有联系又有对比的庭院空间。它们面积虽小，却形成了吴侬软语、小桥流水式的“糯”与“小”的特征，人行廊中，左右皆景。

图3-18　从花步小筑看古木交柯庭院

因考虑到建筑物内的光线较暗，所以在廊、榭的隔墙上，开设了两个八角形窗洞，这样既强调了与廊北漏窗的对比与变化，又可透过窗洞，远望绿荫轩和明瑟楼，以引人西行，给人以层层深远和空间不尽之感。

“古木交柯”原为清代刘恕（蓉峰）寒碧庄（留园前身）十八景之一。沿墙素雅的明式砖砌花台中，因原有古柏、耐冬（山茶）古树两株，交柯连理，故而得名，可惜年久古木早已不存，今花台中的圆柏和山茶均为近代补植。粉墙正中为清末郑思照所题的“古木交柯”魏碑体砖额，并有附跋云：“此为园中十八景之一，旧题已久磨灭，爰补书以彰其迹。丁巳嘉平月，道孙（荪）郑思照识。”（按“丁巳嘉平月”现在诸书均作“丁丑嘉午月”，实误。现据砖额及潘贞邦所纂的《吴门逸乘》订正之（图3-19）。嘉平月即腊月，《史记·秦始皇本纪》：“三十一年十二月，更名腊曰

图3-19　郑思照所题的古木交柯题跋

嘉平。”）朴拙苍劲的花树，在粉墙、花台、砖匾的衬托之下，更显疏朗淡雅，犹如一幅精致的天然图画。而冬春之时，柏枝凝翠，山茶嫣红，虽闲庭半隅，却生机盎然，令人驻足。

花步小筑庭院只是一个几平方米的小小天井，因祠堂院墙过于高深，四周又有廊轩围合，所以常见天不见日，有时虽初阳煦照，却也只是一瞬即过，因此这里只用数块湖石围合成一个极小的角隅花池。为了增强其空间变化，又在花台的右侧点缀石笋石。在嶙峋的山石花池中，只配植一丛低矮而又耐阴、常绿的南天竺，再在花池沿边的石隙中，点缀书带草数丛。在高深的粉壁院墙上用爬山虎攀缘其上，以破墙面的单调之感。由树、石、藤、匾构成的整个空间虽小却能绿意无穷，堪得“空庭不受日，草木自苍然”之神理。庭墙上嵌有清嘉庆二年（1797年）钱大昕所书的“花步小筑”四字隶书青石匾额，四周镶嵌有砖刻花果浮雕，上有跋文云：“蓉峰大兄卜别业于吴昌之花步，相传明太仆徐公故里。其地有池有石，花木翳如，颇有濠濮间趣，今因其旧而稍增葺之。玩月有亭，藏书有阁，招邀朋旧，相与诗酒唱酬，洵中吴之胜地也。嘉庆丁巳春正，竹汀居士钱大昕题识。”留园旧址（即明代徐氏东园）位于花步里，范来宗《寒碧庄记》云：卷石山房“其东矮屋三间曰绿荫，即昔日花步是也”。步通埠，花步即装卸花木的埠头。明时徐氏东园旁有彩云河与运河相通。苏州阊门外，自隋代大运河修通以后，成为江南地区水陆要冲和物资集散地。

六、留园揖峰轩[1]

留园的揖峰轩原为园主读书、作画、抚琴、弈棋之所。清代乾嘉年间寒碧庄（即留园前身）主人刘恕酷爱峰石，但当时著名的瑞云峰已被移到了苏州织造署中，而冠云峰又尚在园外，“尝欲置庄中未果”，所以便把精心搜罗到的十二奇峰置于寒碧庄内，并自号“一十二峰啸客”；又请昆山人王学浩画了《寒碧庄十二峰图》，并有诗题（现藏上海博物馆）。后来又陆续得到了“晚翠”“独秀”等五峰二石，于是在嘉

[1] 原载《园林》2007年第5期。

庆十二年（1807年）特意建造了“石林小院”，并取“石痴”米颠（米芾）揖峰拜石之典故而颜其书斋曰“揖峰轩”。这里还是留园十八景之“石林放鹤”（图3-20）。

图3-20 留园十八景之石林放鹤图

揖峰轩为硬山造小轩，外观简洁朴素，面阔二间半，而尤妙在这半间，《园冶》云：“凡家宅住房，五间三间，循次第而造；惟园林书屋，一室半室，按时景为精。”此轩可谓得其精髓，也是“格式随宜”的极妙诠释，其平面布置亦为苏州园林建筑之孤例（图3-21）。

图3-21 揖峰轩庭院（选自刘敦桢《苏州古典园林》）

其屋装修、陈设也极为精宜，南为一排精致的菱花长窗，窗芯为蝙蝠双鱼吊金钱与卐字图案。夹堂板上刻有梅兰博古，裙板上则镌有封神榜神怪图案。内有落地罩将室内分成东西两个大小不等的空间，大间中央置有二桌，桌面板上分别刻着围棋与象棋图案，以备弈棋所用。当移开桌面，下面桌子形同七巧盘，可根据需要随意拆拼，或用于啜茗小叙，或移之小院焚香拜月。另半间则用一榻一匾一挂屏作装饰（图3-22）。

图3-22　揖峰轩之陈设

揖峰轩作为主体建筑五峰仙馆旁的附属书屋，四周回廊环合，斜栏曲廊，蕉竹映翠，花影重重，庭院中奇峰异石，散置成林，显得宁静而安谧。其山石布置，以轩南为主庭、主山（中央峰石花台），轩北为书斋后院副山（沿边花台），轩西为偏院辅山（峰石）。主庭中央的峰石假山花台，周边用太湖石错落驳砌，植以牡丹数本，芳姿丽质，超逸万卉。中置一峰，因其形似苍鹰兀立于山崖之上，俯视着旁边一块像昂头向上对视的猎犬之石，故俗称“鹰斗猎狗峰”，或“鹰犬斗”（图3-23），而庭南“洞天一碧”漏窗外的峰石恰似其镜中背景，可谓匠心独具。此峰是刘恕建寒碧庄十年后，即于嘉庆十二年（1807年）冬，始从东山老家移来于此，故名“晚翠”，并写下了《晚翠峰记》一文，以记其事。刘氏对此峰倍加推崇，说它是“质青而润”，专筑书馆以宠异之，“余观是峰，无所谓皱、瘦、透之妙，然腰折而肩垂，顶丰而面敧，若旋转作俯仰之状，归太仆所谓形质恢佹，类韩师所率之夷舞者。”每当霜余月下，启窗望之，会情不自禁地吟咏起白居易的“烟翠三秋色”诗句，“乃知其佳，致视他峰为尤胜也”。

图3-23　揖峰轩之晚翠峰（鹰斗猎狗峰）

为了与中央花台的假山立峰相呼应，前庭四周角隅及廊边隙地，均缀以湖石，古松修竹，蔓木丛草，显得方寸得宜，楚楚有致。其西南一角有古罗汉松一株，枯树一皮，虽为百年之物，却生机尚存；罗汉松因其种子头状，成熟时种托猩红似袈裟，全形宛如一身披袈裟的罗汉而得名。庭西揖峰轩半亭，因两面借廊，所以只有一角，也成了苏州园林中亭制之孤例（图3-24）。

图3-24　揖峰轩之一角亭

而东南一侧的空廊竹林之处，则竖一青灰色斧劈石，高约4米，有拔地参天之势，有人考证为寒碧庄十二峰之一的干霄峰。刘恕在叙述干霄峰来历时说："居之西偏有旧园，增高为冈，穿深为池，蹊径略具，未尽峰峦层环之妙，予因而葺之，拮据五年，粗有就绪。以其中多植白皮松，故名寒碧庄。罗致太湖石颇多，皆无甚奇，乃于虎阜之阴沙碛中，获见一石笋，广不满二尺，长几二丈。询之土人，俗呼为斧劈，石盖川产也，不知何人辇至卧于此间，亦不知历几何年。予以百觚艘载归，峙于寒碧庄听雨楼之西，自下而窥，有干霄之势，因以为名。”（陈从周先生称该段残碑遗石铭文为《寒碧山庄记》，实为《干霄峰记》）斧劈石又称剑石，属石灰质页岩，因其纹理刚直，有高耸峻峭之势，石纹与山水画中的斧劈皴相似，故名。

小轩后院因空间狭小而封闭，宽不足2米，为了少占空间，便以粉墙为纸，竹石为绘，叠砌成沿边花坛状假山式样。轩之北墙上装饰着三个形状相同的空窗，由室内望之，窗外竹石似板桥写意，而收之方窗，又有清代李渔所说的“无心画”“尺幅窗”之趣，无论晴雨寒暑，朝昏夜月，或疏影摇曳，或声敲寒玉，得静中生趣之妙。

轩西一方小院内，则一峰独立，芭蕉数本。蕉石相依，清阴匝地，正所谓“丛蕉倚孤石，绿映闲庭宇”（高启《芭蕉》），碧染书轩。此峰是刘氏在移置晚翠峰一个月后，有个雇用的工人对他说，采到了一块数年罕见的奇石，“磊砢岂崿，错落崔巍，体昂而有俯势，形硊而有灵意”，便运来请刘氏品题，名之曰“独秀峰”，刘恕将它置于小院的“乾位”（即西北隅），与晚翠峰“若迎若拱，岐出以为胜” 。现西墙方窗下置有古琴一架，琴为古乐，传为伏羲所制，《长物志》云：古琴“虽不能操，亦须壁悬一床” 。环顾小轩四周，竹石丛蕉，“竹可镌诗，蕉可作字，皆文士近身之简牍”（李渔《闲情偶记》）。蕉竹韵人而免于俗，故“书窗左右，不可无此君。”（《群芳谱》）

七、留园冠云峰庭院[1]

留园的东部有一组以峰石为主体观赏景物而独立营建的建筑庭园，其布局以冠云峰为中心，周遭环以廊榭亭台，从而形成了一个具有山水意趣的相对闭合的空间，这对当今住宅庭院的园林式布局仍有一定的借鉴意义。

这里原属明代徐氏东园的一部分，清初因东园荒芜，“久废为踹坊，皆布商所傭踏布者居之”。冠云峰被踹布坊和民居所包围。至清代乾嘉年间刘蓉峰在原明东园址上建寒碧庄时，因无力将其纳入园中，所以到了其孙刘懋功时，也只能筑望云楼相赏而已。到了晚清盛康筑留园时，因踹布坊和民居早已被咸丰年间的太平天国战火所夷平，然峰石独存，冠云峰这才被盛氏并入园中，所以在当今的留园布局上，冠云峰庭园乃是一组相对独立的空间。纵观其布局，从原住宅区过旧戏台（现均已拆除），进入主体建筑林泉耆硕之馆（旧为鸳鸯厅的南半厅）庭院，至北半厅（旧为观赏冠云峰的主厅，即奇石寿太古之厅，今日之装修正好相反）前则为空阔

[1] 原载《园林》2007年第6期。

的峰石山水庭园，只见冠云一峰巍峙（图3-25），后有冠云楼作屏障，迥立云表，这与南庭之封闭恰成对比，也就是所谓的“欲扬先抑”的造园手法。当你驻足于主厅时，峰石正面向阳，光影相映，富有立体之感，在峰后具有横线条深色调的冠云楼的衬托下，更显轮廓鲜明，挺拔隽秀。而当你登斯楼时，又可一览庭园全景；旧时北望还可远眺虎丘，塔影、田园风光可尽收眼底，为原留园借景的最佳处之一。这就是中国古代造园的逐层递进之法。而主厅之东，却是一个极富禅意的庭院，北为待云庵，南有亦不二亭；其本为留园主人盛康昔日参禅礼佛之所（盛康别号“待云”），故幽静至极，院内花街铺地，有珠花和海棠图案，两旁翠竹森森，有松浓阴匝地，以示四季平安，健康长寿。

图3-25　留园之冠云峰

冠云峰曾是盛康、盛宣怀（图3-26）父子引以为骄傲而常夸耀于人的绝世珍品，当时盛氏延请了寓居苏州的清末朴学大师俞樾为其作赞，张之万题额，本地名宿绘图，在其四周筑起了以“云”为主题的冠云楼、冠云亭、冠云台、待云庵、浣云沼等一系列建筑。并在峰之东西两侧配置了瑞云峰、岫云峰，三峰合称为“留园三峰”。据说盛宣怀还以冠云、瑞云、岫云三峰之名，作了三个孙女的芳名，足见其深爱之情。相传冠云峰为北宋朱勔在太湖洞庭西山所采得的花石纲遗物，后因当年朱勔事败被杀，来不及运走而遗存了下来。现峰高约6．5米，是苏州古典园林中现存最高的太湖石峰。其形宛似一含情的江南少女，亭亭玉立，秀丽而文静，故国学大师王国维说它是“奇峰颇欲作人立”。如从西北角视之，则冠云峰又如一尊怀抱婴儿、脚踩鳌鱼的送子观音，故其又名观音峰。东边的瑞云峰是因原峰早于乾隆四十四年（1779年）被移到了织造府里，为盛康所重置；西边的岫云峰上更有枸杞一株，穿云裂石，飘逸自得，颇得陶渊明“云无心而出岫，鸟倦飞始知归”之韵。两峰分列左右，以作呼应供奉之势。

图3–26　盛宣怀在留园

冠云峰庭园景观模拟的是一种以自然界岩溶（即喀斯特）地貌为特征的造型，即石灰岩在强烈的风化溶蚀下，会发育成峰林谷地或孤峰平原地貌特征。除冠云、瑞云、岫云三峰之外，其他大小石峰散立其间；而亭台之基亦半隐于山石之中，山岩间迷花依石，佳木葱茏。主峰前有池水一泓曰“浣云沼”，更衬托出冠云峰的高耸。半方半曲之沼，睡莲浮翠，游鱼戏水，而冠云峰亦如西施浣纱，对镜梳妆，天光云影，绿树繁花倒影其中，虚实互参，景色幽绝。

该庭园的主体建筑林泉耆硕之馆（原名奇石寿太古），本为观赏冠云峰而设，其面阔五间，单檐歇山式屋顶，四周绕以围廊，内部以脊柱为界，用银杏木屏门、红木隔扇和圆光落地罩作隔断，将室内分隔成两个欲断还连的南北两厅。两厅各施卷棚，但其梁枋、门窗、地坪各异。主厅面北，是观赏冠云峰的最佳之处，所以装修特别考究，梁架用扁作，雕梁镂栋；南厅则用圆料，朴实无华；该厅为典型的鸳鸯厅建构，所以常俗呼其为“鸳鸯厅”。就连窗框，北施方形花格窗，南则为八角形；同为方砖铺地，也是规格不一，北大南小。所以也常常被错误地解释为北为男厅，南为女厅，以附会中国封建社会的男尊女卑之说（其实这是无稽之谈）。在功能上，南厅阳光充足，明亮温暖，适于冬春起居；北厅背阴凉爽，宜于夏秋活动（所以苏州古典园林中的主要厅堂，常北设露台，以临莲池；南面则常为封闭或半封闭式的庭院，此处亦然）。北厅正中的银杏木屏门上刻有俞樾所书的《冠云峰赞有序》，赏峰读赞，相互参照，其趣更浓。南厅屏门上则刻有晚清苏州书画家陆廉夫、金心兰、倪墨耕、吴窸斋合作的《冠云峰图》，石绿勾填，清雅古朴（原本为北图南书）。屏门两侧各有一座精美华丽的落地圆光罩，由于其面积较大，为了避免边框的单薄之感，所以采用内外双圆形式，框内有重点而均匀地布置有较大的叶形花纹，其间连以较纤细绕曲的树枝形花纹作衬托，构图自由而富有变化（图3-27），刘敦桢教授评之曰：“其内部装修毁于抗战中，近岁以洞庭东山席璞之松风馆旧物，席氏亦画家，故其圆光罩构图精美华丽，为现存苏州园林之冠。”

图3-27　林泉耆硕之馆之槅断

八、留园佳晴喜雨快雪之亭[1]

佳晴喜雨快雪之亭位于冠云峰西侧，与冠云台（署额“安知我不知鱼之乐”隔廊相通而面西（图3-28），三面有长廊环合，又自成一方小院。从建筑布局来看，总体紧凑而不失空透，颇具留园特色。其南北两边为墙，东西两侧空透，而东侧以月门出之，同中存异，可谓匠心独运。从冠云台西侧入月洞门，迎面见到的是亭中的一溜楠木隔扇，古朴典雅，窗格明净。其而西处，六扇纱槅的夹堂板上分别刻有

[1] 原载徐文涛主编《苏州古亭》，上海文化出版社1999年版。

猴、羊、虎、象、犬、狮六幅图案，雕刻精细，图案生动，又极富吴中民俗趣味。猴即侯，封侯荫子乃古代文士“达则兼济天下”的仕途追求。羊，古通祥，寓意吉祥平安。虎则花纹多变，文采卓然，唐代大诗人李白《梁甫吟》云：“大贤虎变遇不测，当年颇似寻常人”，即所谓的“真人不露相”，虽处山林，日后却是居上位者。象为祥之谐音，又寓“万象更新”之意。犬即狗，为至义之物，向为人所称道。狮即狻猊，能食虎豹，是古人心目中的神兽，有避邪之意；古时“狮子”写作“师子”，周代“三公”之首为太师（余为太傅、太保，一说三公为司马、司徒、司空），“三孤”之首为少师（《书·周官》：“少师、少傅、少保曰三孤。”）。以上六种祥兽，正是古人求富、求贵、求吉、求祥的传统意识的心理显现。六扇槅扇裙板上又各镌花篮图案（图3-29），至精至美。这些隔扇是留园诸建筑装修中最为精美的，据考证为明代遗物。

图3-28　佳晴喜雨快雪之亭之月洞门

图3-29　隔扇夹堂板和裙板图案

隔扇之上悬有“佳晴喜雨快雪之亭”一匾，系集晋代大书法家、“书圣”王羲之的字而成。佳晴取自范成大“佳晴有新课，晒种催耘耔”。喜雨取《春秋·谷梁传》：“六月，雨。雨云者，喜雨也；喜雨者,有志乎民者也。”宋代大文豪苏东坡《喜雨亭记》曰：“亭以雨名，志喜也。……始旱而赐之以雨，使吾与二三子得相与优游而乐于此亭者，皆雨之赐也。”快雪则取自王羲之《快雪时晴》帖。佳晴、喜雨、快雪都对农事有利，六字妙合成句，用来表达此亭之四时景物，不论晴雨快雪，都值得观赏。现庭中双梧对植，春以游目，夏可清暑，一叶飘落，天下知秋。疏雨滴梧桐，清音可赏；凤凰栖高枝，寓意更佳。闲来若优游其中，隔廊相望，北部田园风光又可尽收眼底。

据《吴门逸乘》记载，佳晴喜雨快雪之亭（原亭位于五峰仙馆西北角，现亭址则为原亦吾庐址）中，原有灵璧石台，石木磐材，叩之有声。灵璧石出安徽灵璧县，为变质岩之一种，质密而脆，磨之有光，故亦称灵璧大理石。石台现被移至可亭中（图3-30），观其上有白色斑状古生物化石，似为纺锤虫（李四光命之为“蜓”），为浅海栖息的微体原生物，其初始于石炭纪，消亡于二叠纪，生活年代距今约2.8亿年。此台实为留园至宝，应宜加珍藏。现亭中改作大理石台，供人闲坐。在南北两壁之上，各悬有大理石挂屏两幅，米家山水，潇湘烟云，莫可言状。

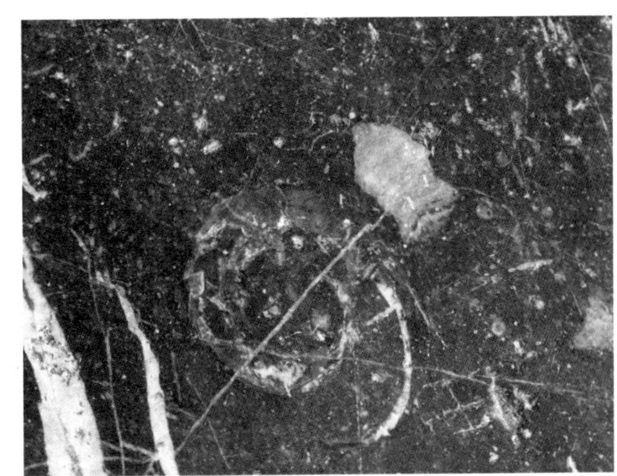

图3-30　石桌与桌面古生物化石

亭之西北与游廊相接，廊侧有岫云峰伫立，上有一老本枸杞，穿云裂石，垂挂于峰顶。此处亦是观赏冠云峰最佳位置之一，置身廊中观望，冠云峰俨然一座身拖披风、怀抱婴儿的送子观音像，石峰下端的石座也极似观音足下的巨鳌。

佳晴喜雨快雪之亭，晴雨烟月，雪中清趣，风景互殊，实为留园之绝胜之处，凡游留园者不可不到。

九、西园湖心亭[1]

说起湖心亭，人们自然会想起著名的西湖一景——湖心亭。明末张岱（陶庵）

[1] 原载徐文涛主编《苏州古亭》，上海文化出版社1999年版。

的《湖心亭看雪》，用简淡枯笔，把这湖心亭描绘得字字动人心魄，而其中的生动氤氲之气，直如醍醐灌顶，令人开怀，真有“自有渊明方有菊，若无和靖即无梅”（辛弃疾句）之奇效。然而，在池湖中设立亭岛，是我国古代造园匠师们仿效自然、灵活布局的常用造园表现手法之一，而位于西园放生池池中的湖心亭，也是其中的一例。

西园放生池原为明季太仆寺少卿徐泰时西园遗址一角。徐氏于万历年间（1573～1619年）置东园（即今之留园）时，将始建于元代至元年间（1271～1294年）的归元寺改为别墅宅园，并易名为“西园”。后其子徐溶（杉亭）舍园为寺，仍复称归元寺。明崇祯八年（1635年），该寺住持和尚茂林为弘扬律宗，便改名为戒幢律寺，俗称西园寺。茂林和尚圆寂后，葬于西花园大塔院内。清代中叶后，西园寺法会之盛曾名震当时，与杭州的灵隐寺、净慈寺相鼎峙，成为江南名刹。咸丰十年（1860年）太平军攻陷苏州，西园寺毁于兵燹，后于同光年间陆续修复，放生池渐成现有面貌（图3-31）。

放生池现为一蝌蚪形大池，头部在南，水面宽广明净。尾部在北，并折向东南，成一狭长形弯曲水面。池东、西、北点缀有少许厅馆亭台，曲槛回廊，花木掩映其间，空水澄鲜，林木明秀，形成了开畅疏朗、幽远秀雅的园林景象。湖心亭就设置在蝌蚪头状大池的中央，东西两侧架有九曲桥与陆地相贯通，东接“苏台春满”四面厅，西连“爽恺”临水轩，巧妙地将池面空间一分为二。这既丰富了池面景观，又为游人提供了一个枕波踏浪的绝佳之所。人行其中，凌波而过，更觉水面汪洋，其烟波灭明之状、云影徘徊之态，犹若仙景。

图3-31 西园寺放生池

湖心亭为一重檐六角之亭（图3-32），造型端庄质朴，亭角翼然欲飞，屋顶内设仰尘（即天花板），古朴雅致。亭有内柱和外柱，形成回廊。南北内柱间设墙，墙上开设六角形空窗。外柱间下设半墙坐槛，上敷吴王靠（即鹅颈椅），游人凭栏小憩，可见晴雨烟月，风景互异；鸢飞鱼跃，悠然自得。亭内原悬一匾额“日月照潭心”，两旁有楹联曰：“圣教名言独乐何如同乐；佛家宗旨杀生不若放生。”上联写儒家名言，语出《孟子·梁惠王》：“独乐乐，不如与众乐乐；……与少乐乐，不如与众乐乐。”池中鱼鳖游鳞，或怡然不动，或往来翕忽，一派众生同乐景象。下联说佛家宗旨是普度众生。佛教有三大法门，曰戒，曰定，曰慧。戒即守戒，而戒杀生为佛门五戒之首。从戒生律，于是成为律宗。西园寺崇扬律宗，故名戒幢律寺，并建放生池。现湖心亭内的匾联均已撤去，又在亭内营建了一座六角小亭，内供佛像，六壁各绘一图，形成了亭中有亭的奇妙景观。

图3-32　西园寺湖心亭

西园放生池中多鱼鳖之类。在此湖心亭和九曲桥上观赏鱼鳖，也是一绝。这些鱼鳖游鳞大多为佛教信徒所放生。其中的五色鲤鱼，与杭州的玉泉寺一样闻名遐迩。游人在亭栏桥旁“投以饼饵，（五色鱼）则奋鬐鼓鬣，攫夺盘旋，大有情致”（张岱《西湖梦寻·玉泉寺》）。最为难得的是，现池中还存有稀有动物大鼋，相传为明代老鼋所繁衍的后代，传至今日，将近400年了。在炎热之季，大鼋偶尔露出水面，游客便争相投以饼馒，引鼋就食。据说一个拳头大小的馒头，大鼋能一口吞食，可见其大。古诗《西园看神鼋》有云：

九曲红桥花影浮，西园池水碧如油。
劝郎且莫投香饵，好看神鼋自在游。

这首古诗已不知出于哪位诗人之手，它写出了湖心亭周边的美丽景色，而且为了欣赏大鼋悠悠自得的游姿，力劝游人不要投饼馒。

十、网师园彩霞池[1]

苏州古典园林大多以山水为布局中心，或以山为主，以水为辅；或以水为主，以山为辅。而水亦有聚散之分，一般大园之水，以聚为主，以分为辅，但却能宾主分明，如拙政园中部园林。小园之水，则大多聚而成池，而且常一水居中，再贯以小桥，环以廊屋，网师园就是其中最为典型的一例。清代乾隆年间的著名学者钱大昕曾评之曰："地只数亩，而有迂回不尽之致，居虽近廛，而有云水相忘之乐。"（《网师园记》）然其云影水色则完全得益于园中的半亩方沼——彩霞池（图3-33）。

图3-33　网师园之彩霞池

[1] 原载《园林》2007年第7期。

彩霞池之水，因驳岸低平，黄石层叠而又相互错杂，加之水岸多水口、矶石，故能给人一种别致轻巧而又水体弥漫的感觉。而水面上点缀的朵朵睡莲，又给池水平添了几分静谧安逸的景况。彩霞池的理水可谓深得中国造园艺术之精髓，其东南一角设有“槃涧”，观其水源，乃发端于“可以栖迟”与“小山丛桂轩”处的灵峰秀石之间，小涧曲折而深奥。涧中还设置了一个小小水闸，旁边的立石上还刻有“待潮”二字，仿佛闸门一开，源于山间的涧水就会似潮水般地汹涌而至，这正是造园上所说的“山贵有脉，水贵有源”的典型范例。而涧口则用花岗石小桥——引静桥（俗称三步桥）这一苏州古典园林中最小的石拱桥作遮蔽，并用它作为东面山墙和桥西黄石假山的过渡，显得自然而贴切。涧水过了小桥以后便是积水成潭，汪洋一片，点出了这个以“网师”而命名的渔隐主题，给人以江湖之思。空旷的池水在小涧、小桥的衬托下，更显浩渺。在水池的西北，则设计了一座梁式石板曲桥，形成了内湾式的迂回水尾，池水从曲桥下川流而过，直到“看松读画轩”的堂前，其水湾驳岸又和堂前的黄石假山花台叠为一体，浑自天成。这样，便把彩霞池的“来龙去脉”交代得一清二楚。这又不免使人想起了孔子“知者乐水，仁者乐山”的名言，水之所以为美，是因为它具有了与“君子”的品质相类似的特征，如水之“浅者流行，深者不测，似智”，“不清以入，鲜洁以出，似善化”等等，园林不正是收敛心神，进行心灵过滤和净化的清幽之所吗？所以当你饱受人生的挫折或凡尘的纷扰之后，不妨去园林走走，或许它能帮你除尘涤烦，你的思绪真的会“不清以入，鲜洁以出”。而两座小桥一圆拱一低平，一东南一西北，遥遥相对，却成对景，并把水池的对角消解于无形，独得造园之三昧。

图3-34　网师园之云冈假山、小山丛桂轩和濯缨水阁（面水）

纵观网师园的布局，以彩霞池为中心，南面以小山丛桂轩与蹈和馆、琴室为一区，主要是为居住宴聚而设的小庭院；北面则是以五峰书屋、集虚斋、看松读画轩为一区，为书房式的游憩玩赏区。环池配以水阁亭廊、山石花木，但由于其池周建筑物能与假山花池互为对置而避让，增加了园景的层次和深度，从而形成了一个极为生动的闭合空间。彩霞池大致以池东的半山亭、石壁与池西的月到风来亭为轴线，在水池的南北两岸均衡互置着建筑物和假山花池：竹外一枝轩对置小山丛桂轩，一临水，一离岸，离岸的小山丛桂轩后叠置云冈假山（图3-34）；看松读画轩对置濯缨水阁，一离岸，一临水，离岸的看松读画轩前则筑砌了自然式的假山花池，从而构成了两两对置呼应、互为成景的不对称均衡构图。同时为了突出池水的空旷波平，特将临水的建筑适当地缩小了尺度，小巧轻盈、质感空灵者居前，而体量稍大的建筑则远离池岸，或隐于假山之后，使得山池房屋的组合，既细致玲珑，又能相互衬托，备具远近高低之态。池东的驳岸，出水设矶，在此观水，则轩榭浮波，轻灵有致；而池西的月到风来亭却建于水崖的高处，身处斯亭，游目骋怀，有咫尺千里之势，俯仰所遇，则云水变幻，画栋频摇。

图3-35　网师园之月到风来亭

彩霞池宜春，池东由黄石叠砌的假山石壁上，紫藤攀附，花发成穗，紫气东来；引静桥后的粉墙白壁上，木香蔓垂，香更清远；云冈上更有百年之二乔玉兰，千枝万蕊，不叶而花，斜展于濯缨水阁的翼角之上。彩霞池宜夏，濯缨水阁半悬于水面之上，水殿风来，习习生凉，溽暑顿消；竹外一枝轩临水开敞，庭内竹影婆娑，左有黑松一株，斜出水面，倒映池中，顿觉心清如水。彩霞池宜秋，月到风来亭踞崖取势（图3-35），“晚色将秋至，长风送月来”（唐韩愈），“月到天心处，风来水面时”（宋邵雍）；清秋月夜，正如《红楼梦》七十六回中黛玉、湘云坐在湘妃竹墩上赏月一样，“只见天上一轮皓月，池中一轮水月，上下争辉，如置身于晶宫鲛室之内。微风一过，粼粼然池面皱碧铺纹，真令人神清气净”。而从小山丛桂轩飘来的阵阵桂香，更会使你的思绪清空无执，并能领悟到闻香悟道的禅意。彩霞池宜冬，看松读画轩前的古柏相传为南宋园主史正志所植，虬干白骨，历尽800余年沧桑；而庭前的白皮松亦为上百年之物，龙鳞华盖，斜展于桥头，冬日轩内观之，俨然是两幅松石图画。彩霞池亦宜晨昏朝暮，松下话古，小亭待月，或烟水迷离，或午云闲飘，或朝霞夕照，天光云影，楼台倒映，满池的波光流彩，这就是彩霞池，真所谓“名园依绿水”矣。

十一、网师园殿春簃[1]

网师园的殿春簃是一组仿明式的建筑庭院（图3-36），它作为园林中的内庭，幽静而淡雅，简洁又明快，故其誉甚隆。古人以为，一春花事，以芍药为殿，北宋哲学家邵雍有《芍药》诗云：“一声啼鴂画楼东，魏紫姚黄扫地空。多谢化工怜寂寞，尚留芍药殿春风。”此地旧以种植芍药而闻名于当时，故以诗立景，以景会意，便以“殿春”名之。

图3-36　网师园之殿春簃

[1] 原载《园林》2007年第8期。

芍药又名婪尾春、将离，雅号娇客，早在商周时，已有种植，《诗经·郑风·溱洧》有："维士与女，伊其相谑，赠之以芍药"之句，意思是说：男女相聚在一起，又说又笑，并以芍药相赠，作为结情之物，或以示惜别，故有将离、离早等称谓；南朝齐诗人谢朓有"红药当阶翻，苍苔依砌上"咏之，所以宋人王禹偁说："芍药之义，见《毛诗·郑风》。百花之中，其名最古。谢公（即谢朓）《直中书省》诗云：红药当阶翻，自后词臣引为故事。"芍药枝繁叶茂，花型多变，花色艳丽，古人常以曲院短垣之下，叠石围砌而群植，灿烂满目；其宿根在土，至春冒土而出，红鲜可爱，暮春之季，则花含晓露，袅娜欹颓，大有美人扶醉之态。清代嘉庆年间，网师园以盛栽芍药而名动一时，范来宗《三月廿八日网师园看芍药》一诗就详细记述了当时网师园赏芍药的盛况以及吴地"多奢少俭，竞节好游"的奢侈之风："杨花扑面已成团，取次风光转药栏。网师折柬招诸老，肩舆络绎报当关。回廊迤逦花光起，泼浪殷红并姹紫。绕径千层露带珠，翻阶五色霞成绮。列坐高张樱笋筵，鲥鱼出水问江鲜。豪情拇战人争胜，大户鲸吞酒涌泉。……"所以现"殿春簃"匾额有跋云："前庭隙地数弓，昔之芍药圃也，今约补壁以复旧观。"

殿春簃为小院的主体建筑，坐北朝南，面阔三间，其卷棚式屋顶，能形成较好的音响效果，旧时可供度曲；檐廊则用菱角式翻轩，这样既利室内采光，又极富精致雅淡的装饰风格；前设露台，石栏低围，夏可纳凉，秋可赏月；屋后则由界墙围合而成的封闭式小院，布置着梅花、天竺、翠竹、芭蕉，再用奇峰迭起的太湖石作点衬，透以空窗，微阳淡抹，浅成图画（图3-37）。西侧拖一复室，隐于花木树丛之中，室内装修精致，一溜的明式家具，以供读书之用。

图3-37　网师园殿春簃之窗景

殿春簃前的庭院布景，主要采用“中空而边实”的周边围合式花台假山的布置手法，以在有限的面积内形成较大的庭院空间，再用花墙、山石、建筑及铺地等，形成多种层次和对比，使景物更为丰富，故院小虽不及亩，却能显其宽绰而不觉局促，可谓极尽构思之妙。院之东墙以“真意”洞门为界，北为回廊，南则沿壁叠砌有太湖石假山一座，隐于侧门之内，并以此为起始，向南蜿蜒透迤，过渡为芍药花池，或峰或峦，若断还连。南墙下略置峰石，以与殿春簃形成对景。峰后沿墙设以山石蹬道，以沟通东南与西南庭隅。西南隅有泉水一泓，名“涵碧”，形若渊潭，水气森森，清澈而又明净，周边叠石嶙峋，岩壑深邃，殿春簃有此一泉，似与中部彩霞池有脉相通，从而使全园之水脉得以贯通，堪得“水贵有源”之妙。泉侧倚墙筑以半亭，名之“冷泉”（图3-38），飞檐轻翘，亭内陈设有从唐伯虎故居移来的灵璧石一块，色泽乌黑，叩之有声，其形则似振翅欲飞的苍鹰。而其位置却又和芍药花台形成对景，故有“坐石可品茗，凭栏能观花”之说。亭之左右，数峰耸立，桂花、紫薇，岩树相得。沿边花台假山结束于西北隅的丛树药栏之中，复有紫藤盘旋覆盖于殿春簃的露台石栏之上。纵观其周边花池假山的布置，起、承、转、合，极具章法，或藏洞于山，或藏路于峰，或藏泉于谷，其技法之娴熟，可谓是“羚羊挂角，无迹可寻”。 庭中则用“花街铺地”（即原来的芍药圃），网纹交织，鱼虾相戏，以平整朴实的一派水意渔情铺地与中部彩霞池的碧波涟漪形成水陆对比，并隐隐透露出网师园的“渔隐”主题。

图3-38 网师园殿春簃之冷泉亭

现庭之西北隅有国画大师张大千所题的“先仲兄所豢虎儿之墓”碑。抗日战争前张善孖、张大千兄弟俩曾寓居于此。张善孖为画虎名家，常对其所养之“虎儿”写生。张氏昆仲曾合作画虎12幅，称“十二金钗图”，善孖画虎，大千补景（图3-39）。后虎儿病死，葬于园中假山之下。

图3-39　张善孖、张大千之画

殿春簃庭院因其突出的造园艺术而被仿建于美国纽约大都会艺术博物馆，定名“明轩”（图3-40），从此享誉海内外。著名作家丁玲在参观明轩后，曾感叹道：“我好像第一次见到我们祖国的园亭艺术，这样庄重、清幽、和谐。我们伫立园中，既不崇拜它的辉煌，也不诧异它的精致，只沉醉在心旷神怡的舒畅里面，不愿离去。园中有各种肤色的游人，对这一块园地都有点流连忘返，看来他们被迷住了。……你看，‘明轩’正厅里的布置与摆设，无一处是以金碧辉煌，精雕细镂，五彩缤纷，光华耀目来吸引游人，而只是令人安稳、沉静、深思。这里几净窗明，好似洗净了生活上的烦琐和精神上的尘埃，给人以美，以爱，以享受，启发人深思、熟虑、有为。人生在世，如果没有一点觉悟与思想的提高、纯化，是不能真真抛弃个人，真真做到有所为，有所不为的。最高的艺术总能使人净化、升华的。”（《纽约的苏州亭园》）

图3-40 美国纽约大都会艺术博物馆中的“明轩”

十二、沧浪亭临水复廊[1]

以亭名园的沧浪亭是苏州现存园林中始建最早的一处，北宋庆历四年（1044年）苏舜钦罢官后，于次年移居苏州，见郡学（即现文庙处）东侧，有一弃地，三面临水，便花了四万钱买了下来，于是“构亭北碕，号‘沧浪’焉。前竹后水，水之阳又竹，无穷极，澄川翠干，光影会合于轩户之间，尤与风月相宜”（苏舜钦《沧浪亭记》）。当时此地有积水弥漫数十亩，旁有小山，高下曲折，与水相萦带，沧浪亭临水而筑，好一派山水相依的景象。只是由元迄明，被废为了僧居。到了清代康熙年间，江苏巡抚宋荦见沧浪亭已是“野水潆洄，巨山颓仆，小山蕺翳于荒烟蔓草间，人迹罕至”，于是把沧浪亭改移到了假山之巅，并得文徵明隶书“沧浪亭”三字，揭诸楣枋，临池筑以轩馆，造石桥以为入园之处，这样便形成了现在沧浪亭布局的基础，但在当时的王翚和乾（隆）嘉（庆）年间的王学浩等所绘制的沧浪亭图以及乾隆南巡图中，并没有临水复廊的存在，它只一径抱山幽，乔木生云气的景色。后几经兴废，在光绪元年（1875年）春，修葺完毕后的沧浪亭 “池长约半里，阔约千余步至二三十步，两岸堆砌黄山乱石，池内盛种莲藕。池上有曲桥，……过亭向北折西，一带游廊甚长，紧靠‘沧浪池’。廊中隔以花墙，墙内外皆可行走，而曲折高低，东首廊尽头水上立亭，与廊通，对面北岸，即花墙下一带垂柳，围以红栏，此处池面最阔，菱藕最盛，亭内额曰：‘闲吟’，屏上镌苏舜钦《沧浪亭记》。廊向西尽处，抱厦三间，

[1] 原载《园林》2007年第10期。

题曰：‘面水轩’，四窗南对山，山麓栽牡丹，北临水，西与山门相接”（佚名《游沧浪亭记》）。显然，这已是现在沧浪亭临水复廊的写照了（图3-41）。

图3-41 沧浪亭之沧浪池、钓鱼台与面水轩

现沧浪亭的临水复廊，东起观鱼处，西至面水轩，直达大门左侧，全长近百米。观鱼处（俗称钓鱼台）方亭突兀水际（图3-42），三面环水，观鱼纳凉，无不相宜；而面水轩东、北两面临流，南面假山，四周围廊环合，长窗洞开，犹如泊岸之舟，故内悬匾额曰“陆舟水屋”，曲水高轩，品茗赏景，别有风味。复廊就在亭轩之间，顺着弯曲的水岸，曲折高下，蜿蜒于临水的山岩丛树之间，远远望去，临水的驳岸山石，错牙嶙峋，面水的层层轩廊掩映于古木野林之中。在中国古典园林中，廊原是联系房屋或划分空间的建筑物，被称为风景园林的脉络，而且又往往是极佳的风景导游线路。苏州地处江南，春秋多雨，夏季又日照强烈，冬天亦多降雪，以前园主为防因气候侵袭而带来游园的不便，故而多建有迤逦曲折的长廊，将园林内的厅堂亭轩等联为一体。同时走廊又是分隔园林景区的极好手段，能为园林构成许多的风景面，并能增加风景的深度，所以运用极多，而且大多为复廊，沧浪亭的临水复廊就是其中的佳例。复廊是一种两面可以通行的走廊，中间隔有粉墙，墙上多设有漏窗，其既可分隔景区，又可作为内外空间的相互渗透、融合，并形成生动而诱人的过渡空间，以达到丰富空间层次的效果，因此诸如拙政园东部与中部园林之间，怡园东部庭院与西部山水园之间，其间隔均采用复廊形式，尤其是怡园的复廊，其既可使东部庭院中的岁寒草堂和拜石轩等建筑物及庭院免受夏天倒西太阳光和冬季朔风的直射侵凌，而又可使阳光通过复廊中间的花墙漏窗，折射出玲珑

剔透的图案。沧浪亭的地形，在五代时由于“积土成山，因以潴水”，后来经历朝的逐渐积淀而形成园内的积土大假山，山上沧浪之亭虚敞而临高（图3-43），老树参差交映，离立挐攫；园外则葑溪萦回，曲池浮碧，从而形成了独特的面水园林的格局，对于园外之水，陈从周先生喻之为：“不着一字，尽得风流”，以为妙手得之。但如果山水之间无所隔断，山林野趣虽足，却会有“竹树丛邃，极类村落”的感觉。所以在土山与池水之间，用复廊相隔，使得园内园外，似隔非隔，山崖水际，欲断还连，可造成景深和两面观景，并使得园外之水与墙内之山互为映衬，一虚一实，互呈对比，相得益彰。复廊外为临流清池，廊内紧傍假山古亭，虽园内无广池，却能借得园外水景，使其似乎也是园中的一部分。

图3-42　沧浪池、钓鱼台与复廊

沧浪亭的花墙漏窗和园中的假山、碑刻，曾经被誉为沧浪亭的“三胜”，共有108式，而其临水复廊当中的隔墙上，就占去了大半。形式各异的花格，既沟通了内外的山水，使得水池、驳岸、长廊、假山极富层次和深度，又能自然地融合于一体。同时南面的光线透过花窗洞，能使廊北的景物相对明亮，这样便增加了廊北临池观景的效果。当观景者漫步在北廊时，眼前是碧水澄明，游鱼戏逐，如逢夏日，远处水面是红裳翠盖，莲叶如盘，满水皆香；而隔着花窗，从漏窗中探望，假山古亭，若隐若现，近在咫尺的山体，仿佛被大大地推远了。而当穿行于南面走廊时，从花窗中望去，园外水景，似近却远，又有一种近山远水的感觉，这就是利用了人的错觉，拓宽了景色的境界，这种通过复廊将园外之水与墙内之山联成一气，相互借景的手法，被称作为中国古典园林中借景手法的成功范例。

图3-43　假山上的沧浪亭

十三、狮子林的佛门禅味[1]

苏州园林的类型甚多，现存的除私家宅第园林之外，尚有寺观园林、山庄园林、会馆园林、书院园林、酒肆园林等。寺观园林其实只是宗教园林的一种，然而就寺庙园林而言，因其所属的宗派教义的不同，又有所变化。狮子林在建园之初，因是禅宗临济宗虎丘派门徒天如禅师维则（亦作惟则）的隐栖之处，故现其园名以及一些堂构、园景等体现了禅宗教义，所以有人将它定名为“禅意园林”。

狮子林原为宋代名宦的别业，维则的弟子见其林木翳密，盛夏如秋，虽处都市，却不异于山泉林壑，便筑室以供奉其师居之。维则因其师傅明本法师师承于浙江西天目山狮子岩正宗禅寺，为表明其师承之源，并因“林有竹万个，竹下多怪石，有状如狻猊者，故名‘师子林’”（元欧阳玄《师子林菩提正宗寺记》）。狮古作“师”，狻猊即师子，古人认为能食虎豹；林即丛聚之意，《大智度论》云：“譬如大树丛聚，是名为林。……僧聚处得名丛林。”并说：“佛为人中师子，佛所坐处若床若地，皆名师子座。”故而“狮子林”三字本身就是佛门禅寺之意。

[1] 原载《园林》2007年第11期。

图3-44　狮子林之揖峰指柏轩

禅宗僧徒原先多岩居，或寄居于律寺别院，到了马祖门下的怀海（百丈禅师）建立禅院制度，世称“百丈清规”，凡有高超智慧的和尚称长老，自居一室，其余僧众则同居僧堂；禅寺的特点是不立佛殿，唯设法堂。所以从狮子林当时并无供奉佛祖、菩萨的佛殿，而只有禅窝、卧云室等具有禅宗特色的建筑名称来看，元末营建的狮子林仍保留着我国早期禅寺的特征。当时的狮子林有狮子、含晖、吐月、立玉、昂霄等五峰，以及栖风亭、小飞虹石梁、卧云轩、立雪堂、指拍轩、问梅阁、玉鉴池等“十二景”。“其燕居之室曰‘卧云’，传法之堂曰‘立雪’，庭有柏曰‘腾蛟’，梅曰‘卧龙’，皆所故名。今指柏之轩、问梅之阁，盖取马祖赵州机缘，以示其采学。曰冰壶之井，玉鉴之池，则以水喻其法性。”立雪堂、指柏轩、问梅阁三处建筑物的景名都是用禅宗公案来命名的。

图3-45　狮子林之卧云室

立雪堂取义于禅宗二祖慧可向初祖菩提达摩求佛法的故事：慧可雪夜立于门外向达摩问道，达摩不允，至天明积雪过膝，仍不为所动，后慧可自断左擘，终于感动了达摩，于是传以衣钵。现狮子林玉鉴池中有一太湖石峰，就是叙说菩提达摩在梁武帝时由南印度来到广东，再到金陵（即今南京）见梁武帝，因武帝不懂“正眼法藏”，于是“一苇渡江”而至北魏，在嵩山面壁九年的故事。指柏轩（图3-44）是借当时遗存的宋柏，用唐代赵州从谂禅师在回答僧徒的提问“如何是祖师西来意？”时，指答“庭前柏树立”的故事。现指柏轩前的主景假山上尚存两株桧柏的舍利干。问梅阁则是因有宋代梅花而取马祖问梅，赞以“梅子熟了”的禅宗公案命名的。这种用禅宗公案的景物或景名来启发观景及参禅者，以领悟禅的真谛，可以说是狮子林这座禅寺园林的一大特色，这从元明时文人的诗咏中得到了充分的体现，如周稷《咏玉鉴池》：“沈沈镜面平，澹澹清无底。山深风不来，波浪何曾见。”这首“以水喻其法性”之诗，简直就是慧能争钵禅偈的翻版。就连一块小小的石板桥（飞虹桥），在观赏者眼里，也是充满了禅机：“石桥驾小虹，上有往来路。试问尘中人，几人曾此度。”虽然狮子林屡经变迁，但现今的一些建筑物及景物，仍沿用了当初的旧名，所以依然能领略到其中的佛门禅味。其主体假山部分，占地面积约1153平方米，洞穴迂回，上下盘旋，宛若迷宫，尽管历代对其艺术价值贬褒不一，但实际是：游人至此，往往是“上方人语下弗闻，东面来客西未觌。有时相对手可援，急起追之几重隔。”（清赵翼《狮子林题壁》）这种神秘诡奇的假山迷宫，也正是佛门所追求的仙山琼阁般的佛国幻影。而其上所立的峰石，大多形似狮子，峰石间古木参天，如同深山老林，正如天如禅师所说的那样：“人道我居城市里，我疑身在万山中。”（《狮子林即景十四首》之一）现今的卧云室（图3-45）即筑于山岩之中。元末危素《狮子林记》曰：“云狮子峰后结茅为方丈，扁其楣曰‘禅窝’。”今假山之上有圆形或六角形的建筑遗址（图3-46），有人疑为元末明初时期僧人的参禅之所。在大假山北部的临水处，还有一尊太湖石观音，其面西而立，慈目祥和，衣袂飘飘，仿佛引渡着天下众生，朝着那海天佛国而去。

图3-46　狮子林禅窝遗迹和元末明初徐贲绘狮子林禅窝

十四、艺圃渡香桥和乳鱼桥[1]

苏州园林大多以水胜，或聚或分，各见其长，并留心于曲折水湾的处理，以示水之幽远或有源可寻。在水口处，亦多设有小桥，以分隔水面，增加景深。小桥尤以梁

[1] 原载徐文涛主编《苏州古桥》，上海文化出版社2000年版。

式石桥为多，一至数折，然常能因地制宜。苏州明代园林艺圃的渡香桥（图3-47），便是其中的一例。

图3-47　苏州艺圃渡香桥

渡香桥位于水池的西南，其水湾与浴鸥池相通，而有高深院墙阻隔。桥曲共三折，每折又由两块花岗石条石相拼砌，显得玲珑而多姿。桥身贴水而行，形同浮梁，人行其上，宛若临波踏水，偶见乳鱼嬉水，颇有“草草鱼梁枕水低，匆匆小住濯涟漪”的意境。“渡香”之名更是情趣盎然，即使不在夏季，亦能使人感受到暗香浮动，荷风似酒。桥东与堆土叠石假山相接，沿池东行，绝壁凌空，愈显山势之峥嵘，水波之浩渺。过桥南折，穿山洞而盘折登山，可领略到“虽由人作，宛自天开”的山林野趣，疏林淡影，薄暮横拖，四时之景、朝暮之息备矣。桥西傍依茂树花丛，或一树琼花，或花似金粟，香气四溢，“渡香”之名（本为荷花香风暗度之意），诚非虚拟。有径可达“浴鸥院”小院及西侧的“响月廊”，清代姚承祖诗云：“响月廊空凉鹤梦，渡香桥下稳眠鸥”，鸥眠水湾，足见其悠然，亦显环境之静幽。看到这水中鸥，景物幽，自然会想起杜甫的《江村》一诗：“清江一曲抱村流，长夏江村事事幽。自去自来堂上燕，相亲相近水中鸥。老妻画纸为棋局，稚子敲针作钓钩。多病所须惟药物，微躯此外更何求。”大约也只有这种联想，才能使你更好地了解到这座明代文氏“药圃”的造园意味吧！（药即白芷，一种香草，药圃是栽植香草的花圃）水幽、景幽、人幽，而天地万物事事幽矣！

与渡香桥相呼应的是位于东南角小水湾上的乳鱼桥（图3-48）。此桥与渡香桥不同，是一平弧形石板桥。此种石桥式样，既能营造出梁式石桥的那种贴水临波的感觉，又形如江南水乡所常见的那种拱石桥缩影，这种式样在明代可能是一种普遍应用的传统式样，江浙一带水乡村落常见。但乳鱼桥却是苏州园林中的孤例，弥足珍贵。六块微拱的条石两两拼合，纵向三节，面水外侧边角均镌有云纹图案，显得古朴雅致。造型优美的平弧形曲线亦觉圆润而富有动感，宛如三节玉带漂浮于水面，既丰富了水面的立体景观，又与西侧的渡香桥形成对比，可谓匠心独运。桥北堍有亭名“乳鱼”。 乳鱼即初生之鱼，也就是小鱼，宋王禹偁《诏臣僚和御制赏花诗序》曰：“观乳鱼而罢钓”。亭内抱柱有联云：“荷溆傍山浴鸥，石桥浮水乳鱼”，正写尽石桥浮跨水面、乳鱼戏水、鳞鬣可见的景致，而“乳鱼”桥名、亭名之巧嵌，更显含蓄。乳鱼亭之木构乃明代遗构，斗栱、月梁、天花板等均有草龙纹图案（图3-49）；而乳鱼桥亦具明代遗意（其中一块为明代遗石），古亭、古桥足以玩味再三。

图3-48　苏州艺圃乳鱼桥

图3-49　乳鱼亭之彩绘

桥南路分两路，一径登山；一径沿池西行，与渡香桥相通。桥头一树合欢，偃盖于曲水之上。在这里，桥、亭、路、山、水、植物等上下呼应，浑若天成。

十五、艺圃浴鸥院[1]

艺圃以一泓池水为中心，池北以建筑为主，池南则因阜叠石为山，池的东西两岸以疏朗的亭廊树石作南北之间的过渡和陪衬，园景简练开朗，风格质朴自然。其山池布局

[1] 原载《园林》2007年第9期。

大致保持了明末清初的旧况，池水以聚为主，仅在水池的东南和西南两角营建水湾，正南面则山林横陈，杂树参天，故水面既能开朗弥漫，又能萦绕于山，其源可寻。浴鸥院就位于水池的西南水湾一角，它东接石包土大假山，西连芹庐别院，以此作为主假山和建筑庭院的过渡区域，从而形成了苏州古典园林中“园中园”中的独特的水院形式，同时它也是芹庐小院的外院。芹庐、浴鸥院一区增加了艺圃全园的层次和景深。

浴鸥院之东、南、北三面高墙，西面为芹庐小院，形式封闭，环境青幽静谧。芹庐为一组“凹”字形三合小院，南称南斋，北为香草居，两屋相对，形成对照厅式样，西面则是鹤柴轩，建筑形制简练，风格质朴，陈设素雅，具有明代气息。庭中卵石铺地，中设太湖石花池，藤萝掩映，松荫匝地，自然韵人，李渔在《闲情偶记》中说：“幽斋垒石，原非得已。不能致身岩下，与木石为居，故以一卷代山，一勺代水，所谓无聊之极思也。然能变城市为山林，招飞来峰使居平地，自是神仙妙术，假手于人以示奇者也，不得以小技目之。”庭除垒片石以为山，植数树以为林，以少胜多，自有岩栖之致。此地原为清初姜埰艺圃的南村和鹤柴之所在，汪琬《艺圃后记》曰：“横三折板于池上，为略彴以行，曰渡香桥。桥之南，则南村、鹤柴皆聚焉。”现建筑名称多移用其旧名。渡香桥在浴鸥池院外，桥为三折，贴水而建，形同浮梁，人行其上，如若临波踏水；而“渡香”之名，虽不值荷花盛开，亦能品嚼出“香风暗度”的意境之美，据说艺圃池中，曾经植有名贵而罕见的“四面观音”莲花品种，开花时一茎四花，宛若众星捧月，圣洁无比；渡香桥与位于东南水湾的平弧形三折乳鱼桥遥遥相对，恰成对比，然两桥之形却完全符合文震亨在《长物志》中所说的“板桥须三折”的定制。而池水、小桥、石径、绝壁等的相互结合、衬托，自是明清苏州园林的叠山理水的惯用手法。

图3-50　艺圃浴鸥院之门额

过渡香桥，迎面高墙设有浴鸥院的入院圆形月洞门，门的两侧对置着太湖石峰，却能避让有序；月门之左，为靠壁树石小景，朴树峰石，相依而坚；月门之右，则设有花池，玉兰秋桂，茂树花丛，四季皆宜，花池西侧建踏步，拾级而下，可至水边。月门上方，嵌有隶书砖额“浴鸥”二字（图3-50），鸥类概为水鸟，善飞翔，主食鱼类、昆虫及多种水生动物；鸥浮游于江海，随波上下，有幽闲之致，故又名闲客，《列子》中记载有人与群鸥相嬉的传说，因此古人常以“鸥盟”或“盟鸥”隐喻有退居林泉之想，如辛弃疾《水调歌头·壬子三山被召》：“富贵非吾事，归与白鸥盟”，即为此意；而鸟之飞上飞下谓之“浴”，所以浴鸥有悠闲自在之喻。另据《鹤林玉露》所载：“太学蕴道斋有小池，忽一鸥飞来，容与甚久。一同舍生题诗云：‘昨夜雨余春水满，白鸥飞下立多时。’读者赏其蕴藉。”而此处芹庐之“芹”是一种蔬菜名，又称楚葵，《诗经·鲁颂·泮水》：“思乐泮水，薄采其芹”，“思乐泮水，薄采其藻”，泮水即泮宫之水，泮宫为周代诸侯设立的太学，芹藻以喻才学之士。因此芹庐与浴鸥之名可能典出于此。

图3-51　浴鸥院内之石板小桥

现浴鸥院内有石板小桥横亘于浴鸥池上（图3-51），池水与大池相通，其实它只是艺圃大池水湾的延伸，经由渡香桥下流入，因有院墙相隔，所以才构成了水院形式。小院内小池居中，呈南北狭长形，中有太湖石石梁和汀步相隔，因此显得悠远修长，而从小园中透过浴鸥月门，约略能见到烟水弥漫的大池和对岸建筑，从而消除了空间狭小逼仄的感觉。小池四周全用太湖石驳砌，并有若干水口，池西用石卧砌，以与芹庐庭院相协调，池东驳岸用石多竖叠，再配以若干峰石，与紧贴东墙沿壁而筑的峰石和土山一气呵成，能与隔墙山林相呼应，故有一种临山而筑的感觉；东墙之南、北两端辟有洞门，以通山林，尤其是南端小门，叠石为上山的蹬道（图3-52），而山林之气毕露。池周岩隙之中，书带草、南迎春之属披垂，岩石之上，薜荔、络石之类爬布，故虽值隆冬，亦能绿意无穷；蜡梅、桂花等稍高的树木偏于院之南端栽植，而高大的百年榔榆则位于院之东北一隅，它与一墙之隔的山林树梢融为一体，园中植有鸡爪槭一树，春秋两季叶色红艳。纵观其庭院配植，树木多为矮小多姿，以与小园相匹配。至于这种以水池形式进行的庭院布局，可能是晚明的一种造园风格，文震亨在《长物志》中对于“小池”的营造，有这样的阐述：“阶前石畔凿一小池，必须湖石四围，泉清可见底。中畜朱鱼、翠藻，游泳可玩。四周树野藤、细竹，能掘地稍深，引泉脉者更佳，忌方圆八角诸式。”而浴鸥池简直就是据其文而施工的实例了。艺圃在明末，为文震亨之兄文震孟的药圃，文震亨当时所居的香草垞早已不存，所以艺圃是研究明代园林和《长物志》的最佳实例之一。

图3-52　浴鸥院内上山的蹬道

十六、耦园[1]

耦园位于苏州城东，地偏无哗，正宅居中，有东、西两园，面积约0.8公顷。东园原为清初保宁太守陆锦（字素丝）的涉园，又名“小郁林”。后屡易其主，曾属祝、沈、顾诸姓。清同治十三年（1874年）为沈秉成所得，延请名画家顾沄设计，并扩建中、西部。光绪二年（1876年）落成，易名“耦园”（ 图3-53）。现为全国重点文物保护单位，2000年被联合国教科文组织列为世界文化遗产。

耦园之美，首先在选址得宜，布局独特，可谓佳“耦”天成。其园三面枕水，一面临街，门前园后各有水码头。当初陆锦在营建“涉园”时，就是看中了这地方正位于城之东偏，“承三江之脉，故以三江之名名之”，并取陶潜《归去来辞》中“园日涉以成趣”之句意，筑涉园，“跨虹而南，三面临流”（程亦增《涉园记》），可谓得尽水趣。沈秉成当时就相中了这块既有山林之美，又不远离尘世，水陆交通便捷的遗址旧

[1] 原载徐文涛主编《苏州园林纵观》，上海文化出版社2002年版。

园。经其修葺后，更是“环砌微波晚涨生”，确实是“不隐山林隐朝市”的绝佳之处。“听橹楼”“山水间”“枕波轩”等诸构建，都是因水而涉趣的。园成，“时继配严夫人已来归，工丹青，娴辞赋。公遂名其园曰‘耦园’，相与啸咏其中，终焉之志”（俞樾《安徽巡抚沈公墓志铭》。“耦”同“偶”，所以“耦园”之名，有夫妇两人双双归隐、终老的意思。在古代，两人耕种称“耦”，《考工记》：“二耜为耦”，中国古代是农耕时代，重农历来是儒家思想之本，所以仕途失意之士往往会回到为百姓所依赖的田园家事中去，加上受隐逸思想的影响，常笑傲于山水烟霞之中。因此，“耦”字极具隐逸色彩。沈秉成在建园之前就有诗曰：“何当偕隐凉山麓，握月檐风好耦耕。”

图3-53　耦园门额

耦园有东、西两园，布局成双，也寓一“耦”字（耦通偶）。东园布局以山为主，以池为衬，主体建筑“城曲草堂”为一组楼厅，堂前主景假山为清初遗物，山以“邃谷”分为东、西两部分，并用“樨廊”的“筠廊”来联系和划分景区，使园内景物联成一体。西园则是以书斋“织帘老屋”为中心，分成前后小院。屋南有太湖石假山一座，恰与东园黄石假山相呼应，也暗合一“耦”字。中间住宅部分，依次为门厅、轿厅、大厅和卧室楼群。第四进楼群，从东到西横贯全园，中间以廊相接，俗称“走马楼”，整个建筑群呈“T”形，在现存苏州园林中，可谓独树一帜。

耦园住宅大门，面河而开，河旁有一小河埠，尽显“人家尽枕河”之本色，这也是耦园的特色之一。轿厅前有“平泉小隐”门楼，唐相李德裕曾有别墅叫“平泉山庄”，引此以示园主的退隐之意。大厅名“载酒堂”，取宋人戴敏“东园载酒西园醉”诗意，正是昔日园主归隐“耦园”的真实写照。堂北为楼厅，呈“凹”字形，前有“诗酒联欢”砖雕门楼，构件精美，迎风弄月、觥筹交错的人物形象，栩栩如生，人们可以从中了解到古人所追求的“载酒园林，寻常巷陌”的生活情趣和意境。

西花园主体建筑“织帘老屋”系硬山造鸳鸯厅，其名取自南朝高士沈驎之以织帘为生、著述课徒的典故，以表示沈氏夫妇对男耕女织生活的憧憬。屋前有月台，东南角有太湖石假山一座，山体蜿蜒曲折，老树葱翠，山上更有云墙起伏（图3-54），别致可赏。清末词坛盟主朱祖谋自广东学政解归，曾借住于此，并留下了众多词作。词人郑文焯流寓吴门时，也常来此和主人剪烛夜谈，有《齐天乐》等词可证。屋北为沈氏“藏书楼”，前后三进呈凹形，沈氏夫妇曾有“万卷图书传世富，双雏嬉戏老怀宽”之句，可见当年藏书之丰。楼前有小井一口，据说原为宋代时所凿，虽一小小泉眼，却能与东花园受月池相呼应，形成东池西井格局，与网师园内殿春簃的涵碧泉有同工异曲之妙。西花园东还有一半亭名“鹤亭”，沈秉成曾自名“老鹤”。据说沈氏当年任镇江知府时，曾得《瘗鹤铭》拓片，而这块拓片又比其他的多出“寿鹤”二字。想当年宋名士林逋隐居西湖孤山，以“梅妻鹤子”自适，所以鹤除了寓意长寿之外，更多的是体现了一种遗世独立的隐逸情怀。

图3-54　耦园西花园之太湖石假山

东花园是耦园的精华所在。主体建筑“城曲草堂”是一座跨度长达40米的楼阁（图3-55），这在苏州园林中较为罕见。楼阁中有高大楼厅三间，楼下名“城曲草堂”，楼上为“补读旧书楼”。楼东略南突，呈曲尺形，楼下名“还砚斋”，楼上为“双照楼”。楼西则与中部住宅相连。东西各有“筠廊”和“樨廊”和其他建筑连贯相接。城曲草堂之名取自李贺《石城晓》：“女牛渡天河，柳烟满城曲”诗意；女牛是指织女星和牵牛星（俗称牛郎星）。耦园东西二园，园主以牛郎与织女自比，在这里男耕女织，夫妻恩爱。而楼上的补读旧书楼则是园主旧时读书的地方。该处原有“鲽砚庐”，是沈氏夫妇诗酒酬和之处，斋名是因为当年沈秉成在京师时，得到的一块汧阳石，“剖之有鱼形，制为两砚，名之曰‘鲽’”。鲽，即比目鱼。两砚由沈氏夫妇各执其一。沈夫人名永华，字少蓝，工丹青，擅诗词，有《纫兰室诗钞》《鲽砚庐诗钞》以及和其夫君的合集《鲽砚庐吟集》。1939年国学大师钱穆曾迎母入住东花园，并在补读旧书楼上攻读英语，专意撰著，完成了《〈史记〉地名考》一书。

图3-55 城曲草堂

城曲草堂前的黄石假山为清初涉园遗构，由东、西两部分组成，中有谷道，宽仅1米有余，两侧削壁如悬崖，形似峡谷，故名“邃谷”。假山东大西小，也寓一“耦”字。自堂前石径可通假山东侧平台，平台之东，山势渐高，转为绝壁，直泻而下，临于“受月池”（图3-56），人临于此，有雄险伟峻之感，是全山最精彩的部分。西半部假山，自东而西逐级降低。综观此山，不论在崖壁、蹬道，所用之石，大小相宜，有凹有凸，或横或直，或斜或仄，相互错综，而以横势为主，整个山体显得自然逼真，与明代嘉靖年间张南阳所叠砌的上海豫园黄石大假山手法相似，弥足珍贵。

图3-56 耦园之受月池

还砚斋为书斋，斋内原有俞樾所题一匾，并有题跋说，沈秉成的玄祖东甫先生，生平致力于经学、史学、小学，实为清代乾嘉学派的先导，其所用一砚叫“眺砚”，久已失落，后为沈秉成复得，所以颜其斋名叫“还砚斋”。楼上名“双照楼”，取自晋代王僧儒《忏悔文》：“道之所贵，空有兼忘；行之所重，真假双照”句意；照即明，借指夫妇双双明道。在城曲草堂与还砚斋中间还有一室叫“安乐国”，北宋理学家邵雍所居之处称“安乐窝”，沈氏借用于此，以示超脱。

隔山与城曲草堂南北相对的是位于受月池南的水阁“山水间”（图3-57），其名取自欧阳修《醉翁亭记》：“醉翁之意不在酒，在乎山水之间也。山水之乐，得之心而寓之酒也。”该建筑戗角高翘，造型优美，外廊檐柱间有“卍”字形挂落，四周设有吴王靠，内有明代遗物杞梓木“岁寒三友”落地罩，全罩跨度4米，高3.5米，雕刻精美，所刻古松苍劲挺拔，翠竹万竿摇空，梅蕾迎寒待放。此罩为苏州诸园之冠。山水间南有小楼“听橹楼”，该楼下临内城河，外接娄江，旧时帆樯往来不绝，时时能听到船橹声，故取南宋诗人陆游的“参差邻舫一齐发，卧听满江柔橹声”诗意名之。从听橹楼下来，便是“便静宧”，《尔雅·释宫》：“东北隅谓之‘宧’”，《说文解字》说“宧，养也。室之东北隅，食所居。”又谢灵运《过始宁墅》有“拙疾相倚薄，还得静者便”，意为不善做官，只好求得安静。据说当年沈秉成年老回苏州就医时，常一人执卷呆坐于此，安适静养于一隅。与听橹楼相毗连、上下有阁道和连廊相接的是“魁星阁”，所谓“魁星”即“奎星”，二十八星宿之一，为主宰文章兴衰之神。此处原有祭祀神灵之物。一楼一阁，外观造型通体轻盈，相依相偎，恰如一株并蒂之莲，似与“偶”字也相吻合。

图3-57　耦园之山水间水榭（右）和藤花坊（左）

东边的“筠廊”与西边的“樨廊”，一以竹名，一以桂称，遥相呼应。竹为清雅高洁之物，古人认为一日不可无此君；桂古称“木樨”，清代李渔说它是“树乃月中之树，香亦天上之香”。 耦园的廊极具特色，全长约667米，通花渡壑，依势而曲，宛若一条长虹彩练，蜿蜒无尽。用廊来划分空间，是造园的常用手法之一，耦园就借樨廊划分出几个大小不一、风格迥异的空间。廊墙有月门（图3-58），南为一旷朗的大院落，湖石小峰，四时花木，丛丛翠竹，点缀其间，清新而自然，田园之美，尽显眼前。廊墙内，以黄石假山为主景，重峦叠嶂，幽谷深壑，山色苍茫。廊西又分出一个闲静小院，小厅三间，名“无俗韵轩”；轩东侧外墙花窗边，有一砖刻小联：“耦园住佳耦，城曲筑诗城”，横额为“枕波双隐”，故此轩又名“枕波轩”。当年双双隐居于此的沈氏夫妇，优游林下，伉俪情深。

图3-58　耦园东花园之入口门景

此外，耦园还有“吾爱亭”“留云岫”“宛虹杠”“藤花坊”诸景。

耦园的建筑装饰也可谓独步苏州园林。其楼、厅、亭、廊之戗角，轻灵欲飞，造型多变，也为耦园一胜。众多的建筑壁塑，如藤花坊船篷顶上的“回首伏凤”，山水间东山墙上的“鹿鸣山坳”，西山墙上的“松鹤延年”，吾爱亭墙南的“蝙蝠衔双鱼”（寓意福到有余）等等，无不精湛绝伦，令人叹为观止。

十七、台地式园林——拥翠山庄[1]

苏州古典园林的最大特点是在于相地合宜，构园得体，从而达到“虽由人作，宛自

[1] 原载《园林》2007年第12期。

天开”的艺术境界。在布局上，则能顺应自然，灵活造景，而不拘泥于特定的程式。位于虎丘山二山门（断梁殿）后上山道左侧的拥翠山庄（图3-59）就是其最佳的例证之一。

清光绪十年（1884年），因朱修庭等在虎丘试剑石附近访得古憨憨泉，由清末苏州状元洪钧（即那位与名妓赛金花有着浪漫爱情故事的风流状元）发起，便在古泉边的原月驾轩故址上兴建了一座小小的山庄园林。洪钧在一联叙中叙说了当时造园的情形：“曩时虎丘蹬道旁，列肆连廛，喧闹嚣杂。庚申之际，一炬荡然，而清旷之景出矣。甲申夏，同仁既浚憨憨泉，登高揽远，咸快瞻瞩，爰临泉构屋，以识胜概，狮子回头望虎丘，盖吴语也。”

图3-59　拥翠山庄鸟瞰图（选自刘敦桢《苏州古典园林》）

该园面积不大，占地约一亩有余，依泉而筑。其布局根据山势之高下，共分四层，故在剖面上作阶梯状，从而形成了苏州古典园林中独有的台地园林式样。计成在《园冶·相地》中说：“园地惟山林为胜，有高有凹，有曲有深，有峻有悬，有平有坦，自成天然之趣，不烦人事之工。”拥翠山庄（图3-60）就是利用虎丘高低的天然山坡，在平坦之处的若干台地上筑室架屋，在陡峭之处则布置园景，建以沟通各台地的蹬道，而不拘泥于苏州园林中常设的那种水池形式，却又能使人领略到苏州私家园林的风致，可谓匠心独运。同时它还能利用山势，妙借园外景物，仰可观虎丘云岩寺塔，俯可览虎丘山麓之景，远则能眺望狮子山。然而“狮子回头望虎丘”这句苏州俗语，又使人不禁想起春秋时吴国公子光（即阖闾）派“专诸刺王僚”，争夺吴国王位的历史故事（相传吴王僚葬于狮子山，阖闾葬于虎丘山，死后仍怒目以对）。

图3-60　拥翠山庄大门

由于拥翠山庄的园基由南而北呈狭长形台地状，在宽度17米至最宽处不及30米的逐层升高的台地上，怎样来合理地划分园林空间，妥帖地布置建筑及景物，成为造园是否成功的关键。造园者将主体建筑灵澜精舍居北，置于最高层；将园门内的主要建筑抱瓮（甏）轩居南，以形成南北两端的建筑平面作对称布置；再将两建筑之间的中部月驾轩、问泉亭、拥翠阁及山石景物作不对称布置，从而形成了前后建筑物的高低互映和左右建筑、景物的错落有致，使得原本狭长局促的形势变得极富层次而呈错综之美。

入园第一层台地有小轩（抱瓮轩）三间，前庭两两高梧对植，轩后则丛篁杂树，仍不脱“屋前种梧，屋后植竹”的旧俗；后庭铺地亦成水样波纹及蛙鱼图案，以紧扣主题；轩后设边门以通憨憨泉井台，由此可得一泓清味；又另辟一径，可达拥翠阁，这是一船厅式样的建筑，戗角轩举，似舟非舟，有匾曰：海不扬波，人坐其中，宛如置身于舟楫之中。随势而上，第二层台地为园林主景，旧时杂植梅柳蕉竹数百本；有问泉亭置于东南平坦之地，亭前古柏，后为蕉竹；亭之西北则山势陡峭，根据自然坡度，筑就假山，树以峰石，杂树丛灌，幽篁翠蕉，风来摇飏，戛响空寂，日色正午，入景皆绿。中有山路蜿蜒盘旋而上（图3-61），宛如蛟龙，两侧奇峰怪石，似虎似豹又似熊，则又和入园外墙上的题字相呼应；置身山亭之中，却与身处私家宅第园亭无异，而又能得天然山林之气，这在现存的苏州古典园林中，可谓独树一帜。

图3-61　拥翠山庄之假山蹬道

位于第三台地的主体建筑灵澜精舍（图3-62）面阔三间，灵澜乃美泉之意，意指憨憨之泉。屋北用山廊与位于第四台地、民国年间所建的送青簃相接，形成四合院式样，结构紧凑，独具特色。灵澜精舍东侧则筑以平台，乱石铺地，围以形制古朴的青石低栏，视野空旷，而能妙借四周的山林景色，既可仰观虎丘塔影，又可俯视台下的上山之路，同时又和处于第一台地的不波艇上下呼应。右前为月驾轩，取《水经注》："峰驻月驾"之意而命之，喻其犹如一艘在月光下穿行于峰峦之中的小艇，故有"不波小艇"旧额。精舍与小轩位于同一台地，均为观赏园内外景物的最佳之处，闲坐于此，"凭垣而眺，四山滃蔚，大河激驶，遥青近白，列贮垣下，相与酾酒称快。"（清·杨岘《拥翠山庄记》）

图3-62　主体建筑灵澜精舍

综观是园，堪得计无否《园冶》所言之“巧于因借，精在体宜”之精髓，因者，依据也，造园者因泉立意，并因地制宜地利用自然山势，截取山麓一隅，随势高下布置园林景物，布局简洁而紧凑。借者，借景也，其围墙隐约于树丛之间，而内外林木交织一体，无论远近、内外、高下、俯仰之景物，目之所寄，即情之所逗也。正因其“构园无格，借景有因”，而能独步于苏州园林。

十八、虎丘二仙亭[1]

虎丘有座以神仙传说命名的亭子，它就是二仙亭。

相传古时有一位樵夫上虎丘山砍柴，见一亭中有两老叟在下棋，便将扁担往地上一插，驻足观战。一局结束，一大胡子老叟对樵夫说：“辰光不早了，你可以回家啦！”樵夫便从土中拔出扁担，发现已经腐烂，却不知何故。待他回到家中，竟无人相识，一查家谱，自己早已成了上几代的祖宗了。真是“山中方七日，世上已千年”。原来这位樵夫所遇见的老叟不是别人，正是鼎鼎大名的仙者——吕洞宾和陈抟。那座亭子后人呼作“二仙亭”（ 图3-63）。

图3-63　虎丘二仙亭

吕洞宾（791～?年）为唐末道士，名岩，一名岩客，字洞宾，道号纯阳子，自称回道人，河中永乐（今属山西）人。举进士不第，后遇到汉钟离，得以超度。传说他

[1] 原载徐文涛主编《苏州古亭》，上海文化出版社1999年版。

“年百余岁，步履轻捷，顷刻数百里，世以为神仙”。民间对其事迹传说颇多。元明以降，被奉为八仙之一，被道家正阳派尊为纯阳祖师，俗称“吕祖”。

陈抟（？～989年）为五代宋初道士，字图南，自号扶摇子，亳州真源（今河南鹿邑）人。据《宋史》本传载，他落第后隐居武当山，服气、辟谷二十余年，但每日饮酒数杯。后徙华山，一睡就百余日不起，以致闻名，是有名的睡仙。他读《易》手不释卷，能一目十行。后被宋太宗赵匡义召见，赐“希夷先生”。

传说归传说，但这座建于清代嘉庆年间（1796～1820年）说不上精美而略显沧桑古朴的石制方亭，却能通过两位仙人的传说，为你打开幻想的翅膀，于光怪陆离的神仙世界去遨游一番，给生活带来点美好的希冀。

二仙亭位于虎丘山中心景区，北倚山坡，随势而筑，并与可中亭、虎丘塔相参差。南临千人石，但见暗紫色的流纹岩大磐石平坦如砥。东与“生公讲坛”等石刻及白莲池相邻，一亭一池，随势高下，峭壁高崖，深邃莫测。西侧则紧靠“虎丘剑池”摩崖石刻和“别有洞天”月洞门，并与“铁华岩”“第三泉”遥相呼应，一凸一凹，虚实相间。在此建亭，正合《园冶·相地》所谓的“园池惟山林地最胜，有高有凹，有曲有深，有峻而悬，有平坦，自成天然之趣”之神理。凭栏静观，确感诸景妙得天全之巧。

在亭的内柱内，古代匠师们还刻有一联曰：“梦中说梦原非梦，元里求元便是元。”“元”即“玄”（因避清圣祖康熙帝之名玄烨讳而改），即道家之道，《老子》曰：“玄之又玄，众妙之门。”玄是众妙（即千变万化的万物）的来源，“玄者，自然之始祖，而万殊之大宗也”（葛洪《抱朴子·畅玄》）。此联蕴含着道家的深奥玄机。两柱之间的石壁并立着两块碑石，东为吕纯阳造像，头盘发髻，长须飞动飘逸，处处散发着不凡的仙气，上侧镌有《纯阳吕祖师自叙碑》碑文。西侧为陈希夷写真，背扛月牙铲，草帽悬其上，手执芭蕉扇，仙风道骨，一副逍遥自得的气象，上面刻有《希夷陈祖邻序附传碑》。驻足观赏，不难从中领略到《庄子》中所说的“逍遥乎无为之业”，“游无何有之乡，以处旷壤之野”的优游情态。

在亭的南侧外柱上亦有一联，曰：“昔日岳阳曾显迹，今朝虎阜再留踪。”这是说，吕纯阳昔日曾在湖南洞庭湖边的岳阳楼现过身，今朝又游憩到了虎丘山。旧时在虎丘山的西南有条路叫“回仙径”（吕洞宾曾自号“回仙”），唐代大诗人白居易有“回仙径被烟云锁，讲经台增藓色侵”之句咏之，后被流传为吕祖游憩之处。

在亭的上枋上，饰有“狮子滚绣球”浮雕（图3-64），形象生动，立体感强，狮子在静止的建筑艺术中，创造性地给人以飞动之美。在斗栱的四周，雕镂有“鹤鹿同春”图案，以示太平安康。龙、鹤、鹿是我国古代人们最看重的装饰符瑞。鹤还常被视为长寿的吉祥之物，而追求长寿永生则是道家思想的特征之一。云鹤正是超凡脱俗、尘埃不染的清高象征。

图3-64　虎丘二仙亭“狮子滚绣球”浮雕

“夫美不自美，因人而彰。”更何况是神仙。如在云树际天的春夏或千里一色的雪月里，欣赏这包蕴着神话传说的二仙亭，或许你真能领悟到虎丘这座名山风景的神秘。

十九、天平山庄宛转桥[1]

以“吴山第一称天平，宋家第一称文正”而享誉海内外的天平山风景区，有一座“依山为榭，曲池修廊，通以石梁”，远望如蓬莱仙岛的天平山庄（也称高义园或范长白园）。山庄依山随水，“园外有长堤，桃柳曲桥，蟠曲湖面”（张岱《陶庵梦忆》）。宛转桥（图3-65）就是这“蟠曲湖面”的梁式石桥，也是天平山庄的诸胜之一。

图3-65　天平山庄前十景塘中的宛转桥（录自郭俊纶《清代园林图录》）

[1] 原载徐文涛主编《苏州古桥》，上海文化出版社2000年版。

图3-66　天平山庄

宛转桥位于庄前十景塘的西北角。明末陈子龙有《晚春游天平》一诗咏之，其中“碧潭春濯锦”，“桥犹名宛转”句即写此曲桥池景。十景塘为一泓方池，古人形容为“水天向晚碧沉沉，树影霞光重叠深”。山庄得水成景，景物益显鲜活。水映名园，远望如仙岛，正如杜甫诗所云“名园依绿水”。池上曲桥蟠屈，使水平如镜的池面更为生动宜人，并能与池南桃柳长堤互为响应。入园以桥为渡，山光物态，高下远近，自多情趣。桥名“宛转”，即曲折之意。桥面四折，石板低栏，漫步其上，只见山峦苍翠，水波泓澄，周遭竹树蓊郁，赏尽天然风光（图3-66）。

二十、中国园林的错综之美[1]

园林，按照康德的说法，是“自然产物的美的结合”，并且是“适合着一定的观念布置起来的”。作为世界三大造园系统中的中国园林，可以说不但是自然美的综合博物馆（诸如峰石的罗列，花木的莳植），而且是中国人对自然美的热爱迷恋的一种信念和实践（图3-67），它是我国特有的哲学土壤上所结出的一树独具特色的美学之果。

图3-67　苏州留园冠云亭

[1] 原载《中国花卉报》1990年11月16日。

中国园林的美，是以其错综变化之美为外在特点的。在某些西方人眼里，它是“错综复杂的迷径，变来变去的蛇蜒形的花床”，是一种“以复杂和不规则为原则”，“把包括湖、岛、河、假山、远景等等都纳到园子里”的艺术（黑格尔《美学》）。其实这正是中国人的审美趣味之一。中国人性所喜的，往往就是轶出于整齐划一之外，以尽错综之美，穷技巧之变的东西。在古代美学中，其结构布局提倡的是“有间架，有曲折，有顺逆，有映带，有隐有见，有正有闰”的对立统一关系，强调各种不同成分间的错综结合，尤其是两两对立因素的相反相成，以产生出错综统一的变化美。早在公元前8世纪，郑国史伯就说：“声一无听，物一无文”，《易·系传》亦说：“物相杂故曰文”。对于“文”的解释，《释名疏证》曰：“文者，会众集彩以成锦绣”。可见我国对会众集彩以具错综纹理之美的倡导和追求，有着极深的哲学根源和悠久的传统。而中国园林，尤其是文人写意山水园（图3-68），正是这一追求和实践的集大成者。“山要回抱，水要萦回”，“山头不得一样，树头不得一般”，“门内有径，径欲曲；室旁有路，路欲分”，“依水而上，构亭台错落池面，篆壑飞廊，相出意外”……便是这一思想在园林艺术方面的理论总结。也只有在这种理论的指导下，才能在有限的空间中产生出隽永回环的无尽意趣。你看，作为中国园林杰出代表的江南园林，哪里不是以建筑群与自然山水的沟通汇合而呈现出错综繁复的变化之美的。哪一处不是路径纤回，溪桥映带，屋宇蚕丛，林竹掩映。甚至连园中的细小局部也称得上是精细繁复、极具纹理的美术作品。飞檐斗栱，垂轩镂鉴，池沼驳岸的曲折幽远，板桥的高低错落，门窗形式的多样自由，言山石之美的透漏瘦皱……，凡此等等，都给人以目不暇接，错综匆一的审美感受。

图3-68 留园之活泼泼地

由于在园林布局形式上，追求错综变化，反对单调呆板，强调“有无相生，难易相成，长短相形，高下相倾，声音相和，前后相随”（《老子·二章》）的辩证统一，所以其更多是注意各种构图布局要素间的组合联系，从而显示出错综斑斓，变化莫测的艺术美。正因如此，计成在《园冶·相地》篇中，把“自成天然之趣，不烦人事之工”的山林地列为第一，因为它“有高有凹，有曲有深，有峻而悬，有平而坦”，更易创造出“杂树参天，楼阁碍云霞而出没，繁花覆地，亭台突池沼而参差”的园林胜境。可见中国园林是以错综变化为外貌特征而显示其独特的艺术风格的。

二十一、诗里枫桥独有名[1]

位于江南太湖之滨的苏州，其山，承天目山之余脉绵延而来，在西南一带化为太湖七十二峰，至穹隆山、阳山、上方山、灵岩山、天平山、横山等诸山群峰列峙，巍然而葱郁，再东，则诸山之脉止于何山、虎丘，平畴绿野，树林荫翳，竹树拥村，便是江南古镇枫桥了。其水，太湖下泄长江而通东海的东江（已废）、松江（吴淞江）、娄江从东北郊滚滚奔流入江海，从而形成了水港纷错、河荡纵杂的水乡景象，京杭大运河迤逦如带，旧由枫桥东流入阊门，与环城河相汇合，以致历史上阊门至枫桥一带成为“翠袖三千楼上下，黄金百万水东西”的苏州最繁华之区。

枫桥的历史与兴衰应该说是与大运河的命运密不可分的，春秋时期，吴王夫差十年（公元前486年）在邗（即今江苏扬州）筑城，开凿长江淮河间的运河，即邗沟，这就是京杭大运河的最早期。而据《苏州词典》介绍，京杭大运河江南段的望亭沙墩港到枫桥铁岭关段（图3-69），为周敬王二十五年（公元前495年）开凿，比邗沟还早，可见那时候的枫桥一带就是战略重镇了。至秦始皇统一中国，置吴县，枫桥就属于吴县辖区。为通闽越贡赋，汉武帝时（公元前140～前87年）环绕太湖东缘又开凿了苏州宝带桥至浙江段运河。至隋大业六年（公元610年）隋炀帝对运河全线拓浚，开凿江南运河段，使之与北段大运河相连。江南河道自京口（即今江苏镇江）至余杭（即今浙江杭州）长八百余里，面阔十余丈，隋炀帝准备从运河乘龙舟，以巡游会稽（即今浙江绍兴），“平河（即运河）七百里，沃壤两三州”（白居易语），苏州成了江南运河段的航运中心。同时在兴修运河的过程中，隔河两岸都修成了大道，因其大都宽厚平坦，常常成为陆路的交通干道。唐代修筑的以长安为中心的许多大道中，有一条经东都洛阳到扬州，再渡长江到达镇江，直通苏州。在水陆交通沿途所设置的驿站，大大地促进了南

[1] 原载周健生主编《苏州枫桥胜景》，上海文化出版社2004年版。

北物资的运送和文化的交流，从而给苏州带来了经济的繁荣。而枫桥地处大运河苏州段南北水陆交通的重要枢纽，地理位置得天独厚，因此这里便成为南来北往最理想的停息之地，镇随桥名，枫桥也成了人口庶众，市冠吴中的江南名镇了。

图3-69　苏州枫桥、铁岭关和古运河段

枫桥之所以能名闻天下，全得之于唐代诗人张继的《枫桥夜泊》一诗。唐至德年间（756～779年）张继途经苏州，夜泊枫桥，写下了千古绝句《枫桥夜泊》：

月落乌啼霜满天，江枫渔火对愁眠。
姑苏城外寒山寺，夜半钟声到客船。

从此枫桥和寒山寺之名名享千载，千百年来，凡游苏州之人，都必到枫桥和寒山寺来实地领略一番诗里枫桥的旖旎景色，听一听寒山古刹的霜天钟声，口中也自然会吟诵起这首《枫桥夜泊》来，骚人迁客更是仿学前贤，至此无不题咏，“醉里看题壁，如今张继多”（元·汤仲友《游寒山寺》）。“画桥三百映江城，诗里枫桥独有名。几度经过忆张继，乌啼月落又钟声。”（明·高启《泊枫桥》）唐代是诗人的天下，诗人之多，繁若群星，像张继这样的诗人亦可谓是车载斗量，他如果没有《枫桥夜泊》这一绝句，可能他的姓名决不会像今天一样，会名扬百世，真所谓“风流张继忆当年，一夜留题百世传”（明·沈周《和嘉本初〈夜泊枫桥〉》）。景因诗名，人因诗传，正如清人邹福保谓之曰：“因诗而其人、其地之名，遂历千余年而不朽。”

张继字懿孙，襄州（今湖北襄樊）人，正史无传。天宝十二年（753年）登进士第，当过佐镇戎军幕府，又做过盐铁判官。大历末年，入都为检校祠部员外郎，又分掌财赋于洪州（即今江西南昌），担任些租庸、转运判官之类的官职，但家境却是十分苦寒，后夫妇俩相继死于洪州任上，诗人刘长卿有诗哭之：

> 白简曾连拜，沧州每共思。抚孤怜齿稚，叹逝顾身衰。……
> 自此辞张邵，何由见戴逵。独闻山吏部，流涕访孤儿。

身后景况之萧条可想而知了，家贫子弱，甚至无力归葬故里，结局自然是十分的凄清。《新唐书·艺文志》里录有张继的诗集一卷，但亦已佚，《全唐诗》辑有其诗。

张继《枫桥夜泊》一诗既出，历代注释者、考据家就有不同的解释，可谓纷讼歧说，层出不穷。关于枫桥，据说在隋唐以前并不出名，只因桥跨古运河，这里又是古代水陆交通的要道，所以在此设卡护粮，每当漕粮北运经此，就封锁河道，禁止别的船只通行，故名“封桥”。后因张继诗中作“枫桥”，遂有其称。明初卢熊《苏州府志》云：

> 枫桥，去阊门七里。《豹隐记谈》云：“旧作封桥，王郇公居吴时书张继诗，刻石作‘枫’字，相传至今。”天平寺藏经多唐人书，背有“封桥常住”四字朱印。知府吴潜至寺，赋诗云：“借问封桥桥畔人”，笔史言之，潜不肯改，信有据也。翁逢龙亦有诗，且云寺有藏经，题“至和三年，曹文乃写，施封桥寺”，作“枫”者非。熊尚见佛书，曹氏所写，益可信云。

按《豹隐记谈》为宋人周遵道所撰，宋朱长文《吴郡图经续记》亦说：“枫桥之名远矣，杜牧诗尝及之，张继有《晚泊》一绝。……旧或误为‘封桥’，今丞相王郇公顷居吴门，亲笔张继一绝于石，而‘枫’字遂正。”从此“封桥”才改名为“枫桥”。王郇公即北宋名相王珪（1019～1085年），字禹玉，熙宁三年（1070年）拜参知政事，后至宰相，凡十六年。照此说法，北宋以后才有“枫桥”之名的，然唐代诗人杜牧（803～852年）就作有《枫桥》一诗，诗云：“长洲苑外草萧萧，却算游城岁月遥。惟有别时今不忘，暮烟疏雨过枫桥。”（范成大《吴郡志》引录唐张祜诗与此杜诗同，只是第二句为“却忆重游岁月遥”）而张继一诗，可证早在唐代就有“枫桥”之名了。

后人读《枫桥夜泊》诗，有人认为“江枫渔火对愁眠”的“枫”字是“村”之误写，宋龚明之《中吴记闻》就作“江村渔火”，所以清代俞樾《重书张继诗石刻题诗》中说：“郇公旧墨久无存，待诏残碑不可扪。幸有《中吴纪闻》在，千金一字是‘江村’。”但亦有人认为诗中的“江枫”是指寒山寺侧的“江村桥”和“枫桥”。其次，还在于枫桥桥畔有没有枫树之辩。清人王端履《重论文斋笔录》针对张继的《枫桥夜泊》诗说：“江南临水多植乌桕，秋叶饱霜，鲜红可爱，诗人类指为枫。不知枫生山中，性最恶湿，不能种之江畔也。”古人常将秋叶红赤的树种归为一种，相互混淆，如范寅在《越谚》卷中的柏树条下说：“十月叶丹，即枫，其子可榨油，农皆植田边。”便是把枫香和乌桕合二为一了。在现代植物分类学上，枫香属金缕梅科，《说文》云：“枝弱善摇，故字从风。”《尔雅》上说，因其遇风一吹，则欇欇作鸣，所以枫香古名“欇欇”。其脂甚香，名“白胶香”，梵书上称之为“萨阇罗婆香”，流入地中千年，能化为琥珀。其叶，一经霜后，叶色鲜红，故名“丹枫”，为秋色最佳者，吴中深秋，有天平山赏红叶之举。但正是王端履所说，这种树种能耐干旱瘠薄，却怕水湿，所以常分布于低山丘陵地带，而水边绝少。

图3–70　乌桕

乌桕是一种大戟科植物，《花镜》说：“一名柜柳”，叶呈菱状卵形，春秋叶红，妖艳夺目，即使在积水中，其生长如恒，叶色也红，冬春叶落后，满树种子宛若积雪。乌桕多生长于山坡、水畔，多植以护堤，江浙一带水乡尤多（图3–70）。宋代长洲（即苏州）人王楙《野客丛书》卷二十三有云：“崔信明诗‘枫落吴江冷’，江淹诗‘吴江泛丘墟，饶桂复多枫。’又知吴中多枫树。”书中还说：“近时孙尚书仲益、尤侍郎延之作《枫桥修造记》与夫《枫桥植枫记》。”宋人王沂孙《绮罗香·红叶》词：“玉杵馀丹，金刀剩彩，重染吴江孤树。”“赋冷吴江，一片试霜犹浅。”以及张炎：“万里飞霜，千林落木，寒艳不招春妒。枫冷吴江，独客又吟愁句。正船舣、流水孤村，似花绕、斜阳归路。甚荒沟、一片凄凉，载情不去载愁去。”吴江即松江，也称吴淞江，其所谓的红叶，事实上均是乌桕，而非枫香。周作人在《草木虫鱼之三·两株树》中说：

> 第二种树乃是乌桕，这正与白杨相反，似乎只生长于东南，北方很少见。陆龟蒙诗云：“行歇每依鸦舅影”，陆游诗云：“乌桕赤于枫，园林二月中。”又云：“乌桕新添落叶红”，都是江浙乡村的景象。……《群芳谱》

> 言："江浙之人，凡高山大道、溪边宅畔无不种。"此外则江西、安徽盖亦多之。关于它的名字，李时珍说："乌喜食其子，因以名之。"
>
> 桕树的特色第一在叶，第二在实。放翁生长稽山、境水间，所以诗中常常说及桕叶，便是那唐朝的张继寒山寺诗，所云"江枫渔火对愁眠"，也是在说这种红叶。王端履著《重论文斋笔录》卷九论及此诗，注云："江南临水多植乌桕，秋叶饱霜，鲜红可爱，诗人类指为枫，不知枫生山中，性最恶湿，不能种之江畔也。此诗江枫二字亦未免误认耳。"……《蓬窗续录》云："陆子渊〈豫章录〉言：'饶、信间桕树冬初叶落，结子放蜡，每颗作十字裂，一丛数颗，望之若梅花初绽，枝柯诘曲，多在野水乱石间，远近成林，真可作画。此与柿树俱称美荫，园圃植之最宜。'这两节很能写出桕树之美，它的特色仿佛可以说是中国画的，不过此种景色自从我离了水乡的故国已经有三十年不曾看见了。

从知堂的这段文字中可以看出，秋叶红艳的乌桕树是因为乌鸦喜欢吃它的果实（种子），所以才有其名（图3-71），而且在唐代此树还叫作"鸦舅"，所以有人说枫桥一带无乌鸦，可能完全是"以今人之心度古人之腹"了。至于说寒山寺有位叫果丰的和尚，曾经在枫桥附近的废墟中发现过镌刻有"乌啼桥"的残碑，可能就和那"愁眠山"一样，都是后人的附会罢了。遥想当年的枫江侧畔，也许是桕树成林，一到深秋，红叶摇曳，那稠密的乌桕树叶，将那座单孔的枫桥石拱桥遮盖掩映了几许，"红叶寺前桥，停君晚去桡。醉应忘世难，归不计程遥"（明·高启《枫桥送丁凤》）。那云水苍茫的一片秋江，在红树的映衬下，正沉醉于夕阳烟影之中。而那种喜食该树之果实的乌鸦，在霜月寒夜的丛树之中，偶尔发出的一两声啼鸣，伴杂着如缕的钟声，悠然地从水上漂来，当然也会叩醒泊舟他乡的游子客梦了。

图3-71 南宋·佚名《霜桕山鸟图》（北京故宫博物院）

“十年旧约江南梦，独听寒山半夜钟。”（清·王士禛《夜雨题寒山寺西樵礼吉二首》）寒山寺的夜半钟声可谓名扬千古。然而对于“夜半钟声”，历史上颇多异词。唐宋八大家之一的欧阳修认为，“三更不是撞钟时”，张继诗“句则佳矣，奈夜半非鸣钟时”，从此便引出了文坛上的一段趣话，一时文人学士各抒己见，《秋窗随笔》《石林诗话》《中吴纪闻》《渔隐丛话》等均有记述。而范成大说：“欧公盖未尝至吴中，今吴中僧寺，实半夜鸣钟，或谓之定夜钟，不足以病继也。”唐人亦多好用“夜半钟”句，如于鹄《送宫人入道》诗云：“定知别往宫中伴，遥听缑山半夜钟。”此外白居易有“新秋松影下，半夜钟声后”，温庭筠亦有“悠然逆旅频回首，无复松窗半夜钟”，等等，如果不是递相沿袭，那么一定必有原因的了。亦有人说，姑苏寺钟，只有承天寺才有半夜钟，其他都是“五更钟”，《庚溪诗话》说：“昔官姑苏，每三鼓尽，寺钟皆鸣。”而《唐诗纪事》说是寒山寺有夜半钟称“无常钟”，张继是“志其异耳”。是耶非耶？！但现在每年的12月31日除夕之夜，苏州都举办除夕寒山寺听钟声活动，108记的钟声会消除你所有的烦恼，年年吉祥如意。

图3-72　寒山寺

寒山寺（图3-72）位于枫桥东南侧，始建于南朝梁天监年间（502～519年），原名妙利普明塔院，古称枫桥寺。相传唐代贞观年间（627～649年），天台名僧寒山子在此“缚茆以居”，暑天“设茗饮，济行旅”，以“草屩”施舟夫，“或代其挽”，“修持多行甚勤”，后来有唐代著名禅师希迁（700～790年）题额为“寒山寺”。由于寒山在世年代，各书记述不同，最早为唐贞观年间，而最晚竟在唐末五代年间了，又行迹怪诞，与张继为同时代人，所以有人断言决不会用寒山的法号来做寺的名字的，所谓的“姑苏城外寒山寺”只不过是姑苏城外秋冬季节山林之中寺庙的泛指，或指姑苏城外临近松江的一座“荒寒之山寺”，是虚指而非实指，唐代并无寒山寺。有人举证《枫桥夜泊》之诗名在“述古堂”影印宋抄本和《四部丛刊》影印嘉兴沈氏所藏的明翻宋刻本等的《中兴间气集》中均作《夜宿松江》或《夜泊松江》，而《中兴间气集》又是唐渤海高仲武所编，为目前存世的11种唐人选唐诗卷本之一。张继之前如王维《辋川闲居赠裴秀才迪》诗中有：“寒山转苍翠，秋水日潺湲。”李白《菩萨蛮》词中有：“平林漠漠烟如织，寒山一带伤心碧。”而《韦苏州集》中所收的韦应物《寄恒璨》一诗：“心绝志来远，迹往人间世。独寻秋草迳，夜宿寒山寺。今日郡斋闲，思问楞严字。”（后被改为《游寒山寺》）所咏的是唐代永阳（即今安徽来安县）秋日景物人事。唐人刘言史《送僧归山》：“楚俗蕃范自迎送，密人来往岂知情。夜行独自寒山寺，雪径泠泠金锡声。”则说的是楚地冬日山寺情景。今寒山寺在元代以前的地方志中都称“枫桥寺”或“普明禅院”，如《吴郡图经续记》《吴郡志》等。直到元末，枫桥寺始有“寒山寺”之称，如顾瑛有《泊阊门》一诗云：“枫叶芦花暗画船，银筝断绝十三弦。西风只在寒山寺，长送钟声搅客眠。”但这从另一个侧面说明了唐代并无“寒山寺”。至明初姚广孝《寒山寺重兴记》一出，“寒山寺”一名沿袭至今，而“枫桥寺”一名则反而不提了。也有人以为寺名的由来可能是因枫桥西边不远的寒山而得名。寒山本为天平山支脉，明代的赵宧光（字凡夫）隐居于此，凿山引泉，有飞瀑如雪，号称“千尺雪”（图3-73）。但据清代叶昌炽《寒山寺志》注云：

余家藏有《寒山志》写本，据凡夫自述云：“山本无名，郡志：涅槃岭在其左。又见寒山诗，有‘时陟涅槃山’句，而寒泉则支朗品题，因命之寒山焉。”其下详纪山中胜迹，而末系寒山二语，云：“‘溪回难记曲，山叠不知重。’亦寒山先我矣。”是此山之以“寒”名，自凡夫始。寺之得名在先，山之得名在后，不可以后加先也，明矣。

图3-73　赵宧光《寒山之千尺雪》（录自郭俊纶《清代园林图录》）

所以说寒山寺是因山而名只是臆测而已。到了宋代太平兴国初，平江军节度使孙承祐重修，建有七级宝塔，并于嘉祐中改名普明禅院。元毁。明代永乐初重建，嘉靖中建钟楼，并铸巨钟。清代咸丰年间，寺庙全毁于太平天国之变。后来由江苏巡抚程德全醵资重修，但没有将塔重建，现塔是1993年3月动工，于1995年12月竣工验收。

宋元时期，随着北方人口的继续南迁和经济重心的南移，苏州经济呈现出一片繁荣景象。平江（即苏州）一府的稻谷产量相当于东南每岁的上贡之数，民间有“苏湖熟，天下足”的谚语，手工业生产也飞速发展，“珍货远物毕集于吴”。宋徽宗还在苏州设“苏杭应奉局”，命苏州人朱勔采办“花石纲”（运送花石的船队），收罗名花异木、奇石怪峰。因枫桥“枕漕河，俯官道，南北舟车所从出”（宋·孙觌《枫桥寺记》），大运河在此经过，又是官道所在，漕运的发展，使得南往北来的官商云集，市面一派繁荣，南北之客经过于此，也无不憩此桥而题咏，程师孟、孙觌、陆游、范成大等都有枫桥诗咏。至南宋时，附近各地的商贾贩夫更是“竟与吴人为市”。

枫桥的极盛时期是在明清两代。明成祖朱棣于永乐十九年（1421年）迁都北京后，为解决京师及各边关重镇的粮食供应问题，因海运险远而多失亡，便下令浚治运河，将其疏通挖深，以漕粮北运。这样每年三四百万石的粮食都是经运河北上到北京的，运河几乎成了一条维系国家兴衰成亡的经济命脉线了。那时湖广、江西、苏南和皖南之米都集中在枫桥镇，然后以镇江、瓜洲入苏北，穿越鲁西、河北，运往北京城，被公认为全国最大的米粮转口地和集散地。官府还派员在此检查南来北往的船只，并设有标准粮斗，俗称“枫斛”。当时苏州流传着“探听枫桥价，买物不上当”的俗谚。

除了米粮之外，丝绸、布匹以及各种农副产品也咸集于此，商贾辐辏，旌帆飘飞，货物如山，明代后期，自阊门至枫桥“列户二十里”，成为苏州最繁华的商业之区。乾隆《苏州府志》云：“枫桥，在阊门西七里，地与长邑合治，为水陆孔道，贩贸所集，有豆市、米市，千总驻防。”又云：“自阊门至枫桥将十里，南北两岸，居民栉比，而南岸尤盛。凡四方难得之货，靡所不有过者，灿然夺目。枫桥尤为商舶渊薮，上江、江北菽粟棉花大贸易咸聚焉。南北往来之客，停桡解维，俱在于此。”运河两侧店铺林立，列肆招牌，灿若云锦，一些老字号的店铺如“三星堂中药铺”“枫桥大米店”“来凤堂茶馆”“江村草堂”“蝈蝈行”等一应俱全。当时因海道未通，两湖、江皖米艘都是从长江泛舟而下，漏私海船也都麇聚于此。由于漕船云集，贩贸咸聚，所以常发生水道拥挤堵塞、交通受阻现象，清代雍正年间曾有禁碑明文规定：“粮船只许在清风亭等处挽泊，不许再停市岸。”嘉庆年间又有“严禁粮船违例越泊停市岸”的法令。此外又有盘户（即承包装卸者）、船夫、脚夫等为争夺利益，常常把持地段，或阻挠粮行上下货物，或逞凶滋事，借以诈索商船，哄抬物价，所以在枫桥还立有“永禁诈索商船碑”。但由于囤户、贩商、津吏等“各各肥其私”，有时虽逢灾年，却也物价难平，难怪清人吴蔚光会感慨道："湖北江西下米船，枫桥市想日喧阗。如何吾邑难平减，一斗仍需四百钱。"（《苦雨吟》五首之一）

由于枫桥横跨于大运河上，紧扼水陆要冲，过枫桥西去可达无锡，向北可至浒墅关，往南则迳达光福、太湖，并与西边的何山、狮子山互为犄角，所以关系至重。明代嘉靖年间，因武备不修，海防废弛，导致史称倭寇的日本海盗，乘虚骚扰东南沿海各地。"天下财货莫盛于苏州，苏州财货莫盛于阊门"，倭寇为之垂涎，苏州曾一连三次遭受烧杀洗劫，以致财货蓄积"纤悉无遗"。为防御倭寇从水路侵扰苏州，嘉靖三十六年（1557年），巡抚御史尚维持、知府温景葵和知县安谦于枫桥南堍倡建"铁岭关"，又称"枫桥敌楼"，当时"方广周十三丈有奇，高三丈六尺有奇。下垒石为基，四面甃砖，中为三层，上覆以瓦，旁置多孔，发矢石铳炮。"（明崇祯《吴县志》）从此桥关一体，成了一座坚固的抗敌堡垒。但枫桥亦因战火洗劫，从此商市一蹶不振，趋于衰落。清代道光十年（1830年）江苏巡抚陶澍改"铁岭关"为"文星阁"，以昌文运。至清咸丰十年（1860年），太平天国忠王李秀成攻占苏州，清军马德昭部在败逃前，纵火焚掠了山塘街及枫桥塘，后清军攻陷苏州，阊门以西的枫桥再度遭受厄运，昔日繁华的通衢闹市至此荡然无存。之后由于沪宁铁路的开通，公路的修筑启用，枫桥古运河的主要运输地位和作用被大大削弱，七里枫桥商市从此完全衰败。

历史上的枫桥，也曾是个园林众多，名人宅第密集的地方，从春秋时的孙武子宅到晚清的吴昌硕旧居，从宋代的"三瑞堂"到清代文学家段玉裁所居的"一枝园"，无不诉说着在泛黄的岁月里，曾有过昔日的辉煌。从现在蜿蜒曲折的老街和粉墙黛瓦的民居中，你还可领略到姑苏旧时的风情。

枫桥作为水陆要津，枫桥景区周边还有着丰富的自然和人文景观，《寒山寺志》云："其地近接虎阜，远瞰天平，临硎诸峰。春秋佳日，篵舫笋舆，靓川淑野。"其西南卧蹲着狮子山，和北侧之虎丘山遥相呼应，俗有"狮子回头望虎丘"之说。狮子山原名岝崿山，《图经》云："形似师子"，故易名狮子山，其由花岗岩构成的山体纵横堆叠，巉岩裸露，突兀于旷野田畴之中，传说此山原在太湖中，因大禹治水，便把它移到了现在的位置，山前又有索山和岭山两个小山，其实只是很小的土阜，传说是大禹牵山所用，犹如狮子玩耍的两个绣球。据《吴地记》记载："吴王僚葬此山，山旁有寺，号思益寺，乐天尝游之。"春秋时期，吴国的公子光为了争夺王位，用壮士专诸献鱼藏剑，刺杀了王僚，便自立为王，即吴王阖闾，这就是历史上著名的"专诸刺王僚"的故事。现苏州阊门内有一条"专诸巷"，据说因当年专诸曾居住于此，故而得名。王僚死后葬身于狮子山麓，后阖闾因吴越"檇李之战"（公元前496年）中受伤身亡，葬于虎丘，从此狮虎相对，长恨难了。狮子山最奇秀的风景是"狮子"的头和肩项，其险峻陡峭，难以攀玩。其下原有"洗心池"，旁有"石佛寺"，叠石筑基，可远眺姑苏风光。山坡下有“思益寺”，当年寺庙规模甚大，号称“九千一百间”，终日香烟缭绕，后毁于抗日战争时期的战火。现为法音寺，仅存残迹。山南有大石，相传是坠星，所以山的东面有“落星泾”。而山下坡地以前全为六朝墓葬，东吴的四大江南士族，即潘、张、顾、陆四家望族的不少坟墓，均葬于此。现山之东北侧，建有现代化大型娱乐场所——苏州乐园。

与狮子山相毗邻，位于枫桥镇边的何山，是一座由火山喷出岩构成的山体，《百城烟水》说：“其地旧名鹤邑墟，故山名鹤阜山。因梁隐士何求、何点葬于此，改今名。其坡有资福寺。”一说何楷读书于此，后为郡守，所以才以其姓名山。当地农民亦称它为牛眠山，又有人指其为愁眠山。支硎山（图3-74）位于枫桥镇，一名报恩山，因晋代高僧支遁，字道林，号支硎，曾隐居于此，又因山多平石，平石为硎，故而得名。晋左思《吴都赋》云：“古号临硎”，故又名临硎。山有南、中、北三峰，并各建有寺庙。支道林（314～366年）为东晋高僧，俗姓吴，陈留（今河南开封南）人，初隐余杭山，与谢安、王羲之等交游，善谈玄理，名噪一时，后入吴，立支硎寺，北宋钱俨《碑铭》有云：“天下名郡言姑苏，古来之名僧言支遁。以名郡之地，有名僧之踪，复表伽蓝，绰为胜概。”又因其喜好放鹤养马，故有放鹤亭、马迹石、白马涧等遗迹，又有石室、寒泉等。支硎山以“寒泉”最为著称，泉在中峰寺前，泉名取自支道林“石室可蔽身，寒泉濯温手”诗句，寒泉上刻有北宋紫岩居士虞廷臣所书的“寒泉”两个径丈大字。山下有“石室”，相传支遁冬居石室，夏隐别峰。山半有石门，中峰之旁有“待月岭”，岭下有“碧琳泉”。唐景龙中更名“报恩寺”，所以又名“报恩山”，唐苏州刺史刘禹锡有“云外支硎寺，名声敌虎丘”（《题报恩寺》）之诗咏之，可见当时之胜。五代吴越时有“观音院”，故又俗称“观音山”。吴中旧俗二月十九日为观音菩萨生日，自二月初一至此日，食观音素，士女联袂前往支硎山进香，游船箫鼓，往来如织，清人沈朝初《忆江南》词云：“苏州好，二月到支硎。大士焚香开宝座，小姑联袂斗芳軿。放鹤半山亭。”

图3-74　明·文伯仁《姑苏十景册（支硎春晓）》（台北故宫博物院藏）

寒山位于寒山寺西，南接天平，西对花山，东临支硎，实则为同一山脉，为花岗岩石质，山高约99米，四周皆山，风景绝胜。明人胡胤礼《寒山记》曰："山不知何名，字以寒，而碑之志之，自凡夫始。"因有"涅槃岭"，寒山子诗有"时陟涅槃山"句，而支遁又有"寒泉"品题，故名寒山。明代万历年间，云间高士赵宧光（字凡夫）偕妻陆卿子，葬父赵彦材在此，并自劈丘壑，凿山引泉，叠石构屋，俨似图画。徐树丕《识小录》云："凿池开径，盛植松竹，遂成胜地。" 前为"小宛堂"，藏书其中，所置茗碗几榻，超然绝俗。堂以内树石如铁色，茑萝是依。又有千尺雪、驰烟驿、云中庐、法螺庵、紫晛涧、惊虹渡等胜景。一时"无闲寒暑，来观者踵相及"（赵宧光《寒山志》）。"吴阊之间，寒山几与虎丘、天池，驰声域外矣。"（胡胤礼《寒山记》）至清代，乾隆六巡江南，六次临幸赵氏寒山别业，并赐诗83首，"而独爱吴中之寒山千尺雪，境野以幽，泉鸣而冷，为之流连，为之倚吟"（《御制盘山千尺雪记》）。千尺雪为夹涧之瀑，因"色如千尺雪，响作万壑雷"而得名。乾隆常将江南所访之佳景仿建于帝苑之中，一般都仿建一处，惟狮子林造了两处，而独千尺雪分别在西苑（即今北京中南海）、避暑山庄、盘山仿建了三次，可谓情有独钟了。惜寒山诸景，因沧桑之变，早已废毁。现乾隆行宫以及赵宧光所题之"千尺雪""瑶席""蝴蝶寝"等遗迹尚存。

华山（亦名花山）位于枫桥镇西，唐陆广微所撰的《吴地记》云："花山，在吴县西三十里。其山蓊郁幽邃。晋太康二年（281年）生千叶石莲花，因名。山东二里有'胥屏亭'，吴王阖闾置。"北宋朱长文《吴郡图经续记》则说其山于群峰之中独秀，"望之如屏，长林荒楚，蓊郁幽邃。或登其巅者，见石如莲花状，盖以此得名"。其地万松夹道，奇石罗列，鸟道蜿蜒，山溪淙淙，幽邃至极。有"翠岩寺"，又称华山寺，传说由晋释支遁开山，明万历年间华严宗僧侣汰如、苍雪在此说法，一时著名苏州。有"吴中第一接引大佛""华山鸟道""天洞""五十三参"等天然奇石并题刻，而尤以莲花峰石最为著称。华山接引大佛取整块崖岩开凿而成，法相庄严，体魄雄浑，据考证为元代之物。"五十三参"据传为当年（康熙二十八年，即1689年）清康熙帝游华山登莲花峰时，由华山寺主持晓晴和尚连夜发动僧众百人，在整块岩石上所凿出的五十三个踏步，以寓佛经中的"五十三参，参参见佛"之意。康熙帝还亲赐"翠岩寺"一额。而山顶的"莲花峰"，亦称"莲花驾云"，被誉称为"吴中第一峰"，巨石上宽下窄，危如累卵，疑为人凿，实为天然，山风掠过，似在微微抖动，有摇摇欲坠之感，据称有人考证为史前人类祀天之所。乾隆曾六巡江南，亦被华山的清幽景色所迷恋，并留下了"徘徊眷恋不忍舍"等诗章，现当年登山御道犹存。华山多石，有剪刀石、石床、石座等象形石头，古题石刻尤多，有"凌风栈""穿云栈"等。

"师子山云漠漠，越来溪水悠悠。钟到客船未晓，月与渔火俱愁。咫尺横塘古塔，连绵芳草长洲。一老翛然自在，时时来系扁舟。"（宋·郭附《枫桥》）枫桥这个既有着众多自然和人文景观，又具有江南水乡特色，饱蕴着数千年吴地文化内涵的风景名胜点，曾引得无数南往北来的骚人迁客驻足题咏。循着那首脍炙人口的《枫桥夜泊》的历史诱惑，当你贮立于涛声依旧的古运河旁，注视着被历史烽烟洗礼的铁铃关和拱着不屈背脊的古枫桥时，你会从不远处寒山寺传来的古寺钟声里，幻化成一叶江南的扁舟，沉浮于历史的长河中。

二十二、石湖千载忆沧桑[1]

吴门山水谁最胜？石湖一片明如镜。
缘涯上耸楞伽山，东望澹台恰相映。

位于苏州城西的千古湖山风景区——石湖，以其风平浪静、一碧千顷、诸峰映带的秀丽之姿而享誉天下，素有“东南绝景”“石湖佳山水”“吴中胜景”的美称。

石湖本为太湖的内湾，相传在春秋时已为巨浸。吴越之争时，越人挖溪进兵，凿山脚之石以通苏州，故名石湖。杨万里有“尤顷平湖石凿成，尚存越垒对古城”的诗句咏之。其南有“越来溪”与太湖相连，西有横山支脉的吴山、上方山、郊山、磨盘山相依；北接胥江，与苏州市区相连；东则水港纷错，良田沃壤连绵，平畴绿野，一片江南水乡景色。“湖南北长九里，东西广四里，周二十里。”（《吴县志》）周围江湾浜渚纵横，形成了吴中少有的“一面青山三面水”的绝胜之景（图3-75）。

图3-75　石湖与上方山楞伽塔

[1] 原载秦益范主编《苏州石湖胜景》，上海文化出版社2003年版。

石湖景区是典型的江南山水和田园风光，以石湖为目，上方山为骨，青峰倒映于碧波之中，山舍湖居，桃、柳、梅、竹相杂，周遭水面，大多蒲、荷、菱、芡之属，“行人半出稻花上，宿鹭孤明菱叶中”（范成大《初归石湖》）。难怪古人会有“吴郡山水近治可游者，惟石湖为最”的评价。按吴中诸山，承天目山之余脉，逶迤而来，山体虽小，而坞谷幽深，名胜特著。上方山、郊山（亦称宝积山）、茶磨屿（磨盘山）诸山（此三山也合称上方山）突兀于石湖之侧，山夷水旷，丰神特秀，有“十里湖山开画屏”之誉。上方山一名楞伽山，本属七子山的一部分，海拔92.6米，山体系泥盆记石英砂岩构成，由其发育而来的土壤多呈酸性，山顶、山脊以耐干旱瘠薄土壤的马尾松为主，山麓则以栎类、黄檀、化香等组成的阔叶混交林，杂以人工培植的各色花木、果林及草坪，浓荫积翠，参差披拂，景色幽邃（图3-76）。林间山雀、斑鸠、黄鹂等众多鸟类聚栖，百鸟争鸣，呖呖如笙簧。野兔、刺猬、獐、狐等走兽出没其间，情趣幽绝。

图3-76　石湖景区之樱花林

石湖景区人文资源极为丰富，早在史前就有原始先民在此生息繁衍。据考古发掘，曾在越城遗址和周边地下，清理出马家浜文化和良渚文化层。马家浜文化距今约6000年左右，因1959年首次发现于浙江嘉兴马家滨而得名，主要分布在太湖周围，属江南类型的文化遗址，陶器以手制夹砂和泥质红陶为主。良渚文化距今约5000年左右，1936年首次发现于浙江余杭良渚镇而名之。在石湖的良渚文化层中出土的生产工具，有磨制得相当精细的肩穿孔石斧、石锛、耘田器和石镰等。陶器有鱼鳍形足罐形鼎、带扳匝宽阔把杯、贯耳壶、竹节把豆、钵形豆、折腹罐、盆等。这些遗物具有崧泽文化向典型的良渚文化过渡期遗物的特征。从马家浜文化到良渚文化是典型的新石器时期的文化。

图3-77　上方山李根源手书的“郊台”二字

到春秋时期，石湖山水成了吴王的游乐休憩之地。据记载的传说，吴王阖闾在横山西北麓的姑苏山上建姑苏台，以作春夏之游。在横山东麓有吴王郊祭拜天的郊台，《吴郡志》说，郊台“下临石湖，……吴王僭位时，或曾祀帝也”。在周代，祭天本是天子的法定礼仪，而作为诸侯的吴国也举行这种祭天活动，自然是一种“僭位”行为了。现遗址有近代名人李根源手书的“郊台”二字（图3-77）。在越来溪西有鱼城，相传吴王游姑苏时，筑此城以养鱼。在鱼城西南有吴王筑以酿酒的酒城，《吴地记》说：“今俗人呼为苦酒城。”石湖地区也曾是吴越之争的古战场，春秋中叶，晋楚两强争霸，晋为削弱楚国，便联吴制楚，而楚则派文种、范蠡到越国，从背后掣肘吴国。先是吴国攻楚，想要越国出兵相助，因越国不从，从此吴越两国开始交恶，战争遂起。现七子山连绵的山岭上有众多的土墩、石室，有人认为这就是当年的烽火墩、藏兵洞、战堡或称“江南长城”是防御越国攻击的战争设施。石湖东、西有两军对垒的“吴城”遗址和“越城”遗址，吴城遗址在磨盘屿，地势居高临下，正好和湖西的越城遗址隔水对峙。《吴郡图经续记》云：“鱼城在吴县西横山下，遗址尚存，盖吴王控越之地，宜为吴城。谓之鱼城，误也。横山之旁，冈势如城郭状，今犹隐隐然。”越城又称越王城、勾践城，是越王勾践伐吴时所筑的土城，以作临时屯兵之用。《吴郡志》：“城堞仿佛俱在，高者犹丈余，阔亦三丈，而幅员不甚广。”可见此城到南宋时还比较完整。石湖东侧南北向的越来溪，是越国进兵的水道，《史记正义》说：“越自松江北开渠至横山东北入吴，即此溪。”周元王三年（公元前473年），越军乘太湖水涨之机，便由越来溪进入胥江，直逼姑苏城下，一举灭吴。范蠡认为越王勾践只可共患难，不可共安乐，所以便离城而去。有一种传说，范蠡和西施即由石湖进入太湖隐退（一说在今蠡口镇），所以湖中有岛叫蠡岛（即现在的华南虎繁育基地），太湖附近有小镇叫蠡墅，范蠡曾在此养鱼，并著有世界上最古老的全文只有343字的《养鱼经》，曰："以六亩地为池，池中有九洲，则周绕无穷，自谓江湖也。"后范蠡在陶（今山东定陶北）人称陶朱公，经商致富。石湖从此便沉寂了千年之久。

至汉代，佛教传入中土，旁及东南。至南朝，尤其是梁武帝好佛，吴中名山胜迹，多立精舍。明代卢熊《苏州府志》说："东南寺观之胜，莫盛于吴郡，栋宇森严，绘画藻丽，足以壮观城邑。"俗话说"天下名山僧占多"，山水相依、景色旖旎的上方山自然是建塔造寺的最佳之处了。据《吴县志》记载，上方山在梁代天监二年（503年）建有楞伽寺（因佛教《楞伽经》而名），宋代治平元年（1064年）改称治平教寺，与上方寺、宝积寺合称上、中、下三院。楞伽寺有七级楞伽塔，隋大业四年（608年）为吴郡太守李显所建，现存楞伽塔为宋代重修，后经历代修缮，但塔身结构仍存宋代风貌（图3-78）。据《黄溪录》等记载，治平教寺左带石湖、越来溪，右绕横山群峦，背负茶磨屿，前临上方山，寺随冈阜，高下为台殿，有环翠轩、湖山堂、得月楼等十景。南宋咸淳年间（1265－1274年），楞伽寺改名五通庙，内设神像五尊，即五通神，亦称五圣，巫觋妄言能魅妇女，做出种种怪异来。旧历八月十七是上方山娘娘（五通之母）生日，前三天为乐神日，各地男女稚耆汇集于此，摩肩接踵，热闹非凡。

图3-78　上方山和上方寺（楞伽寺）（录自郭俊纶《清代园林图录》）

上方山多墓葬。据北宋朱长文《吴郡图经续记》记载，横山因"山四面皆横"而得名，又因盘踞于太湖之侧，故又名踞湖山，主峰为七子山，姑苏山、上方山、吴山、磨盘山等均属其支脉，是块难得的风水宝地。“山中有陆云墓，今未审其处。”陆云是东吴名将陆逊之孙，与其兄陆机合称“二陆”，均为西晋文学家。而南石湖畔，有我国历史上著名的文字训诂学家、文学家，南朝梁陈间的黄门侍郎顾野王（519—581年）之墓，墓冢上因有几块巨石斜倚，民间认为是天上掉下来的陨石，所以俗称“落星坟”。在吴山岭东麓周家桥西，有明代大学士申时行（1535—1614年）墓，俗称申家坟。该墓规模宏大，占地约百亩以上，原墓有旗杆石、墓表、石牌楼、碑亭、月池、享堂和墓冢等，为一典型的明代大型墓葬。

隋代开皇九年（589年），杨广统帅大军灭陈，隋将宇文述攻占苏州，废吴郡，设苏州（由姑苏山得名），苏州之名始于此。当时因旧地豪民多起事骚乱，苏州等地均有人称帝，越国公杨素率兵平之。杨素以苏州“非设险之地”，城尝被围，于是“空其旧城”在七子山一带另建城郭，并将州治、县治都迁移到“新廓”（即今横塘新郭村一带）。现治平寺前的小冈上有一八角大井，相传初为吴王所凿，故名吴王井。杨素移郡治于新廓时，又疏浚整治，故现称越公井。此井还有一名曰冽泉。井南百步处，旧有深沙“神池”，为唐大中六年（852年）苏州刺史奏置楞伽寺时，收拾余材，创立神宇时所凿，但到明初，神池已“所存潢潦一洼而已”。至五代，吴越国中军节度使钱文奉为祀其父广陵王钱元璙，在上方山南麓建寿圣院，又名吴山院，此山乃名吴山。在横山北麓，即上方山的西北，有钱元璙墓，因墓旁有荐福寺，故名荐福山，山有五坞，《吴县志》载，钱元璙及钱文奉墓即在横山九龙坞的潜龙坞。元末张简《游治平寺》诗云：“湖上春云挟雨来，楞伽山木尽低摧。吴王废冢花如雪，犹自吹香上舞台。”元璙墓因被盗掘，故称废冢，楞伽寺旁有其坟祠叫明因院。

至宋代，有着田园之胜和山水之美的石湖地区，逐渐为文人雅士所识，造园置景，逐成一时之胜。北宋著名词人贺铸晚年退居吴中，自号庆湖遗老，在石湖之北的水路要津、游山要道的横塘建“小筑别墅”，并写下了流芳千古的《青玉案》一词：

> 凌波不过横塘路，但目送、芳尘去。锦瑟华年谁与度？月桥花榭，琐窗朱户，只有春知处。
>
> 飞云冉冉蘅皋暮，彩笔新题断肠句。试问闲愁都几许？一川烟草，满城风絮，梅子黄时雨。

这首境极岑寂、笔墨清丽飞动、妙绝一世的词作中，尤因“一川烟草，满城风絮，梅子黄时雨”之名，“人皆服其工，士大夫谓之贺梅子”（周紫芝《竹坡诗话》）。横塘作为古代文人雅士们抒发内心深处的别离惆怅的伤心古渡（图3-79），也从此名闻天下，真所谓“南浦春来绿一川，石桥朱塔两依然。年年送客横塘路，细雨垂杨系画船”（范成大《横塘》）。

图3-79 明·文徵明《横塘图》（北京故宫博物院藏）

而南宋著名田园诗人范成大的晚年归隐，更成就了石湖作为千年湖山与田园之胜的盛名。宋孝宗御赐的“石湖”二字，使这位南宋名臣优游而自足，从此以“石湖居士”自号，而且还在《行春桥记》一文中写道：“凡游吴中而不至石湖，不登行春，则与未游无异。”范成大之所以选择石湖作为他的归隐之地，究其渊源，正如他在《御书碑记》中所说的“石湖者，具区东汇，自为一壑，号称佳山水。臣少长钓游其间，结茅种木，久已成趣”的石湖情结吧。他先是在越城之南，沿越来溪故基，“随地势高下为亭榭。所植名花，而梅尤多。别筑农圃堂对楞伽山，临石湖”（《齐东野语》）。石湖别墅内有千岩观、玉雪坡、天镜阁、盟鸥亭、锦绣坡诸景，尤以濒湖的天镜阁为第一。“窈窕崎岖学种园，此生丘壑是前缘。隔篱日上浮天水，当户山横匝地烟。春入葑田芦绽笋，雨倾沙岸竹垂鞭。荒寒未办招君醉，且吸湖光当酒泉。”（《初约邻人至石湖》）从此，范氏逍遥于湖山田园之中。千岩观下，丛菊烂漫香浓，范成大常常携杯其中，“不待轰饮，已有醉意”。其旁更有丹桂两亩，“越城芳径手亲栽，红浅黄深次第开”。玉雪坡上本有梅花数百本，后又在别墅之南买了王氏僦舍70间，治为“范村”，1/3种植梅花，并于淳熙丙午（1186年）集得菊花品种36种，悉为谱之，这就是著称于世的《范村梅谱》和《范村菊谱》。“吴波万顷，偶维风雨之舟；越戍千年，因筑湖山之观。”（《上梁文》）一时名流如杨万里、周必大等纷至沓来，赋诗作文，以为盛事，酬和之作多达千余首。尤其是南宋著名词人姜夔，于宋光宗绍熙二年（1191年）冬载雪诣石湖，特为范氏梅花所作的《暗香》《疏影》两首被誉为“前无古人，后无来者，自立新意，真是绝唱”的天下名词。范成大的《四时田园杂兴》诗60首更是格调清新，传诵千古。而卢瑢仕归后所筑，位于越来溪西陈湾（澄湾）的南村，在当时也盛极一时，被誉为“吴中第一林泉”，园中有御书“得妙堂”匾，内有南村、柴关、吴山堂、佐书斋、来禽坞、带烟堤、藕花洲等30景，并各有题咏。

图3-80　石湖茶磨山石佛寺

南宋淳祐年间（1241—1252年）石湖茶磨山麓建湖佛祠——妙音禅院。该寺又名海潮寺，俗称石佛寺（图3-80）。祠裂巨石，凿崖洞，内有石观音大士像，高1丈6尺，并庇以危亭，故名观音岩，其上杂树荫翳，更显环境之幽邃清绝。其下有池水一泓，色泽黝碧，终年不枯，而鱼之洋洋，游栖其中，更富幽趣。池上跨有石梁（疑为建筑遗留物），左右绝壑巉岩，古木寒藤，有“小普陀”之称，后人题为“小天台”。明代崇祯四年（1631年），大司马申用懋又在岩崖上倚山建阁，下瞰石湖，恍若仙境。茶磨屿下的行春桥，其所建年代已无从查考，南宋淳熙十四年（1187年）知县越彦贞重修时，已是石构拱桥，范成大《行春桥记》说：“石梁卧波，空水映发。……往来幢幢，如行图画间。”该桥原为18孔，明代崇祯年间申用懋重修时，改为9孔。行春桥东有一单拱石桥，可通越城，故名越城桥，其初名吞月桥，因其横跨于越来溪上，所以又称越来溪桥。该桥始建于南宋淳熙年间，元至正年间重建，后屡圮屡建。

南宋恭帝德祐元年（1275年），蒙古兵南下，平江府（苏州）降元，石湖景区渐次冷落。尽管当时的石湖是“众芳带雪玉崔嵬，风定湖光镜面开”，“山色可堪西子笑”，但其境况却是“天寒野水摇孤艇，日落浮图对古台”（陈深《雪后游石湖》）。至元末，临安卢廷瑞于横山下筑卢氏山园，内有越城春水、柳涧啼莺、石湖秋月、上方塔影、吴岭梅开等八景，当时题咏甚多。“元四家”之一的倪瓒晚年弃家，于至正甲午（1354年）避乱寓居太湖，常往来于石湖之间，曾有《烟雨中过石湖三绝》等诗咏之。

至明代，范成大的石湖别墅已“沦于荒烟野草之中”。正德六年（1521年）官居监察御史的越溪人卢雍倡议，在行春桥西，茶磨屿下，背山面湖处，建“范成大祠”，并将南宋淳熙八年（1181年）闰六月宋孝宗御书的“石湖”碑，从盟鸥亭内移至祠内。又建石湖书院，壁间嵌有范成大田园诗碑石刻，当时吴中名士沈周、文徵明、唐寅、王宠、蔡羽、文嘉等在此聚会吟唱，并留有石湖诗画（图3-81），所以此处又称石湖书画院，“渔庄蟹舍一丛丛，湖上成村似画中。互渚断沙桥自贯，轻鸥远水地俱空。船迷杨柳人依绿，灯隔蒹葭火影红。全与我家风致合,草堂亦有此愚翁”（沈周《渔庄村店图》）。可见当时景色。王宠还在石湖越城桥东建越溪庄，园西向，面对楞伽、茶磨二山，园中有芙蓉滩、采芝堂、御风亭、小隐阁诸胜，后人称其为“雅宜庄”。入园南折有舍三间，客至可供茶；再进又有三间可饮酒；再往里走，则有亭可憩；再往西，有书屋，四周有修竹千竿；最后因地势高下而成小圃，种有杂树花果，背后为大堤，高二十尺。据史书记载，此堤原为隋代越国公杨素时所筑。明嘉靖初年，僧智晓在石湖近山处筑石湖草堂，此堂有文徵明题额，蔡羽有记曰：“（草堂）左带平湖，右绕群峦，负以茶磨，拱以楞伽，前荫修竹，后拥泉石，映以嘉木，络以薜萝，翛然群翠之表。”（《石湖草堂记》）在徐家坞，大司马吕纯如筑梅隐别业，俗称南宅，内有四宜堂，门前凿渠通湖引水，左筑小阁，垒土为冈，因有白鹤归此而名“鹤坡”，居坡远眺，能收石湖山色之胜于襟带之间；园中又有老梅百树，扶疏掩映，身临其境，如在众香国里。此园为继南宋卢瑢“南村”之后的又一名园，明亡后园为他人所得，渐为菜圃。

图3-81　明·陆治《石湖图卷》（波士顿博物馆藏）

清初，张大纯在吴山之麓筑“丙舍”，内有云绵草堂、泛月楼、志喜亭诸胜。而泛月楼前临石湖，后瞩灵岩，其他如楞伽、茶磨、宝华诸景，无不映带左右，“登眺最宜玩月，东望石湖，舟帆隐跃于帘槛之间”（《百城烟水》）。清初词坛四家之一的汪琬曾誉之为“吾吴最胜处也”，并常与尤侗等诗酒往还，流连唱和：“湖光渺渺浸长空，折苇枯荷宿旅鸥。月影荡摇如玉塔，此间景物冠吴中。”（汪琬）“远望吴山何石湖，高楼良夜月明多。问君泛月从何处？宝带桥头唱棹歌。”（尤侗）清代乾隆曾六次南巡江南，六次临石湖游览，并作诗题额。乾隆十六年（1751年）第一次南巡时，就作《石湖霁景》：“吴中多雨难逢霁，霁则江山益佳丽。佳丽江山到处同，惟有石湖乃称最。楞伽山半泮烟泾，行春桥下春波媚。南宋诗人数范家，孝宗御笔留岩翠。”欣赏之情溢于言表。乾隆第二次南巡时，江苏巡抚尹继善在石湖大兴土木，建石湖行宫、湖心亭等，以备御用，乾隆诗曰："吴中山水致人冷，最爱石湖茶磨前。万顷烟波边震泽，一堤花柳绘春天。"徐杨所绘的《盛世滋生图》上有关石湖的画面，就是当时的写真。现行春桥堍有"钓鱼台"，据说就是当年乾隆观看打鱼的地方，至今石佛寺中保存有乾隆《观打鱼歌》诗碑。乾隆第三次南巡时，正值阳春三月，又逢晴天，听说圣驾将至石湖，百姓纷纷汇聚行春桥，恭迎圣驾，乾隆有诗记述了当时的情景："行春桥下春水明，行春桥上万民迎。我欲治民如治水，淆之则浊澄之清。"在茶磨屿到楞伽山，现在还保存着乾隆御道，全长约600余米，图案古朴，清晰可鉴（图3-82）。

图3-82　上方山乾隆御道

民国21年（1932年）至23年，书法家余觉在石湖东北的渔家村，即范成大石湖别墅中的天镜阁（一说农圃堂）故址上，建别墅"觉庵"，俗称渔庄、余庄。庄背村面湖，有屋五楹，前为门厅，中为福寿堂，临湖处有渔亭，遥对上方山楞伽寺和茶磨屿的范成大祠，风景殊胜。庄前花木扶疏，苔藓侵阶。余觉说："石湖别墅中，种葵九百株，高皆二丈，占地半亩，大叶遮天，本本如盖，人行其中，轻快无比，一榻一瓯，手书一卷，坐卧其下，从叶缝中望山色湖光，风帆沙鸟，悉在眼前，清风拂拂，非复人间世矣。"民国21年辛亥革命名将李根源退居吴下，亦曾在上方山麓买山地二十余亩，种植桃李梅杏。

苏州的石湖地区，历史上不但受到文人墨客的青睐，写就了石湖的千年翰墨文章，同时在民间，也是人们向往的游览胜地。早在明清时就盛行八月十八日游石湖、看串月的习俗。《吴县志》载："画船箫鼓游遍石湖，或荡洲渚之间，或泊行春桥畔，随意取乐，至明而返。"可见其盛况。而所谓的"串月"，是指月亮初出时，恰逢月光正对行春桥九连环洞，则会每洞一月，其影如串，清代沈朝初有《忆江南》词曰："苏州好，串月看长桥。桥畔重重湖面阔，月光片片桂轮高。此夜爱吹箫。"这是一种在特定条件的时间、地点和环境下才会产生的奇景。原上方寺前有翠薇亭，明代宣德元年（1426年）重建，改名望湖亭，旧俗这里是观看石湖串月的最佳处，在此亭中俯视，楞伽寺塔倒影于湖面之上，月光随波从塔尖铁链中流泻，沙洲村舍也似倒映在铁链之中，清代徐崧《八月十八日同介公楞伽山看串月，歌以记之》曰："……大潮望后甫三日，游人尽向行春桥。为言串月此间有，张灯酣宴忘夜久。惟有知者百余人，兀坐望湖亭上守。我来亭上已几回，移筇啜茗趺苍台。月高一丈始吐出，层层金塔重湖开。塔尖倒射楞伽下，流光十里从中泻。中间村落与沙洲，如现阑干及檐瓦。观者抚掌称大奇，试问游船却不知。"到了清末，望湖亭已废，而画舫皆不轻往，"或借观月之名，偶有一二往游者，金乌未坠，便已辞棹石湖，争泊白堤，徵歌赌酒矣"（《清嘉录》）。

农历九月初九为重阳节，明代申时行有《吴山行》一诗记之：

九月九日风色嘉，吴山胜事俗相夸。
阖闾城中十万户，争门出郭纷如麻。
拍手齐歌太平曲，满头争插茱萸花。
横塘迤逦通茶磨，石湖荡漾绕楞伽。
兰桡桂楫千艘集，绮席瑶尊百味赊。
玉勒联翩过羽骑，青帘络绎过香车。
飘缨挟弹谁家子，跕屣鸣筝何处娃？
不惜钩衣穿薜荔，宁辞折屐破烟霞。
万钱决赌争肥羜，百步超骧逐帝騧。
落帽遗簪拚酩酊，呼卢蹋鞠恣喧哗。
只知湖上秋光好，谁道峰前日易斜。
隔浦晴沙归雁鹜，沿溪晓市出鱼虾。
荧煌灯火阗归路，杂沓笙歌引去槎。
此日遨游真放浪，此时身世总繁华。
道旁有叟长太息，若狂举国空豪奢。
……

足见当时奢靡之风，难怪明末的归庄会说："今日吴风汰侈已甚。恣一时之乐，不恤其他。"

袁宏道说："苏人三件大奇事，六月荷花二十四，中秋无月虎丘山，重阳有雨治平寺。"吴中旧俗，从上方山治平寺攀登吴山岭，快落帽之风，寺前牵羊赌彩，为摊前之戏，称之"博羊会"，清初沈朝初有《忆江南》词云："苏州好，冒雨赏重阳。

别墅登高寻说虎，吴山脱帽戏牵羊。新酿酒城香。”

游乐石湖，除了观景游赏，自然离不开“画舫船宴”。苏州游船有灯船、荡湖船、大小快船等数种。豪民富室，率借灯船以游，小户人家多雇小快船，自备肴馔（图3-83）。“其船大者容数筵，四面垂帘帷，户之绮，幕之珠，窗之雕绣，金碧千色，嵬眼晃面。屏后另设小室如巷，香枣厕筹，粉奁镜屉，罗帐象床，陈设精致，以备名姝艳妓之憩息。……小者名荡湖船，宽容一筵，坐五六人，不浆不帆，截然如小阁。”（袁学澜《吴门画舫游记》）一般画舫在前，酒船在后，小划子船载有时新百果，往来于画舫之间。石湖水禽众多，又盛产红菱，古时亦有莼鲈之美，范广宪《石湖棹歌》诗云：“风吹芦荻水湾洄，莼味鲈香好酦醅。晓市声喧鱼鼓动，停船人卖哈碱来。”一时时令湖鲜，野禽山兽，传餐有声，逍遥于山色湖光之中，招摇于行春之桥，欸乃一声，人如天上。

图3-83　明·文伯仁《姑苏十景册（石湖秋泛）》（台北故宫博物院藏）

石湖楞伽山还产蟋蟀，而且自宋以来曾名扬天下。在白露前后，苏州人喜欢驯养蟋蟀，以赌斗为乐，称之“秋兴”，俗名“斗赚绩（即蟋蟀）”。《吴县志》云：“出横塘楞伽山诸村者，健对。”还说在明代宣德年间，有一个朱镇抚，因为进贡楞伽山名蟋蟀“黄大头”而受宠加秩，所以进贡蟋蟀成了仕途捷径，一时趋之若鹜。袁宏道曾详细记述此中情景：“七八月间，家家皆养促织（即蟋蟀），庭夫小儿群聚郊野草间，侧耳往来，面貌兀兀，若有所失者。至于涵厕污垣中，一闻其声，踊趣疾趋，如馋猫见鼠一般。”附近百姓受害不浅。当时苏州有“赚绩瞿瞿叫，宣德皇帝要”的民谣。因为在宣德九年（1434年）宣宗由于各地所贡蟋蟀都细小不堪，便下诏给苏州府况钟，要他选贡。不过斗蟋蟀也带来了蟋蟀盆烧制业的兴盛，“楞伽蟋蟀陆墓盆”也成了当时苏州的“品牌产品”。

二十三、“俄罗斯荣誉的圣地”——叶卡捷琳娜园林[1]

叶卡捷琳娜园林位于俄罗斯圣彼得堡以南约25公里的皇村，占地面积超过100公顷，主要有以叶卡捷琳娜宫为主体建筑的规则式园林和以湖泊为中心的自然式风景园林两部分组成，是俄罗斯沙皇时期最具代表性的皇家园林之一，堪称“俄罗斯荣誉的圣地”。这里原是彼得一世作为礼物送给妻子叶卡捷琳娜的庄园，后来在他们的女儿伊丽莎白女皇统治期间大兴土木，著名建筑师拉斯特列利（Francesco Bartolommeo Rastrelli）——这位16岁随父移居圣彼得堡的意大利人为了使建筑物能够真正体现俄罗斯荣誉，更符合皇家气息，1752～1756年间对建筑群的主宫殿叶卡捷琳娜宫进行了扩建、改造，改造后的宫殿规模宏大，装饰华丽，皇家教堂的窟窿圆顶在阳光照耀下熠熠生辉。在叶卡捷琳娜二世（1762～1796年在位）时，苏格兰建筑师查尔斯·卡梅伦（Charles Cameron）又对宫殿进行了重新装修，使这座具有巴洛克风格的建筑物更融合了新古典主义的风格，长达306米的宫殿外墙立面采用了叶卡捷琳娜二世最喜爱的蓝、白两色作为主色调，再镶以溜金装饰，显得既高贵淡雅，而又极富艺术感。众多的立柱则用负重低头的力士雕塑作装饰（图3-84），既体现了俄罗斯女皇彻底征服男性使其俯首称臣的女权思想，同时造型丰富的雕塑，加上凹凸有致的结构又使得数百米长的建筑极富表现力。

图3-84　负重低头的力士雕塑

叶卡捷琳娜宫之北的园林是由拉斯特列利进一步完善而成的脱胎于意大利式的法国古典主义园林，它是叶卡捷琳娜宫园林中最古老的部分。庞大的宫殿建筑群雄踞在园林中轴线的起点，统率着整个园林；笔直的中轴线道路贯穿整个园林的南北，在宫殿前平坦的多级台地上，沿中轴两侧对称布置着呈现几何图案的植坛（图3-85）、水池以及18～19世纪的雕像和修剪整齐的绿篱等；这一系列的对景安排，加上宽敞的空间，形成了简洁豪放的法兰西独特风格。

[1] 原载《园林》2008年第6期。

图3-85　法兰西风格的几何图案植坛

叶卡捷琳娜二世时期扩建的园林面积达到了100.5公顷，受英国风景式园林的影响，扬弃了笔直的林荫道、方整的水池、规则的树木及其对称均齐的布局，而改之为自然式的湖泊、树丛、草地和弯曲的道路，并讲究借景等造园手法，从中可以看出受中国造园艺术的影响。叶卡捷琳娜园林以大型湖泊为中心，湖中设有大小三岛，其中一岛还建有名之为欢乐宫的宫殿，据说这里曾是女沙皇与其男宠们寻欢作乐的隐秘场所。湖泊四周是静谧如诗般的森林，每逢秋日，槭树霜林，醉红撼枝，灿若披锦（图3-86），曲折的小路和溪流蜿蜒其中，湖边的青铜少女雕塑，水面上飞翔嬉戏的鸥鸟，使整个园林有着田园般的恬静和闲适。

图3-86　叶卡捷琳娜园林中的槭树霜林

在湖泊的东南一角，由建筑师涅洛夫所设计的一座大理石桥（建于1772～1774年）横跨于水口之上，这座类似于中国式的廊桥（图3-87），其实只是英国维尔顿（Wilton House）园林中由亨利设计，受中国造园意匠所影响的帕拉第奥式桥亭（建于1737年）的翻版而已。园林内还建有一系列的纪念性建筑，如为纪念18世纪七八十年代俄罗斯军队对土耳其作战取得胜利而建的饰有古战船船头的切斯马柱等。而最具俄罗斯古典主义风格的建筑物应该首推以查尔斯·卡梅伦名字命名的“卡梅伦长廊”（建于1784－1787年）了。它是为了专门用于欣赏园林内的美景而建造的，故而选择在面向着湖泊和叶卡捷琳娜宫北面的花园山坡上，远远望去，像一艘驶向森林海洋中的双层豪华游轮，而闲坐其中，则可俯瞰东西两个园林不同风格的全景，具有中国造园艺术中所谓的隔景和借景的作用。它是大型湖泊岸边美景中最主要的建筑物。卡梅伦大胆的建筑构想和新颖的设计为他带来了巨大的荣誉。

图3-87　叶卡捷琳娜园林中的大理石廊桥

值得一提的是，在叶卡捷琳娜宫旁边的花园里有一座俄罗斯伟大诗人普希金的青铜坐像，四周林木森然，使人衣袖生凉。因少年时的普希金曾在皇村中学学习，1937年俄罗斯为纪念普希金逝世100周年，把皇村改名为普希金市。

假山第四

一、假山的类型[1]

所谓的假山就是指由人工堆叠起来的山体，究其用料不外乎是土、石二物，所以假山的类型大致可分为以下几种：

（1）土山，就是不用一石而全用堆土的假山。现在一说假山，好像是专指叠石为山了，其实假山本来就是从土山开始，逐步发展到叠石的。李渔在其《闲情偶记》中说："用以土代石之法，既减人工，又省物力，且有天然委曲之妙，混假山于真山之中，使人不能辨者，其法莫妙于此。"土山利于植物生长，能形成自然山林的景象，极富野趣，所以在现代城市绿化中有较多的应用。但因江南多雨，易受冲刷，故而多用草坪或地被植物等护坡。在古典园林中，现存的土山则大多限于整个山体的一部分，而非全山，如苏州拙政园雪香云蔚亭的西北隅。

（2）石山，是指全部用石堆叠而成的假山（图4-1）。因它用石极多，所以其体量一般都比较小，李渔所说的"小山用石，大山用土"就是这个道理。小山用石，可以充分发挥叠石的技巧，使它变化多端，耐人寻味，况且在小面积范围内，聚土为山势必难成山势，所以庭院中辍景，大多用石，或当庭而立，或依墙而筑，也有兼作登楼的蹬道的，如苏州留园明瑟楼的云梯假山等。

图4-1　扬州个园秋山（黄石）

（3）土石山，这是最常见的园林假山形式，土石相间，草木相依，便富自然生机（图4-2）。尤其是大型假山，如果全用山石堆叠，容易显得琐碎，加上草木不生，即使堆得嵯岈屈曲，终觉有骨无肉，所以李渔说："掇高广之山，全用碎石，则如百衲僧衣，求一无缝处而不得，此其所以不耐观也。"（《闲情偶记》）如果把土与石结合在一起，使山脉石根隐于土中，泯然无迹，而且

[1] 原载《园林》2005年第1期

还便于植树，树石浑然一体，山林之趣顿出。土石相间的假山主要有以石为主的带（戴）土石山和以土为主的带（戴）石土山。

图4-2　拙政园绣绮亭土石山

带土石山：又称石包土，此类假山先以叠石为山的骨架，然后再覆土，土上再植树种草。其结构有两类：一类是于主要观赏面堆叠石壁洞壑，山顶和山后覆土，如苏州艺圃和怡园的假山；另一类是四周及山顶全部用石，或用石较多，只留树木的种植穴，而在主要观赏面无洞，形成整个的石包土格局，如苏州留园中部的池北假山。

带石土山：又称土包石，此类假山以堆土为主，只在山脚或山的局部适当用石，以固定土壤，并形成优美的山体轮廓，如沧浪亭的中部假山，山脚叠以黄石，蹬道盘纡其中。其因土多石少，可形成林木蔚然而深秀的山林景象。

二、假山的选石[1]

由于在有限的空间内，堆土为山难以塑造高耸、雄奇、变化多端的假山造型，所以造园者逐渐偏重于叠石为山，加上唐宋以后赏石、拜石、宴石的癖好成风，于是人们到处采访佳石，以供赏玩及叠山之用。由于爱好不同，要求各异，山石的品类也越来越多，并出现了专门的石谱，如北宋祖秀的《宣和石谱》、南宋杜绾的《云林石

[1] 原载《园林》2005年第2期。

谱》、明代林有麟的《素园石谱》等，但并不是所有的山石都可以用来堆叠假山的，所以明代计成在《园冶》中特列选石一章，加以阐述。园林专家陈从周教授在分析了清末至民初的假山（陈氏称之为“同光体”假山）无佳构的原因后，在《叠山首重选石》一文中指出：“予尝谓同光体假山其尚有致命之丧，盖不重选石。选石者，叠山之首重事也。”因此凡是从事假山之业者，必先深谙石性。一般传统所选的假山石料多以层积岩为主，纵观江南地区的园林假山，尤以太湖石假山和黄石假山为多。

（1）太湖石，俗称湖石，是产于太湖周边一带的石灰岩（图4-3），在历史上尤以产于苏州太湖洞庭西山一带的太湖石最为有名，白居易认为：“石有聚族，太湖为最，罗浮、天竺之石次焉。”（《太湖石记》）其他如江苏宜兴、浙江长兴、安徽巢湖等地亦产类似太湖石的石种。太湖石性坚而润，嵌空穿眼，有婉转险怪之势。色泽有青、白、灰、黑等。其质纹理纵横，笼络起隐，遍多凹窝，由风浪冲激而成，谓之“弹子窝”。在宋代，采石人常携带锤凿，潜入太湖深水中进行取凿，再用大船、绳索，设木架绞出。还有一种就是“种石”，即对缺乏天然孔穴的，就采取人工凿孔加眼，再沉于水中，放置到波浪冲激处冲刷，以售善价，但因时间较长，所以有“阿爹种石孙子收”的说法。现在则多用电动工具进行加工、抛光。太湖石又有水、旱两种，尤以水中者为贵，但因采石不便，现多用山中的旱石，虽然旱石大多枯而不润，有的还常带有土色，但堆叠好的假山只要借以数年的雨水冲刷，自然会显露出多孔玲珑或嶙峋俏丽的形态。

图4-3　苏州西洞庭山的原生态太湖石

太湖石属于沉积岩中的石灰岩，石灰岩在高温下易受雨水侵蚀，其溶蚀变形后，便构成了千姿百态的石灰岩溶地貌，由于最早发现在南斯拉夫的喀斯特山地，所以便命名为喀斯特地貌（即岩溶地貌）。我国西南地区由大片古生代生物沉积岩层所形成的岩溶地貌，如广西的石林、桂林山水等。凡具有石灰岩溶地貌的山体，在有裂隙的地方，由水的溶蚀而形成的山洞称之为溶洞，如宜兴的善卷洞、张公洞，苏州洞庭西山的林屋洞等。同时溶有碳酸钙的地下水具有较大的表面张力，下滴时常吸附在洞顶，当水量慢慢增加，重力大于吸附能力时才滴下来，因水分蒸发，水滴中的碳酸钙积淀下来，年深日久，便会形成了大大小小的钟乳石。大凡成功的太湖石假山作品无不以石灰岩溶地貌以及溶洞内的溶蚀景观进行模拟造型的，如苏州的环秀山庄假山仿自苏州阳山的大石山景观，它有假山洞、石室等模拟石灰岩溶洞，洞顶采用穹隆顶或拱顶的结构方法，逼真而又坚固，虽经历了200多年而没有出现开裂走动的迹象，正如戈裕良本人所说："只将大小石钩带联络，如造环桥法，可以千年不坏。要如真山洞壑一般，然而方称能事。"（清·钱泳《履园丛话》）而苏州惠荫园的"小林屋"水假山则是仿自太湖西山的林屋洞所筑，洞壑深邃，玲珑剔透，内有一泓积水，洞之穹顶上悬有钟乳石，沿洞壁筑有栈道，曲折迂回，堪与环秀山庄假山相媲美。

（2）黄石，太湖石的玲珑秀润，历来受到园主人和造园叠山家的青睐，但由于过度开采，至明末就已经很少了，所以晚明的计成在《园冶·选石》的"太湖石"条目中感叹道："自古至今，采之以久，今尚鲜矣。"因此吴地开始有人尝试随地取材，采用黄石叠山。和计成同时代稍早的文震亨在其《长物志》中说："尧峰石，近时始出，苔藓丛生，古朴可爱，以未经采凿，山中甚多，但不玲珑耳。然正以不玲珑，故佳。"尧峰石即产于苏州近郊尧峰山的黄石，明末尧峰石的使用，是造园叠山史上的大事，从此黄石假山成了与太湖石假山比肩并列的假山类型。黄石假山在造型上，仿效自然界山体的丹霞地貌，或沉积岩山体中的自然露头的风化景观，从而创造出了一代新风格假山形象。黄石是属于沉积岩中的砂岩，棱角分明，轮廓呈折线，呈现出苍劲古拙、质朴雄浑的外貌特征，显示出一种阳刚之美，与太湖石的阴柔之美，正好表现出截然不同的两种风格，所以受到了造园叠山家的重视，计成评价道："其质坚，不入斧凿，其文古拙。……俗人只知其顽夯，而不知其妙。"（《园冶》）为了表现这两种山体的不同趣味，古代造园叠山家们常将这两种山石用于同园中的不同区域，以示对比，如扬州个园四季假山中的夏山（湖石山）与秋山（黄石山），苏州耦园中的东花园假山（黄石山）与西花园假山（湖石山）等。明末王心一在《归田园居记》（即现苏州拙政园的东部园林）中说："东南诸山采用者，湖石，玲珑细润，白质藓苔，其法宜用巧，是赵松雪之宗派也。西北诸山采用者，尧峰，黄而带青，古而近顽，其法宜用拙，是黄子久之风轨也。"（《归田园居记》）赵松雪即元代大画家赵孟頫，其所画山水，点染工细，用太湖石正好表现其工巧秀润的风格；黄子久即元代著名山水画家黄公望，用黄石堆叠的假山正好表现其气势雄浑的画风（图4-4）。这也是传统叠山中两种不同表现手法，所以叠山技艺精绝者，必精通画理。

图4-4　元·黄公望《快雪时晴图卷（局部）》（北京故宫博物院藏）

其他如产于广东英德的英石、江苏常州一带的斧劈石、安徽宣城宁国一带的宣石等也常用于假而成山，但一般规模较小，如扬州园林素以“叠石胜”，但本地并不产石，石料都靠水运，多靠盐船压舱回载，所以其假山石材的石种较多，石料也较小，峰峦也多用小石包镶，如个园的冬山即以宣石堆叠而成（图4-5），其石色洁白，远远望去，俨然似积雪未消。由于堆叠假山的山石比较笨重，运输盘驳困难，所以造园叠山家们历来主张随地取材，因地制宜。

图4-5　扬州个园冬山（宣石）

所谓的选石，除了对堆叠假山的石材种类的选择之外，还包括对具体山石的大小、造型、纹理、色泽、质地等的选择（相石），由于假山的堆叠不可能找到与图纸设计相一致的对应单石，因此相石掇山是假山作品成功的关键因素，大凡成功的假山作品无不从选石开始。

三、假山的组合单元[1]

在晚明至清代中叶的假山组合单元中，主要有绝壁及峰、峦、谷、涧、洞、路（蹬道）、桥、平台、瀑布等，其组合方法大抵是临池一面建有绝壁，绝壁下设路（有的则以位置较低的石桥或石矶作陪衬），再转入谷中，由蹬道盘旋而上，经谷上架空的桥（石梁），至山顶，山顶上或设平台，或建小亭，以便休憩、远望。一般峰、峦的数量和位置，都是根据假山的形体、大小来决定的；而石洞只不过一二，常隐藏于山脚或山谷之中；少数在山上再设瀑布，经小涧而流至山下。但园中假山并不一定都具备这些单元，有的只是部分，如明代假山的主体，多半用土堆成，只是假山临水处的东麓或西麓建一小石洞，如苏州艺圃在山的西麓，南京瞻园在山的东麓。这种办法既可节省石料、人工，又可在山上栽植树木，以形成葱郁苍翠的山林之气，其景与真山无异。至于清末的假山，则形体多半低而平，在横的方向上，很少有高深的谷、涧以及较大的峰峦组合，仅在纵的方面，以若干蹬道构成大体近于水平状的层次。

（1）绝壁：用太湖石叠砌的绝壁（石壁）是以临水的天然石灰岩山体为蓝本的，由于其受波浪的冲刷和水的侵蚀，会在表面形成若干洞、涡以及皱纹等，并会产生近似垂直的凹槽，其凸起的地方隆起如鼻隼状。大小不一的涡内，有时有洞，但洞则不一定在涡内。洞的形状极富变化，边缘几乎都为圆角，在大洞旁往往错列有一二小洞。环秀山庄的石壁，主要模仿太湖石涡洞相套的形状，涡中错杂着各种大小不一的洞穴，洞的边缘多数作圆角，石面比较光滑，显得自然贴切；该假山西南角的垂直状石壁作向外斜出的悬崖之势，堆砌时不是用横石从壁面作生硬挑出，而是将太湖石钩带而出，去承受上部的壁体（图4-6）。这样既自然，又耐久，浑然天成，而不

图4-6　苏州环秀山庄之石壁

[1] 原载《园林》2005年第4、5期。

图4-7　苏州耦园黄石假山之绝壁

像有的假山用花岗石条石作悬梁挑出，再在条石上叠砌湖石，显得生硬造作。

黄石和石灰岩一样，在自然风化过程中，岩面的石块会有大有小，也会有直有横有斜，互相错综，而且有进有出，参差错落。苏州耦园东部黄石假山的绝壁最能体现这种情形，其直削而下临于池，横直石块大小相间，凸凹错杂，似与真山无异（图4-7），园林学家刘敦桢教授认为："此处叠石气势雄伟峭拔，是全山最精彩的部分。"

（2）洞室：一般设计在山体的核心部位，其大小须考虑到人体活动的范围，所以高度常在2.20～2.50米之间，洞室周围的面积以不小于3.0～4.0平方米为宜，如环秀山庄的假山石洞（图4-8），其直径在3米左右，高约2.7米。在设计洞室时，首先要考虑到壁体的坚固性，所以不论假山时代的早晚，一般多用横石叠砌为主，同时还必须考虑到通风、采光，所以一般在洞壁上，还设计若干小洞孔隙，有的则在洞壁上开较大的窗洞，以利用日照的散射与折射光线。采光的要求，应以即便是阴沉的白昼，也能借助由外透进来的散射光线，识别人形及其一般人的行为活动需要为原则。

图4-8　环秀山庄之假山洞室

洞顶的做法一般以长条石板覆盖较为普遍，尤其是一些年代较为久远的假山，或一些深长的山洞。也有用“叠涩”（即用砖、石、木等材料做出层层向外或向内叠砌挑出或收进的形式）的方法，向内层层挑出，至中点再加粗长石条，并挂有小石如钟乳状的，如惠荫园水假山洞，这类假山一般洞室较大。而清代乾嘉年间戈裕良所创造的“将大小石钩带联络如造环桥法”，采用发券起拱的穹隆顶或拱顶的结构处理，则更合乎自然。一般洞顶的上部，就是登山后的山顶平台了，所以也必须考虑用必要的石块进行铺平，灌浆，再覆土，或花街铺地，并考虑一定的散水坡度，设计好散水孔。洞顶的结顶到山顶填充铺平石的厚度一般应在0.50～0.60米以上，否则峰洞过分接近山巅，会感到山体的单薄感和虚假感。山巅平台的外侧需要设计女儿墙（图4-9），以起到具有保护性质的栏杆作用，同时它也是悬崖峭壁的山顶的收顶部分，所以应注意其起伏变化。洞室内外还必须设计有内、外的登山台阶，即蹬道，由洞内到山顶的楼梯式蹬道常设计成螺旋状，其高度大致与洞门的高度相等，一般设计得接近人体的高度，即在1.85米左右，这样可起到使人感到需要稍微低头才能进出的心理反应的效果。

图4-9　苏州拙政园远香堂假山山巅平台和女儿墙

（3）蹬道：用山石叠砌而成的蹬道是园林假山的主要形式之一，它能随地形的高低起伏、转折变化而变化（图4-10）。无论假山的高低与否，其蹬道的起点两侧一般均用竖石，而且常常是一侧高大，另一侧低小，有时也常采用石块组合的方式，以产生对比的效果。竖石的体形轮廓以浑厚为佳，而忌单薄尖瘦。如盘山蹬道的内侧是高大的山体，则蹬道的外侧常设计成护栏式石栏杆。蹬道的踏步一般选用条块状的自然山石，在传统的假山或整修中，也出现过太湖石假山蹬道采用青石，黄石假山蹬道采

图4-10 留园假山之蹬道

用花岗石（俗称麻石）条石作踏步的情况。与假山蹬道相连的假山道路的路面一般以青砖仄砌为多，少数还采用花街铺地的形式，在路面点缀一些吉利图案，如“瓶生三戟”（“平升三级”）、“百结图”（“百吉百利”，亦称“盘长中国结”）、“莲藕”等。另一种则用石片仄铺的形式，显得古朴自然，意趣无穷。

在园林中还有一种与楼阁相结合的室外楼梯式的假山蹬道，这就是楼阁建筑与叠山艺术相结合的云梯假山。所谓云梯，就是人行其中，随蹬道盘旋而上，有脚踩云层，步入青云之感。所以其选用的石料多为灰白色的太湖石，以求神似。留园明瑟楼的“一梯云”假山的山墙上，有董其昌所书的“饱云”一额，正写出了云梯假山的高妙境界。《园冶》说：“阁皆四敞也，宜于山侧，坦而可上，更以登眺，何必梯之。”说明云梯假山一般均隐设于楼阁之侧，以免影响楼阁的正面观景，如留园冠云楼前的云梯设于楼的东侧，而网师园梯云室前的云梯假山则设于五峰书屋的山墙边，借此云梯，可登五峰书屋的二楼。

（4）谷：两山间峭壁夹峙而曲折幽深、两端并有出口者称谷，古代名园称谷者如明代无锡的愚公谷、清代扬州的小盘谷等。在现存的假山作品中，以苏州环秀山庄假山中的谷最为典型，两侧削壁如悬崖，状如一线天，有峡谷气氛。苏州耦园的黄石假山有“邃谷”一景，其将假山分成了东、西两部分，中间的谷道宽仅1米左右，曲折幽静，刘敦桢教授认定为清初“涉园”遗构（图4-11）。

图4-11 苏州耦园黄石假山之“邃谷”

（5）涧：谷中有水则称之为涧。著名者如无锡寄畅园内的假山中用黄石叠砌而成的“八音涧”，二泉细流在涧中宛转跌落，琤琮有声，如八音齐奏。苏州留园中部的池北与池西假山相接的折角处，设计成水涧（图4-12），正如山水画中的“水口”，《绘事发微》中说：“夫水口者，两山相交，乱石重叠，水从窄峡中环绕湾转而泻，是为水口。”用黄石叠砌的水涧，显得壁立竦峭，如临危崖，涧中清流可鉴，因此上佳的假山，必定缩地有法，曲具画理。《园冶》云：“假山以水为妙，倘高阜处不能注水，理涧壑无水，似有深意。”这可能是假山中“旱园水做”的一种方法，所以像留园的西部假山有一条用黄石叠砌的山涧，从山顶盘纡曲折而下，直到山脚下的溪边，虽然此山涧无水，但亦能感到其意味深远，而如值大雨滂沱时，又具备泄水的功能。

图4-12　留园中部假山之夹涧

（6）峦：一般假山的结顶处，不是峰便是峦。《说文》云：“圆曰峦。”《园冶》说：“峦，山头高峻也，不可齐，亦不可笔架势。或高或低，随致乱掇，不排比为妙。”所以大型假山尤应注意结顶，做到重峦叠嶂，前后呼应，错落有致（图4-13）。一般园林中的土山均为峦之形

图4-13　苏州环秀山庄假山之山峦

式，如拙政园中部的东、西两岛。

（7）峰：《说文》云："尖曰峰。"一般一座假山只能有一个主峰，而且主峰要有高峻雄伟之势（图4-14），其他的山峰则不能超过主峰，正如王维《山水诀》中所说的："主峰最宜高耸，客山须是奔趋。"以形成山峰的宾主之势。各峰、峦之间的向背俯仰必须彼此呼应，气脉相通，布置随宜，而忌香炉蜡烛、刀山剑树式的排列。

图4-14　自然之山峰与苏州耦园假山之峰

陈从周教授在分析了明代假山后指出，尽管其布局至简，只有蹬道、平台、主峰、洞壑等数事而已，但能千变万化，"其妙在于开阖"，"开者山必有分，以涧谷出之"，如上海豫园、苏州耦园的黄石假山；"而山之余脉，石之散点，皆开之法"，像旱假山的山根、散石等，水假山的石矶、石濑（流水冲激的石块）等。"阖者必主峰突兀，层次分明。"（《续说园》）所以假山的组合与布局，不管是一峰独峙，还是两山对峙，或平冈远屿，或崇山峻岭，或筑室所依，或隔水相望，都应该做到主次分明，顾盼有致，开阖互用。

四、假山设计中的"三远"❶

叠石掇山，虽石无定形，但山有定法，所谓法者，就是指山的脉络气势，这与绘画中的画理是一样的。大凡成功的叠山家无不以天然山水为蓝本，再参以画理之所示，外师造化，中发心源，才营造出源于自然而高于自然的假山作品来的。在园林中

❶ 原载《园林》2005年第3期

堆叠假山，由于受占地面积和空间的限制，在假山的总体布局和造型设计上常常借鉴绘画中的“三远”原理，以在咫尺之内，表现千里之致。

所谓的“三远”是由宋代画家郭熙在《林泉高致》中提出的：“山有三远：自山下而仰山巅，谓之高远；自山前而窥山后，谓之深远；自近山而望远山，谓之平远。……高远之势突兀，深远之意重叠，平远之意冲融而缥缥缈缈。”

（1）高远，根据透视原理，采用仰视的手法，而创作的峭壁千仞、雄伟险峻的山体景观（图4-15）。如苏州耦园的东园黄石假山，用悬崖高峰与临池深渊，构成为典型的高远山水的组景关系；在布局上，采用西高东低，西部临池处叠成悬崖峭壁，并用低水位、小池面的水体作衬托，以达到在小空间中，有如置身高山深渊前的意境联想；再加上采用浑厚苍老的竖置黄石，仿效石英砂质岩的竖向节理，运用中国画中的斧劈皴法进行堆叠，显得挺拔刚坚，并富有自然风化的美感意趣。

图4-15　高远（上海豫园假山）

（2）深远，表现山势连绵，或两山并峙、犬牙交错的山体景观，具有层次丰富、景色幽深的特点。如果说高远注重的是立面设计，那么深远要表现的则为平面设计中的纵向推进。在自然界中，诸如由于河流的下切作用等，所形成的深山峡谷地貌，给人以深远险峻之美（图4-16）。园林假山中所设计的谷、峡、深涧等就是对这类自然景观的摹写。

图4-16　自然界的深远

（3）平远,根据透视原理来表现平冈山岳，错落蜿蜒的山体景观。深远山水所注重的是山景的纵深和层次，而平远山水追求的是透迤连绵，起伏多变的低山丘陵效果，给人以千里江山不尽、万顷碧波荡漾之感，具有清逸、秀丽、舒朗的特点，正如张涟所主张的“群峰造天，不如平冈小阪，陵阜陂陁，缀之以石”。苏州拙政园远香堂北，与之隔水相望的主景假山（即两座以土石结合的岛山），正是这一假山造型的典型之作；其模仿的是沉积砂岩（黄石）的自然露头岩石的层状结构，突出于水面，构成了平远山水的意境（图4-17）。

图4-17　苏州拙政园之平远山水

上述所讲的“三远”，在园林假山设计中，都是在一定的空间中，从一定的视线角度去考虑的，它注重的是视距与被观赏物（假山）之间的体量和比例关系。有时同一座假山，如果从不同的视距和视线角度去观赏，就会有不同的审美感受。

五、假山的平面和立面设计[1]

园林假山的设计是在一定的空间内将假山的若干个组合单元度势布局，相宜构筑。《园冶·掇山》云：“岩、峦、洞、穴之莫穷，涧、壑、坡、矶之俨是……蹊径盘长，峰峦秀而古，多方胜景，咫尺山林，妙在得乎一人，雅从兼于半土。”意思是说：假山的峰峦洞壑等奇妙胜景的多方安排，是否具有山林之妙，主要还是得之于设计者的一人之功，而假山的雅趣，还得从叠石中留土而来，留土方能植树，以得山林之趣，否则假山便会了无生趣。所以园林假山的成败得失，第一就是假山的设计。在规模较大的园林中，假山的布局和设计常与建筑、植物等相结合，用假山连绵起伏的山势来划分空间，或在各个小空间中用假山来相互穿插，有分有合，以增加风景的曲折和深度。所以园林假山的设计首先必须充分考虑到园林的环境条件，然后根据造园的主题，因地制宜地来确定假山的布局、体量、走势、叠山类别以及艺术风格等。尽管在假山设计中无特定的成法，但在平面布局上，一般常采用不等边三角形的平面呼应式的组合关系，先确定主山，然后副山，再余脉，以求在空间构图和视觉上达到不对称的均衡，获得稳定的平衡感。以苏州留园中部的山水园为例，其假山的设计采用了“主山横者客山侧”的侧旁布局手法，将其主山安排在水池北，山势横向而立，山峦起伏，呈远山之势；副山（亦称辅山）则利用池西大型土石假山的局部（陡坡）列于主山之侧，并用云墙（龙脊墙）作隔景，以控制其体量，使山势显得险要高峻，山岩节理分明，既得近山之质，又具侧峰之势；在两山相交会的犄角处，用竖向的岩层结构构筑了幽深的峡涧（即中国传统山水画中的所谓“水口”），上架飞梁，作为联系过渡，再在池东用“小蓬莱”小岛作平衡（图4-18），形成了有绵亘、有起伏、有曲直、有过峡，形势映带，屈曲奔变的山林景象，堪得“横看成岭侧成峰”的山体意趣。游人从池西副山上俯视，觉得山高水深；而由主山南的池岸蹬道上观赏水面，又觉得水面近在眼前，具有水宽弥漫之感。这是在假山的山体造型上有意采用了错觉的手法，以达到山高水近的意境。人行其中，犹如置

[1] 原载《园林》2005年第6期。

身于群山间，时而在山侧，时而临水际，情趣盎然，其乐无穷。复杂的假山组合则可有若干个副山和余脉，并在平面布局上形成呼应或映衬的不对称多边形，以求均衡。

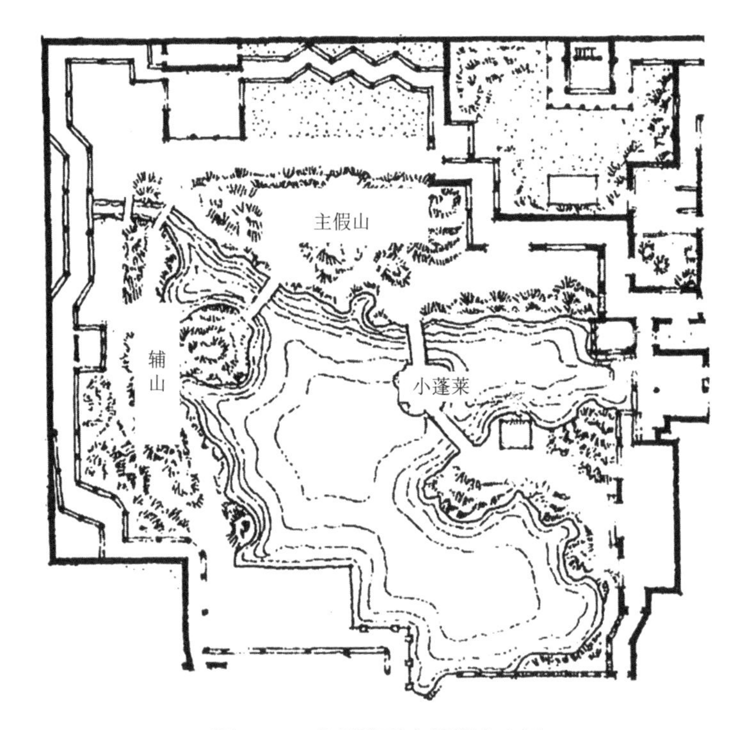

图4-18　苏州留园中部假山布局

假山的平面设计是结合园林地形进行合理布局，它只是空间构图的地形位置安排。而园林假山的关键还在于空间的立面观赏，所以假山的立面设计才是假山造型设计的关键所在，一座假山在平面设计时就应该构思其立面的造型问题。由于大自然中的山岳地貌的造型都是在重力作用下形成的，人类生活在地球表面上也受重力作用规律的影响，所以假山的立面造型必须以静力平衡为原则，即便是为了假山的艺术美，在其造型中出现不稳定感，但在结构力学上仍然必须做到按平衡分配法，获得静力平衡关系，以达到外形似不稳定中的内在平衡。具体而言，假山的立面设计应考虑到体、面、线、纹等问题。

体是指假山的体形，设计时除应充分考虑到视距与假山（被观赏景物）体量间的比例关系外，在具体的立面设计时，首先是它的体形，或高耸或平缓或巍峨或险峻，并对其山巅、山腰、山角等块体做出合理的布局和艺术处理，这方面的设计可充分借鉴中国传统山水画的画法来表达。对于立面设计的多个体形的组合，尤其是山峰的组合，我们也不妨借鉴一下空间三角形的组合方法，以苏州网师园“云冈”黄石假山为例，其所表现的是云雾缭绕的岩冈（冈即山脊），模拟的是自然景观中突兀耸立的硬质巨岩的断层地貌，三组于“天池”边突兀而起的黄石岩冈耸立于眼前，因而看不到左右的山脚，而其形成的却是断层岩体的层状结构节理[1]，这与耦园黄石假山所选用的竖直、巨大的黄石岩块而营造的险峻山峰，形成了鲜明的对比。这种空间三角形组合的特点是在各个观赏视点上，不会造成重叠图像的现象（图4-19）。

图4-19　借鉴苏州网师园云冈假山营造的太湖石假山

面是指一座假山在空间立面上所呈现出来的平、曲、凹、凸、虚、实等观赏质感。立面设计切忌铜墙铁壁式的平直，而应该利用石块的大小、纹理、凹凸以及洞壑等显示出明暗对比，正如画论所云：“而其凹处，天光所不到，石之纹理晦暗而色黑；至其凸处，承受天光，非无纹理，因其明亮而色常浅。”（沈宗骞《芥舟学画编》）如苏州耦园黄石叠砌的临水石壁，用横竖石块，大小相间，凹凸错杂，其与真山无异；而太湖石假山则应用大小石块钩带成涡、洞、皱纹等（图4-20）。同时，叠石应以大块为主，小块为辅，石与石之间应有距离，这样可在光照下形成阴影，或利于植物生长，否则满拓灰浆，会造成寸草不生，了无生趣。一般对整体立面的近山，常采取上凸、中凹、下直的手法来处理其面层结构；而如果是远山，则多用余脉坡脚，以体现“远山审其势，近山观其质”之理。

[1] 节理：是指岩层的连续性遭到破坏而形成裂隙的一种构造，其裂隙大小不一，或平行或纵横交错，将岩石切成多边形的条块。而断层则是岩层的连续性遭到破坏，并沿断裂面发生明显相对移动的一种断裂构造。

图4-20　苏州环秀山庄假山立面之涡、洞

线是指整座假山的外形轮廓线或局部层次轮廓线的综合。如留园中部的主山，其塑造的是平远山水中的远山景象，所以采用了水平状起伏的局部层次轮廓线，以求与辽阔弥漫的水面相协调（图4-21）。而环秀山庄的假山，将其主峰置于前部，利用左右的峡谷和较低峰峦作衬托，其立面从山麓到山顶，设计成若干条由低到高的斜向轮廓线，由东向西，犹如山脉奔注，忽然断为悬崖峭壁，止于池边，“似乎处大山之麓，截溪断谷”（张南垣语）之处，正如音乐的节奏和旋律一般，从低至强，起伏多变，直至高潮。

图4-21　与辽阔弥漫水面相协调的留园中部假山水平状轮廓线

六、假山叠石的基本技法❶

假山的叠石手法（或称技法），因地域不同，常将其分成北、南两派，即以北京为中心的北方流派和以太湖流域为中心的江南流派。其实北京假山自古多“石自吴人垒”（朱尊彝句），大多受江南叠山匠师的影响，如清初的李渔、张涟张然父子都属江南人氏，并在北京留有假山作品，尤其张涟、张然父子流寓京师，专事假山，名动公卿间，清初王士祯《居易录》云：“大学士宛平王公、招同大学士真定梁公、学士涓来兄游怡园，水石之妙有若天然，华亭（现上海松江）张然所造也。然字陶庵，其父号南垣，以意创为假山，以营丘、北苑、大痴、黄鹤画法为之，峰壑湍濑，曲折平远，经营惨淡，巧夺化工。南垣死，然继之。今瀛台、玉泉、畅春苑皆其所布置也。”其后人在北京专门以叠假山为业，人们称之为“山子张”，并有祖传安、连、接、斗、挎、拼、悬、剑、卡、垂“十字诀”，又流传有“安连接斗挎，拼悬卡剑垂，挑飘飞戗挂，钉担钩榫札，填补缝垫刹，搭靠转换压”的“三十字诀”。江南一带则流传为叠、竖、垫、拼、挑、压、钩、挂、撑等“九字诀”。其实其造型技法大致相同，都是假山在堆叠过程中山石之间相互结合的一些基本形式和操作的造型技法。目前这些基本叠石技法在假山施工过程中经常使用，并被列入了我国《假山工职业技能岗位鉴定规范》。现分述如下：

（1）安，即安置山石的意思。在苏州方言中习惯称作“搁”或“盖”。安石有单安、双安、三安之分，双安即在两块不相连的山石上安置一块山石，以在竖向的立面上形成洞岫；三安即在三块山石上安置一块山石，使之连成一体。所以安石主要通过山石的架空，来突出“巧”和“形”，以达到假山立面（观赏面）上的空灵虚隙（图4-22），这就是《园冶·掇山》中所说的“玲珑安巧”。

图4-22　由巧安而形成的宛如天然太湖石涡洞（苏州环秀山庄）

（2）连，即山石与山石之间水平方向的相互搭接。连石要根据山石的自然轮廓、

❶ 原载《园林》2005年第7、8期。

纹理、凹凸、棱角等自然相连，并注意连石之间的大小不同、高低错落、横竖结合，连缝或紧密，或疏隙，以形成岩石自然风化后的节理（图4-23）。同时应注意石与石之间的折搭转连。

图4-23　连（苏州环秀山庄）

图4-24　接（苏州常熟燕园）

（3）接，即山石与山石之间的竖向搭接。“接”要善于利用山石之间的断面或茬口，在对接中形成自然状的层状节理，这就是设计中所说的横向（水平）层状结构及竖向层状结构的石块叠置（图4-24）。层状节理既要有统一，又要富有变化，看上去好像自然风化的岩石一样，具有天然之趣。有时在上下拼接时，因山石的茬口不是一个平面，这就需要用镶石的方法，进行拼补，使上下山石的茬口相互咬合，宛如一石。

（4）斗，叠石成拱状，腾空而立为“斗”，它是模仿自然岩石经流水的冲蚀而形成洞穴的一种造型式样。叠置时，在两侧造型不同的竖石上，用一块上凸下凹的山石压顶，并使两头衔接咬合而无隙，来作为假山上部的收顶，以形成对顶架空状的造型，就像两羊用头角对顶相斗一样（图4-25）。这是古代叠山匠师们的一种形象说法。

图4-25　斗（苏州怡园假山）

（5）挎，是指位于主要观赏面的山石，因其侧面平淡或形态不佳时，便在其侧面茬口用另一山石进行拼接悬挂，作为补救，以增强叠石的立体感，称之为“挎”。挎石可利用山石的茬口咬合，再在上面用叠压等方法来固定，如果山石的侧面茬口比较平滑，则可用水泥等进行黏合。

（6）拼，即把若干块较小的山石，按照假山的造型要求，拼合成较大的体形。不过小石过多，容易显得琐碎，而且不易坚固，所以拼石必须间以大石，并注意山石的纹理、色泽等，使之脉络相通，轮廓吻合，过渡自然（图4-26）。

图4-26　拼（苏州网师园假山）

（7）悬与垂，均为垂直向下凌空悬挂的挂石，正挂为“悬”，侧挂为“垂”。“悬”是仿照自然溶洞中垂挂的钟乳石的结顶形式，悬石常位于洞顶的中部（图

4-27），其两侧靠结顶的发券石夹持。也有用于靠近内壁的洞顶的，而南京瞻园南山则在临水处采用倒挂悬石，情趣别具。“垂”则常用于诸如峰石的收头补救或壁山作悬等，用以造成奇险的观赏效果。垂石一般体量不宜过大，以确保安全。

图4-27　悬（南京瞻园假山）

（8）挂，石倒悬则为“挂”（图4-28），挂与悬相同，只是南北称谓不同。

图4-28　挂（苏州某宅）

图4-29　卡（苏州狮子林假山洞顶）

（9）卡，即在两块山石的空隙之间卡住一块小型悬石。这种做法必须是左右两边的山石形成上大下小的楔口，再在楔口中放入卡石（图4-29），其只是一种辅助陪衬的点景手法，一般常应用于小型假山中，而大型山石因年久风化易坠落而造成危险，所以较少使用。

（10）剑，将竖向取胜的山石，直立如剑的一种做法。山石剑立，竖而为峰，可构成剑拔弩张之势（图4-30），但必须因地制宜，布局自然，避免过单或过密。拔地而起的剑峰，如配以古松修竹，常能成为耐人寻味的园林小景。

图4-30　剑（苏州耦园假山）

（11）挑与压，一般用具有横向纹理的山石作横向挑出，以造成飞舞之势，所以又称“出挑”。“单挑”为一石挑出，“重挑”为挑石下有一石承托。如果要逐层挑出，出挑的长度最好以挑石的1/3为宜（图4-31）。挑石一定要选用一些质地坚固而无暗断裂痕的山石，其判别的方法，一般以轻敲听声来鉴别。如果是两端都挑出，则对挑石的选用更面需细心。现苏州假山匠师也有采用竖石做出挑的，但难度较高。“挑”的关键是“巧安后坚”，“前悬浑厚，后坚藏隐”，所以它和“压”具有不可分割的关系。“偏重则压”，即横挑而出的造型山石会造成重心外移，偏于一侧，这时就必须要用山石来进行配压，使其重心稳定，所以压石尤以能达到坚固而浑然一体最为重要。一般一组假山或一组峰峦，最后的整体稳定是靠收顶山石的配压来完成的，此时则需要选用一些体量相对较大、造型较好的结顶石来配压收顶，这样会显得既稳固又美观。

图4-31　挑与压（苏州拙政园黄石假山）

（12）飘，挑头置石为“飘”。飘石的使用主要是丰富挑头的变化。飘石的选用，其纹理、石质、石色等应与挑石相一致或协调。在传统上，有时还可将飘石处理成各种的动物形象（图4-32）；而在现代叠石技法上，在传统的“飘”的叠法基础上，又有了新的突破和发展，它常选用一些体量较小，具有狭长、细弯、轻薄等特征的山石，按照造型构思，利用黏结材料以及捆、绑、卡、夹、支、撑、挂等方法，进行定位、定形，从而创作出一种石与石之间，具有留空、留白特点的镶石或搭接技术，通过“飘”的处理，能使假山的山体外形轮廓显得轻巧、空透、飘逸（图4-33）。它多用于太湖石假山类型中的小品堆叠。

图4-32　飘（苏州某宅）

图4-33　飘（苏州吴江同里退思园）

（13）叠，“岩横为叠”，即用横石进行拼叠和压叠，以形成横向岩层的结构的一种叠石技法，这是传统假山堆叠中最常用的方法。如网师园“云冈”黄石假山的造型，就是运用了以“岩横为叠”的主要手法而构成的（图4-34）。但在具体堆叠中，必须留意石与石之间的纹理相一致，

图4-34　叠（网师园云冈黄石假山）

（14）竖，是指石壁、石洞、石峰等所用的直立之石的一种叠石技法。用竖石进行竖叠，因所承受的重量较大，而受压面又较小，所以必须要做好刹垫，让它的底部平稳，不失重心，并拼接牢固（图4-35）。黄石假山的风格有横叠和竖叠之分，如耦园黄石假山中的悬崖和矗峰就是用竖叠这种竖向的岩层结构进行施工造型的，在竖叠时，应注意拼接的咬合无隙，有时则需多留些自然缝隙，不作满镶密缝，以减少人工痕迹。

图4-35　竖石（苏州怡园绛霞假山洞口）

（15）垫，处理横向层状结构时所用的刹石。在向外挑出的大石下面，为了结构稳妥和外观自然，形成实中带虚的效果，特垫以石块。此外，在假山施工过程中，都必须注意用搓片进行垫实，只有这样，才能使山石稳定牢固（图4-36）。古代假山的堆叠，向来以干砌法为主，即在不抹胶粘材料（如灰浆等）的前提下，使构成假山的山石重心稳定，结构牢固。所以说，叠山垫石最为关键。而胶粘材料除了增加假山的整体强度外，还具有修饰山石间的拼接，使其天衣无缝，浑然一体，并有自然岩体的风化趣味。垫足垫稳，不但可省胶粘材料，而且坚固胜之。

图4-36　垫（苏州艺圃）

（16）钩，即山石在横平伸出过多的情况下，在挑出的造型山石的端部，放置一块具有转折形态和质感的小型山石（图4-37），或向下作悬钩，以改变横向造型的呆滞。“钩”也是“金华帮”传统的叠石方法，它主要用山石和辅助铁件进行石与石之间的钩接收头，或对以条石为框架的假山山体的包贴。

图4-37　钩（苏州狮子林假山）

（17）撑，也称“戗”，即用斜撑的支力来稳固山石的一种做法（图4-38）。山石偏斜、悬挑、发拱收顶等均要用撑。撑石必须选择合理的支撑力点，外观还应与山体的脉络相连贯，以浑然一体。撑因与黄石假山的横平竖直的岩层节理不甚相符，所以不相适用，它常用于太湖石假山中，但也仅作为一些特殊置石的辅助加工和修饰，而且一般其用石也较小。

图4-38　撑（苏州狮子林拼峰）

以上所列的南北叠石字诀，只是古代叠山匠师在假山造型施工中的一些典型手法，这些造型手法在实际施工中应灵活运用，切不可拘泥形式，刻意去追求。

七、假山的基础工程[1]

堆叠假山和建造房屋一样，必须先做基础，即所谓的“立基”。首先按照预定设计的范围，开沟打桩。基脚的面积和深浅，则由假山山形的大小和轻重来决定。计成在《园冶》“立基”条中说：“假山之基，约大半在水中立起。先量顶之高大，才定基之浅深。掇石须知占天，围土必然占地。最忌居中，便宜散漫。”所以园林假山的堆叠必须从设计出发，做到胸有成竹，意在笔先，先确定假山基础的位置、外形和深浅等，否则当假山的基础已出地面，再想改变假山的整体形状，增加高度或体量，就很困难了。一般假山基础的开挖深度，以能承载假山的整体重量而不至于下沉，并且能在久远的年代里不变形的要求为原则。同时也必须做到假山工程造价较低而施工简易的要求。

[1] 原载《园林》2005年第9期。

假山工程的基础可分为陆地和涉水两种，在做法上又有桩基、灰土基础和混凝土基础之分。

桩基：这是一种最古老的假山基础做法，《园冶·掇山》说："掇山之始，桩木为先，较其短长，察乎虚实。"尤其是水中的假山或假山驳岸，用得较为广泛。其原理是将桩柱的底头打到能接触到水下或弱土层下的硬土层，以形成一个人工加强的支撑层，桩柱在假山基础范围内均匀分布，这种桩称为"支撑桩"。平面布置按梅花形排列的则称"梅花桩"；用以挤实土壤，以加强土壤承载力的，则称之为"摩擦桩"。桩柱通常多选用柏木或杉木，以取其通直而较耐水湿。桩粗一般在10～15厘米左右，桩长一般在100厘米以上至150厘米以上不等。如做驳岸，少则三排，多则五排，排与排之间的间距一般在20厘米左右。在苏州古典园林中，凡有水际驳岸的假山基础，大多用杉木桩，如拙政园水边假山驳岸的杉木桩长约150厘米；而北方则多用柏木桩，如北京颐和园的柏木桩长约160～200厘米。桩木顶端露出湖底十几厘米至几十厘米，其间用块石嵌紧，再用花岗石条石压顶。条石上面再用毛石和自然形态的假山石（图4-39），即《园冶·掇山》所云："立根铺以粗石，大块满盖桩头。"条石和毛石应置于最低水位线以下，自然形态的假山石的下部亦应在水位线以下，这样不仅美观，也可减少桩木的腐烂，所以有的桩木能逾百年而不坏。

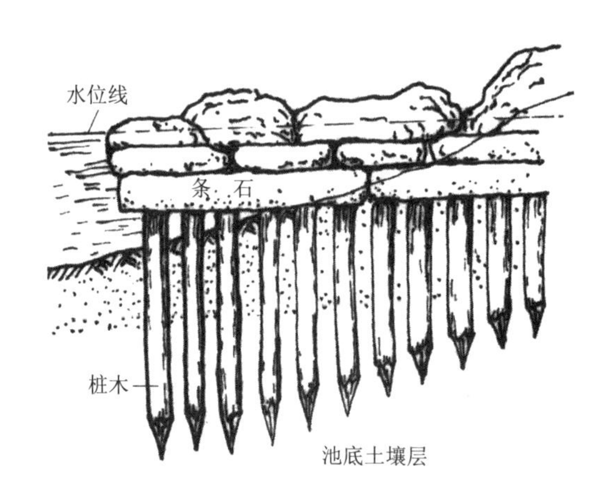

图4-39　假山桩基示意图

除了木桩之外，也有用钢筋混凝土水泥桩的。由于我国各地的气候条件和土壤情况各不相同，所以有的地方，如扬州地区为长江边的冲积砂层土壤，土壤空隙较多，通气较多，加之土壤潮湿，木桩容易腐烂，所以传统上还采用"填充桩"的方法。所谓填充桩，就是用木桩或钢杆打桩到一定的深度，将其拔出，然后在桩孔中填入生石灰块，再加水捣实，其凝固后便会有足够的承载力，这种方法称为"灰桩"；如用碎瓦砾来充填桩孔，则称为“瓦砾桩”。其桩的直径约为20厘米，桩长一般在60～100厘米左右，桩边的距离约为50～70厘米。苏州地区因其土壤黏性相对较强，土壤本身就比较坚实，对于一般的陆地置石或小型假山，常采用石块尖头打入地下作为基础方法，称为“石钉桩”，再在缝隙中夹填碎石，上用碎砖片和素土夯实，中间铺以大石块；若承重较大，则在夯实的基础上置以条石。北京圆明园因处于低湿地带，地下水成了破坏假山基础的重要因素，包括土壤的冻胀对假山基础的影响，所以其常用在桩基上面打灰土的方法，以有效地减少地下水对基础的破坏。

灰土基础：某些北方地区，因地下水位不高，雨季比较集中，这样便使灰土基础有个比较好的凝固条件。灰土一经凝固，便不透水，可以减少土壤冻胀的破坏。所以在北京古典园林中，对位于陆地上的假山，多采用灰土基础。灰土基础的宽度一般要比假山底面的宽度宽出50厘米左右，即所谓的“宽打窄用”。灰槽的深度一般为50～60厘米。2米以下的假山，一般是打一步素土，再一步灰土。所谓的一步灰土，即布灰30厘米左右，踩实到15厘米左右后，再夯实至10多厘米的厚度左右。2～4米高的假山，用一步素土、两步灰土。灰土基础对石灰的要求是，必须选用是新出窑的块灰，并在现场泼水化灰，灰土的比例为3∶7，素土要求是颗粒细匀不掺杂质的黏性土壤。

混凝土基础：近代假山一般多采用浆砌块石或混凝土基础，这类基础耐压强度大，施工速度快。块石基础常用没有造型和没有多少利用价值的假山石，或花岗石毛石、废条石等筑砌，所以也称毛石基础。这种基础适用于中小型假山。其基础的厚度根据假山的体量而定，一般高在2米左右的假山，其厚度在40厘米左右，4米左右的假山，其厚度则在50厘米左右；毛石基础的宽度应比假山底部宽出30厘米以上。毛石需满铺铺平，石块之间相互咬合，搭配紧密，缝隙用碎石及水泥砂浆或混凝土灌实做平，使它连成整体。堆叠大型假山则常采用钢筋混凝土整板基础，先需要挖土到设计所需的基础深度，人工夯实底层素土，再用混凝土做厚约7～10厘米的垫层，然后再在上面用钢筋扎成20厘米左右见方的网状钢筋网，最后用混凝土浇筑灌实，经一周左右的养护后，方可继续施工。

在假山施工中还有“拉底”一说。所谓的拉底，就是在假山基础上叠置最底层的自然假山石，其正如《园冶·掇山》所说的：“方堆顽夯而起，渐以皴文而加。”选用顽夯的大块山石拉底，具有坚实耐压、永久不坏的作用，同时因为这层山石大部分在地面以下，小部分露出地表，而假山的空间变化却都立足于这一层，所以古代叠山匠师们把拉底看作是叠山之本。其要点：一是统筹向背，即根据设计要求，统筹确定假山的主次关系，安排假山的组合单元，再来确定底石的位置和发展态势。二是曲折错落，即假山底脚的轮廓线一定要打破直砌僵硬的概念。三是断续相间，即假山底石所构成的外观，不是连绵不断的，选石上要根据大小石材成不规则的相间关系安置，以为假山中层的

“一脉既毕，余脉又起”的自然变化作准备。四是紧连互咬，虽然外观上有断续变化，但结构上却必须一块紧咬一块，具有整体性。五是垫平安稳，以便于继续施工。

八、假山山体的分层施工[1]

当假山的基础工程结束和基石（即拉底）的定位、垫平安稳后，就开始假山山体的分层堆叠了。一般我们将假山分成基础层、中层和顶层。基石（基础层）以上到顶层以下的中间层是假山造型的主要部分，它所占的体量最大，结构复杂多变，并起着接下托上、自然过渡的作用，同时又是引人玩赏的主要部分，所以其一石一式都会对假山的整体造型起着决定性的作用。

中层叠石在结构上要求平稳连贯，交错压叠，凹凸有致，并适当留空，以做到虚实变化，符合假山的整体结构和收顶造型的要求。具体叠砌的要领应做到：

（1）接石压茬：即所叠砌的山石，上下衔接必须紧密压实（图4-40）。其除了有意识地大块面闪进以外，应避免下层山石的上面闪露出一些破碎的石面，北方假山匠师们称之为“避茬”，认为“闪茬露尾”会流露出人工的痕迹而失去自然气氛，会表现出皴纹不顺。但有时为了要产生虚实变化，有意识地留有茬口或隙缝，不过在上一层的叠压过程中，必须正确地选择三个以上的支点进行叠压，然后再用刹片进行刹紧封茬，以形成山石的风化节理。

图4-40　接石压茬（苏州常熟燕园）

[1] 原载《园林》2005年第10期。

（2）偏侧错安：即在叠置山石时，力求破除对称形体，避免四方形、长方形、品字形或等腰三角形的出现，讲究运用折、搭、转、换的技巧手法（图4-41）。所谓的折，是指山形在局部块体上的变化，由一个方位折向另一个方位上去；搭是指假山块体的搭接，在按层状结构的叠置中，必须有搭接处才会有过渡关系；转即假山块体在空间方位上的变化，由一个方向转到另一个方向上去；换则是假山块体由一种节理层状，换为另一种形式，如水平的层状节理换为竖向的层状节理。所以只有偏安得致，才能使假山的山体错综成美。

图4-41　偏侧错安（苏州环秀山庄）

（3）仄立避“闸”：假山石的叠置可立、可卧，也可似蹲状。但仄立的两块山石则不宜像闸门一样（图4-42），否则很难和一般叠置的山石相协调。不过这也并不是绝对的，在自然界就有仄立如闸的山石，如在作为余脉的卧石处理时，可少许运用，但必须处理得很巧妙。

图4-42　仄立避“闸”

（4）等分平衡：当放置基石即拉底时，平衡问题尚不突出，但当叠砌到中层时，因重心升高，山石之间的平衡问题就表现出来了。《园冶》中所说的“等分平衡法”，就是处理假山平衡的要领。所谓的“等分平衡法”是指在掇山叠石时，应注意假山体量的平衡，以免畸轻畸重，发生倾斜。

崖壁的堆叠和起洞是假山中层的主要形式。在叠置崖壁时，如作悬挑，其挑石应逐步分层挑出（图4-43），过渡要自然，并能满足正、侧、仰、俯等多视角观赏的要求，上面压石的重量应为挑石重量的一倍以上，以确保稳定，正如《园冶》所云：“如理悬岩，起脚宜小，渐理渐大，及高，使其后坚能悬。”这里的“后坚能悬”就是指作悬崖时因层层向外挑出，重心前移，因此必须要用数倍于前沉的重力来稳压内侧，把前移的重心再拉回到假山的重心线上来。

图4-43　崖壁竖挑（苏州常熟燕园）

关于假山洞，《园冶》说：“理洞法，起脚如造屋，立几柱着实，掇玲珑如窗门透亮，及理上，见前理岩法，合凑收顶，加条石替之，斯千古不朽也。”说明古代假山山洞的一般结构都是梁柱式的。假山山洞的洞壁是山洞的支架，它由柱和墙两部分组成，在平面上，柱是点，墙是线，而洞就是面。古代不少梁柱式的假山洞采用花岗石条石为梁，或间有“铁扁担”加固，这种方法即便用石加以装饰，但洞顶和洞壁之间还是很难融为一体，缺乏自然。另一种则采用“叠涩”的方法，用山石向山洞内侧逐渐挑伸（图4-44），至洞顶再用自然山石为梁压盖，这种方法也称为“挑梁式”，其两端的搭接部分，每端应在15厘米以上。

图4-44　叠涩（苏州常熟燕园）

还有一种就是清代乾嘉年间戈裕良所创造的券拱式的假山洞顶结构，钱泳在《履园丛话》中说："近时有戈裕良者，常州人……。尝论狮子林石洞皆界以条石，不算名手，余诘之曰：'不用条石，易于倾颓奈何？'戈曰：'只将大小石钩带联络，如造环桥法，可以千年不坏。要如真山一般，然而方称能事。'余始服其言。"由于这种券拱式结构的承重是逐渐沿券成环拱挤压传递，所以不会出现如梁柱式石梁的压裂、压断的危险，而且能顶壁一气，整体感强（图4-45）。同时可在其中心部位夹挂悬石，以产生钟乳石垂挂的效果。

图4-45　假山洞顶（苏州环秀山庄）

假山的收顶（也称结顶）是假山最上层轮廓和峰石的布局，由于山顶是显示山势和神韵的主要部分，也是决定整座假山重心和造型的主要部分，所以至关重要，它被认为是整座假山的魂。收顶一般分为峰、峦和平顶三种类型，尖曰峰，圆曰峦，山头平坦则曰顶。总之收顶要掌握山体的总体效果，与假山的山势、走向、体量、纹理等相协调，处理要有变化，收头要完整。

九、假山的镶石拼补与勾缝[1]

在叠石掇山中，大块面的山石叠置只是完成假山的整体框架，而假山的细部美化和艺术加工，使假山成为一个具有整体性的造型艺术品，则很大程度上是要依靠镶石拼补与勾缝这一重要环节来完成的。镶石拼补不但能连接和沟通山石之间的纹理脉络，而且还能起到保护垫石的作用。当假山在叠砌过程中，发现某个部位在造型上有所缺陷，往往采用在纹理一致、色泽相同、脉络相通的同一种山石来进行镶石拼补。如果说假山的大块面整体堆叠，犹如绘画中的“大胆泼墨”，那么假山的镶石拼补，则就像是绘画中所谓的“小心收拾”。所以假山的镶石拼补至关重要。就其一般要求而言，假山的镶石拼补首先要符合造型需要，所选的山石，宜大则大，能用一整块山石就用一整块山石，而决不用两块山石相拼相补，以避免琐碎满补；其次是拼补连接要自然，使所镶补的部分与整体能混同一体，宛如一石，浑若天成（图4-46）。

图4-46　拼补（苏州环秀山庄）

[1] 原载《园林》2005年第11期。

假山的镶石拼补的手法，一般有支撑法、卡夹法等。所谓的支撑法，就是对要拼、悬、垂、挂的山石，用粗细不同，长度适中，具有一定支撑力的棍棒，来进行支撑镶补，以避免因重力作用而松动、脱壳，影响胶结。其要点，一是要选择正确的支点；二是要撑紧、撑牢，决不能有所松动。对于因假山所镶补的部位较高，支撑难以做到的时候，或所镶补的石块相对较小时，则可采用卡夹的办法来固定。所谓的卡夹法就是用一定粗度的钢筋，做成像弹簧夹子一样的东西，用来夹住固定所要镶补的石块。对于以上二法，所镶补的石块先要抹以水泥砂浆；镶石所用的砂浆，要求有一定的黏度，一般用过筛的中细砂，水泥与黄沙的配比不低于1∶3。只有当其胶结硬化、连固之后，才能撤除支撑或卡夹物。如果在假山的镶石拼补工序完成后，接着进行勾缝工序，这是最理想的做法。因为这样可以避免在进入勾缝工序时，对镶石拼补时所留有的干结了的砂浆，再进行烦琐的刮凿。勾缝，在江南一带称作“嵌缝”，而北方则常叫作“抹缝”，这是假山工程中的一道修饰工序。其作用是对所堆叠的山石之间和因镶石拼补后所留有的拼接石缝，进行补强和美化，使它们连成一体，成为一个有机整体（图4-47）。

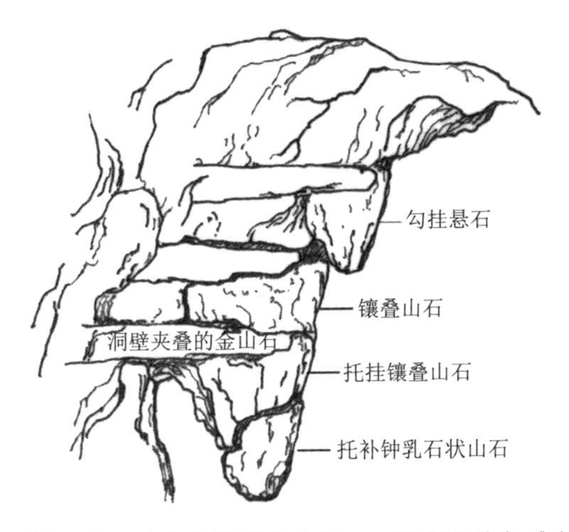

图4-47　镶石拼补示意图（南京瞻园南山洞口，摹自孙俭争《古建筑假山》）

假山勾缝的程序，一般从假山的底部开始，由下而上，先里后外，先暗后明，先横后竖，逐渐展开。如果上、下两块叠砌的山石的缝隙过大，出现中空现象，那么要用混凝土进行充填，再用镶石勾缝。从前考究的是明清假山，常用糯米汁掺适当的石灰，捣制成浆，来作为胶粘材料；还有一种就是用明矾汁拌石灰，干结后它们的硬度都很高，即使是一锤砸下，也只能砸出一个小坑，而不太会破碎。此外，尚有桐油石灰（或加纸筋）和石灰纸筋等做法，但干结凝固较慢。在太湖石假山勾缝时，再加青煤，使石灰的白色近似于太湖石的石色；如果是黄石假山，则勾缝后再用铁屑盐卤进行粉刷所嵌之缝，使其和黄石色泽相混同。现代假山勾缝所用的材料则都是水泥砂浆，水泥和过筛的细黄沙配比标准，一般为1∶3。太湖石假山因水泥砂浆和自然的太湖石色泽基本接近，所以一般不再掺色。如果是黄石假山则必须加入土黄色粉，以近似黄石的色泽，现一般常用铁红和中黄两种氧化亚铁颜料，按不同需要配比。勾缝所用的工具为“柳叶抹”，这是一种稍具弹性、狭长微弯的铁钢片。勾缝的手势操作有横勾、竖勾、倒勾等方法，勾缝时，应用力压紧。太湖石假山的勾缝，应沿着拼石的轮廓曲线的走向，线条要柔软自然，避免僵直，接缝要细腻，与山石要混为一体。黄石假山的勾缝，要与黄石的层积岩节理纹路相一致，有时要显出石缝，将勾抹材料隐于缝内，即形成“暗缝”，以形成较大的节理裂缝，有天然风化之趣；尤其是在处理崖壁等造型时，勾缝应多留些横缝、竖缝以及凹缝。在勾缝2～3小时后，水泥砂浆尚未最终凝固时，再用刷子进行蘸水刷缝。总之，假山的勾缝要求饱满密实，收头要完整，适当留出山石缝隙（图4-48）。

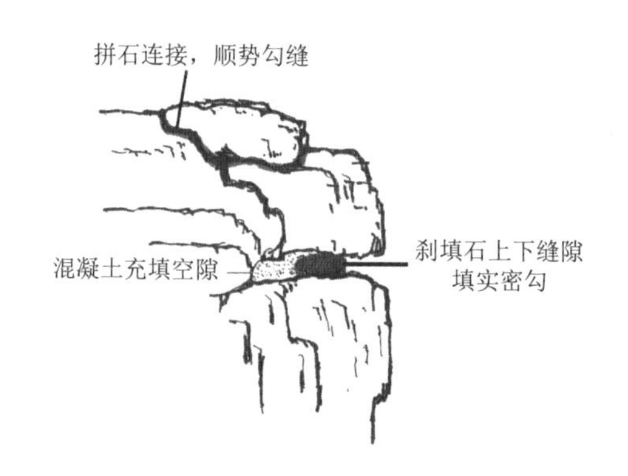

图4-48　勾缝示意图（摹自孙俭争《古建筑假山》）

十、立峰[1]

我们经常会在园林中看到由单块山石竖向布置成独立峰石的景观，这就是我们常说的置石中特置山石的一种常见形式。单块特置的峰石正如北魏郦道元在《水经注》中对承德避暑山庄东侧“磬锤峰”所描写的那样：“挺在层峦之上，孤石云峰，临崖危峻，可高百余仞。”它是以自然界中孤峙无倚的山石作蓝本（如大家所熟知的安徽黄山飞来峰），采用特置的形式，以“一峰则太华千寻”的浓缩洗练手法，显现出峰石独特的个体美，它好比是单字书法或特写镜头，突出其自身的完整性和自然美。

[1] 原载《园林》2005年第12期。

峰石的特置在我国的园林发展史上是运用得比较早的一种山体意匠表现形式，古代的园主们也常以奇峰异石而争相夸耀，宋徽宗赵佶甚至还给峰石加封爵位，赐以“神运”“昭功”“敷庆”“万寿”等峰名，“独‘神运峰’广百围，高六仞，锡爵‘盘固侯’”（祖秀《华阳宫记》）。现在苏州的瑞云峰、冠云峰就是这一时期（北宋花石纲）的遗物；峰石同时也是园主确证自我，张扬个性，展示其精神世界与审美情趣的集中体现，诸如米芾拜石、寒碧庄（留园前身）主人刘恕自号“一十二峰啸客”等等。正是这种体量极大、姿态多变的峰石具有独特的观赏性，所以如果把它们和一般山石相混用，则无异于投琼于甓，埋没了它应有的价值。因此它常被特置于主要的观赏位置，作为观赏主景而加以应用，如苏州留园的冠云峰、上海豫园的玉玲珑等。

传统的特置峰石常安置在整形的基座上，或整块的自然山石基座上，这种自然的山石基座称之为“磐”。其在工程结构方面的要求是稳定和耐久，而其稳定、耐久的关键则是要掌握峰石的重心线，使其重心垂直向下而不偏离重心线，使峰石保持平衡。我国传统的做法是在峰石的基座上凿“笋眼”（即榫眼），将峰石的底部置于笋眼之中（图4-49），《园冶》云：“峰石一块者，相形何状，选合峰纹石，令匠凿笋眼为座，理宜上大下小，立之可观。”意思是说：对于单块特置的峰石，先要仔细察看它是什么形状，再选择和峰石的纹理、色泽等相类似的山石，让工匠把它凿成带笋眼的基座，然后将峰石按上大下小的形体安装其上，竖立起来，这样才会好看。对峰石的底部也可略作加工，形成石笋头，笋眼的大小和深度应根据峰石的体量和底部石笋头的形状而定，一般笋眼直径和深度应比峰石下部的石笋头略大、略深一些，吊装前先在笋眼中浇灌少量的胶粘材料，吊装时应将峰石悬空垂直，仔细审视它的重心线，并随时矫正，然后徐徐落下，投入基座笋眼之中，空隙处可用小石片刹实，再灌浆稳固。至于现代立峰，由于胶粘材料强度增大和工艺水平的提高，其做法相对简单，一般基座上不再凿以笋眼，而直接在基座上进行安置，方法和传统立峰相同，其要点也是重心线垂直向下，用刹片垫实、固定，再用水泥砂浆进行勾缝，连成整体。峰石的材料也从以前单一的太湖峰石扩大到了黄石等石种，进行立峰特置，尤其是现代绿化景观中常有应用。

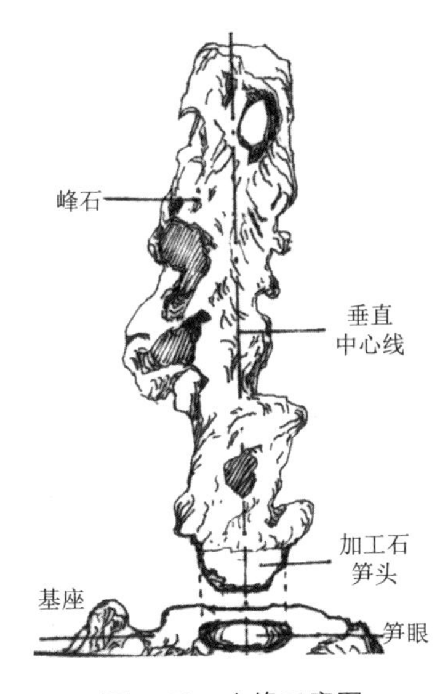

图4-49　立峰示意图

除了单块特置的峰石外，由于好的峰石难以寻觅，或囿于经济等条件，也有用两三块或数块形态、纹理、色泽、皴皱等近似的造型山石进行拼叠而形成石峰的，这种布石形式称之为拼峰，这是一种较为复杂的置石形式。《园冶》云：“或峰石两块、三块拼叠，亦宜上大下小，似有飞舞势。或数块掇成，亦如前式，须得两三大石封顶。须知平衡法，理之无失。稍有欹侧，久之逾欹，其峰必颓，理当慎之。”因此在堆叠拼峰时，必须要按等分平衡法的原理，先确定重心，然后再由下向上，进行层层堆叠，其既要注意压力集中于一点，使重量能左右平衡，又要讲究造型，与独块峰石一样，保持上大下小，并且要使左右有飞舞之势，苏州古典园林中比较著名的如狮子林的“九狮峰”“三元及第峰”等，九狮峰是一组由太湖石进行拼叠而成的大型石峰，峰体俯仰多变，玲珑多孔，介于似与不似之间的九只形态各异的狮子蹲伏其中，其堪称金华帮假山的扛鼎之作（图4-50），这种用太湖石模拟动物造型的叠峰有人称之为“堆塑”，意为犹如一种用太湖石进行抽象雕塑一样。

图4-50　苏州狮子林九狮峰

在江南园林中，除了太湖石峰外，我们还经常会看到用石笋石、斧劈石等剑立来点缀或组合成假山小景的作品，其布置形式，或一峰单置剑立，或二三组合成景。其要领：一是要选择形体笔直似剑的石材；其次在组合上应讲究主次分明、疏密恰当、聚而不靠、分而不孤、错落有致，如扬州个园的四季假山中的春山石笋石配置。

十一、假山小品[1]

小品一词本为佛家用语，是指佛经的略本，后被明代文人用来借指一种小型的散文，它与洋洋洒洒的大赋骈文、铭诔策论相比，小品文因无拘无束，无格无体，因小而更能集中其精神和灵魂，能写到率真得意而妄言，小中见大，所以能使心灵丰富的读者读了会有畅然解颐或喟然长叹之感；而眼下舞台和荧屏上的小品亦能使亿万观众捧腹，甚而流泪。如果说将园林中的假山比作是恢宏的长篇巨著，那么园林中的假山小品则恰似闲雅自然的小品文，细细品来，似清茶，或淡酒，如小盏独酌，淡而味大。假山小品或称叠石小品是指山石用量较少，结构比较简单的一类，诸如山石散置点缀，或用来陪衬建筑、种植花木、护坡挡土的叠石，它主要起到点缀空间、完美园景的功能，使建筑、植物、园路、水系等更趋自然，更具观赏效果。

[1] 原载《园林》2006年第1、2期。

（1）散置点缀：所谓的散置点缀就是集中一地，将多块大小不同的山石，依照一定的地形或配景要求，攒三聚五、若断若续地自然散放或点缀。在山石的具体布置上，根据其形态、面张，或平伏，或仄立，或叠砌，做到有聚有散，有断有续，有高低，有曲折，既有层次，又要主次分明，在形式上虽为“散漫理之”，却能顾盼呼应，神气相聚。正如明清之际画家龚贤在其《画诀》中所说的那样：“石必一丛数块，大石间小石，然而联络。面宜一向，即不一向，亦宜大小顾盼。石小宜平，或在水中，或从土出，要有着落。”这种置石方式一般多用于土山、树丛根际、园路或门景两侧等土方的点缀，如苏州“耦园”园门的两侧，用几块太湖石进行有机的叠置，再配置黑松，从两侧来护卫园门，组成了引人入胜的门景。而苏州狮子林的立雪堂前庭园，则用山石组合成象形的“狮子静观牛吃蟹”（图4-51）和贝氏家族的族徽三脚“金蟾”等来点缀。

图4-51　“狮子静观牛吃蟹”中的狮子造型

（2）山石花台：山石花台在江南园林中运用甚广，它也是古典园林中特有的一种花坛形式，多见于厅前屋后、轩旁廊侧，或山脚池畔。由于江南一带雨水较多，地下水位相对较高，而一些传统名花如牡丹、芍药等性喜高爽，要求排水良好的土壤条件，因此采用花台的形式，可为这些观赏植物的生长发育创造适宜的生态条件。同时山石花台的形体可随地应变，曲折自由，小可占角，大可成山，更能和壁山相结合，以形成层次，庭院因采用山石花台形式而使其空间多变，地面铺装自然。园林中的花台根据其空间布置形式可分为独立式花台、沿边式花台、角隅式花台和多层式花台等多种。

独立式花台：也称中央围圆式花台，它一般位于庭院的中央，四周用自然山石叠置，其高度应根据空间的大小而定，一般不超过70～80厘米，在叠置山石时应注意其轮廓的曲折、凹凸、进退变化及高低起伏。如苏州留园的揖峰轩南的主庭中央花台，周边用太湖石错落驳砌，中置一峰石，四周植以牡丹，花时芳姿丽质，超逸万卉。

沿边式花台：这是一种沿着园林中建筑物的边墙而筑的山石花台，其既可少占庭院的地面活动面积，又可借墙面的衬托，展示出一幅幅耐人玩味的树石长卷。沿边式山石花台的宽度常随着空间的不同而不同，大多在1～2米左右，叠置时应注意其边缘的蜿蜒曲折多变和高低起伏有状，中间适当树以突出的小峰石或石笋石等，所配置的花木，应选择其姿态能与假山石的造型相协调，并注意其高低起伏和四季不同的观赏品种。少数因空间逼仄，直接用山石紧贴墙面而筑，再在山石和墙体的空隙中填土植以小竹或芭蕉之类的植物（图4-52），如苏州留园的揖峰轩后庭。

图4-52　沿边式花台（狮子林）

角隅式花台：用自然山石依墙角而筑的角隅式假山花台能充分利用墙体的转弯抹角，“化死角为神奇”，用自然山石进行叠置，恰似裸露的基岩，再在岩石所包围的空隙处，进行填土，植树栽草，丛蕉竹石，疏影摇墙，能韵人而免于俗（图4-53）。

图4-53　角隅式花台（耦园）

多层式花台:这是一种以小型花台为原型的扩展，在叠置上采用覆土层叠的方法，以体现其层次变化和立体感，如怡园的锄月轩南侧的牡丹花台，其依庭院的南墙而筑，自然地跌落成互不遮挡的三层花台，两旁则用太湖石踏跺抄手引上，可游可观，花台的平面布置委婉曲折，道口上石峰散立，错落有致，正对锄月轩的墙面上，按照壁山做法，叠置了作主景的假山峰石。

（3）护坡叠石和挡土点缀：在江南古典园林中，我们常常能看到在堆土的土山山坡边叠置有大量的山石，或散置山石，这些山石既可阻挡和分散地表径流，防止因雨水冲刷而造成水土的流失，具有挡土墙的性质，同时又是处理山体层次和曲折变化的艺术手法，有时还常常和园路相结合，以引导游人观赏山体景色（图4-54）。有的则因受到园林用地面积的局限，而又要堆叠起较高的土山，这时则常用山石来作为土山山体的山脚，以缩小土山所占的底盘面积，而又可堆叠起具有相当高度和体量的假山。护坡叠石的处理，一般应注意外观上的曲折多变、起伏有序、凹凸多致，有交叉退引、有断有续，讲究层次变化，并能与山脉相结合，以体现山体的自然过渡和延续。在土山的造型处理上，护坡叠石还常与山体上的园路、蹬道和一些点缀的亭台建筑物相呼应，以体现层次变化，错落有致。而挡土点缀多适于土石相间的假山配景或树木盘根的保护。

图4-54　护坡叠石（苏州怡园）

（4）踏跺和蹲配：这是一种用山石来点缀或陪衬建筑的常用手法，其主要目的是在于丰富建筑的立面，强调建筑的出入口。由于我国的园林建筑大多筑于台基之上，内高而外低，这样建筑的出入口就需要用台阶来作为室内外上下的衔接部分，一般建筑物常采用整形的石阶，而园林建筑则常用自然山石来替代条石台阶，叠砌成自然式的踏跺，俗称假山踏步，雅称“如意踏跺”，以含平缓舒坦、吉祥如意之意（图4-55）。由于园林空间和庭院布置强调的是自然环境，所以采用自然踏跺，不仅具备了台阶的功能，而且有助于处理从人工建筑到自然环境之间，以及室内到室外的过渡。这种假山踏步一般选用扁平形状的山石，每级的高度一般在10～25厘米，而且每个台阶的高度也不一定要完全相等，最高的一个台阶可与建筑物的室内地面台基等高、做平衔接，这样可以使人从室内出来，下台阶前有个准备。在叠砌时以上石压下石缝，上下交错，上挑下收，以免人上台阶时脚尖碰到石级上沿，即不能有“兜脚”。山石的每一级应叠砌平整，其形式常做成荷叶状，并有2%左右的下坡方向的倾斜度，以免积水。江南园林中的山石踏跺有石级并列、相互错列以及径直而上、偏径斜上等诸种形式。当建筑物的台基不高时，可做成前坡式的踏跺，如苏州狮子林“燕誉堂”前的踏步。当建筑物的台基较高，人流量较大时，则可采用从两侧分道而上的踏跺，如苏州留园“五峰仙馆”大厅前的踏步。

图4-55　自然式踏跺（苏州狮子林）

图4-56　蹲配（苏州耦园）

蹲配是常和踏跺配合使用的一种置石形式（图4-56），它可以用来遮挡因踏跺层层叠砌而两端不易处理的侧面，同时还可兼备垂带和门口对置装饰的作用，但又不同于门口对置的石狮子等形式，在外观上可极尽山石的自然之态和高低错落变化，不过在组合上应注意均衡呼应的构图关系。

（5）抱角和镶隅：由于园林建筑物的墙面多成直角转折，墙角的线条比较平直和单调，所以常用山石进行包贴、美化。对于外墙角，用山石来紧包基角墙面，以形成环抱之势，称之为抱角（图4-57）。对于内墙角，则以山石填镶其中，称之为镶隅（图4-58）。山石抱角的选材应考虑山石与墙体接触部位的吻合，做到过渡自然，并注意石纹、石色等与建筑物台基的协调。这样，由于建筑物的外墙用山石进行了包贴处理，其效果恰似建筑物坐落在自然的山岩上一般，使生硬的建筑物立面与周边的自然环境相协调、和谐。在墙内角用山石作镶填墙隅时，一般以自然山石叠砌成角隅花台式样为多，这在江南园林中常常能见到。

图4-57　抱角（苏州网师园）

图4-58　镶隅（苏州网师园）

（6）粉壁置石：即以粉墙为背景，用太湖石或黄石等其他石种叠置的小品石景，这是嵌壁石山中的一种特置形式。因其靠墙壁而筑，所以也称壁山，《园冶》云："峭壁山者，靠壁理也。藉以粉壁为纸，以石为绘也。理者相石皴纹，仿古人笔意，植黄山松柏，古梅美竹，收之园窗，宛然镜游也。"这种布置一般山体较小，常用作小空间内的补景，以延伸意境，所以在江南小型园林或住宅的天井中随此可见，如苏州网师园"琴室"院落中的南侧墙面上，用太湖石进行贴墙堆叠并与花台、植物相结合，使得整个墙面变成了一个丰富多彩的风景画面。这种嵌壁石山应注意山体的起脚宜薄和墙面的立体留白，上部应厚悬，结顶要完整，在进行镶石拼接和勾缝处理时力求形纹通顺。

十二、叠石理水[1]

在江南古典园林中，理水常常和叠石相结合，正如宋代画家郭熙所言："水以石为面"，"水得山而媚"，水无石则岸无形，亦无态，所以在园林理水上常采用浅水

[1] 原载《园林》2006年第3期。

露矶、深水列岛的办法加以处理。而若驳岸有级，出水流矶，或山脉奔注于池侧，略现水面，则清波拍石、水石相依，足以给人一种山水林泉之乐。由于江南园林在组织园景方面多以水池为中心，所以在叠石理水上多以叠石护坡成岸为主，辅以溪涧、水口、瀑布等，给人以一种自然之美感。

（1）假山驳岸：也称叠石岸，一般用太湖石或黄石，参照叠山原理，利用石料的形状、纹理等特点，临水叠砌成层次分明、高低错落，在立面上凹凸相间，在平面上曲线流畅自然，并能与园中假山布局相协调的自然式驳岸。假山驳岸的功能主要在于利用山石的自然形态，以对峙交错、转折起伏的形式，在水面与陆地之间形成自然的过渡，并与池岸周围的景物相得益彰。所以池岸叠石的外观形式更应避免僵直，因而常在临水叠置一些诸如石矶、踏步、平台，或贴水步石等，组合成景，同时池岸也不能离水面太高，否则岸高水低，会有一种与高瞰水潭、凭栏观井的感觉，从而影响到理水的效果。

假山驳岸的造型和用石，应根据山水园总体设计的造型要求，与池岸周边景物的安排来综合考虑。其造型形式一般可分为如下几种：

水平层状结构的假山驳岸：这类驳岸是运用水平方向的岩石层状结构，选择一些水平层状的山石，用贴临水面的叠石形式进行叠砌，以达到扩大空间，形成水面弥漫的平远意趣。如苏州网师园中部主景山水园“彩霞池”的南岸和西北岸的黄石驳岸，其驳岸边石离水面之高只有40～50厘米左右，人行其上，有一种临水可亲的感觉。这类假山驳岸在施工上，先用直径约10～15厘米粗，长约1.5～2.0米左右的桩木，打成“梅花桩”；再在底桩上铺以花岗石条石，厚度约30～40厘米左右；然后上铺毛石，作驳岸基层，用最低水位线定出其高度，用水泥砂浆砌平；这样便可以选用水平层状造型的山石进行驳岸上砌了。在叠砌中，应根据山石的纹理和形状的特点，注意大小错落，纹理相协，凹凸相间，露出水面的造型山石应仿照天然露岩延伸于水际的意趣，突出自如，有起有伏。（现代假山驳岸常用钢筋混凝土作池底整板基础，再用防水水泥砂浆抹面，先砌成水池形式，再运用传统的假山驳岸工艺在池周进行包壁叠石，并在池底设计排水口，池壁设计进水口、溢水口等）。由于长距离的驳岸很难做到周全完美，而且往往缺乏生机，所以在叠砌时常适当留有一些植物种植穴，便于种植一些南迎春、棣棠之类的披散性灌木或垂挂藤

图4-59 驳岸边的南迎春

萝、花木等（图4-59），这样既加强了水陆间呼应，又有水从灌丛中出，增加了水面的幽深感觉。网师园的黄石假山驳岸常在临水处用山石架空成若干凹穴状，使水面延伸于穴内，形同水口，望之幽邃深黝，有水源不尽之感，整个石岸高低错落，起伏有致，或低于路面，或挑出水面之上，或高凸而起，可供坐息，形成了一条曲折多变的池岸保护岸线。而环秀山庄的太湖石假山，在临水的山脚下，则挑出巨大的湖石，形成宛若天然的水洞，也是同样的道理。为了取得临水或贴水的感觉，也常在池岸水际叠置一些石矶，小者仅以单块的水平山石平挑于水面之上，大者则如临水的平台；有时也为了便于取水，叠置成延伸于水面的自然式踏步。

竖向层状结构的假山驳岸：有时为了取得与周边景物造型的一致，或造成水位低而山脚高矗的意境，就常叠置以竖向为主的山石驳岸。其做法与水平层状造型的驳岸所不同的是，在选择露出水面的山石造型时，采用石块的竖向叠砌（图4-60）。有时为了强调变化，也可将上述两种方法结合起来运用，以形成竖与横的对比，并使崖壁自然过渡到池面。如苏州拙政园中部的雪香云蔚亭和待霜亭两个岛山的南侧驳岸，以台阶状的水平层状结构与个别的竖向结构相结合，形成了丰富多变的岛山驳岸造型。

图4-60　竖向层状结构的假山驳岸（苏州拙政园）

（2）瀑布与汀步：古典园林中的瀑布，最早是利用屋顶的雨水，或假山顶上设置水槽、水柜，使水婉转下泄，流注于池中，如苏州环秀山庄、狮子林（图4-61）等可见，但旧时因积水有限，或仅夏季暴雨时如昙花一现，或水柜不常开而难见其景。随着造园规模的不断扩大和现代提水机械设备的应用，人工瀑布趋于形式多样，变化多端，蔚为壮观，它成了叠山理水中最能体现山水之趣的点睛之笔。人工假山瀑布因其用水量较大，因此多采用水泵循环供水，并需内置水槽或存水池，通过蓄水溢出，而形成多姿多彩的瀑布水态。为了防止落水时的水花四溅，一般受水池的宽度不小于瀑身高度的2/3。小型的庭院假山瀑布亦可采用内置自来水管，形成滴水的形式，沿山体自然滴淌，流入叠置的水涧。

图4-61　庐山三叠泉与狮子林瀑布（右）

汀步是置于水中的步石，在园林中常见（图4-62）。一般分大小不等的2～3组山石，呈不规则布置，漂浮于水面。其间距常以中国成年人的步幅（56～60厘米）为标准，所以步石的间距一般不超过50厘米，石块不宜过小，一般在40厘米见方以上，石面离水面在6～10厘米左右为好。

图4-62　汀步（苏州常熟燕园）

园林中的叠石理水除了上述几种类型之外，还有水门、溪涧等形式。

十三、假山水门与石桥[1]

大凡江南园林之水，水面大则分，小则聚，但园小水聚，并不等于死水一潭。常言道："山贵有脉，水贵有源"，所以在江南的中小型园林中，常在水池的一角，用水口或小桥等划出一二面积较小的水湾，或叠石成洞，以造成水源深远的感觉。因此，水口和石桥的设置只是园林布局和园林理水上的一种常用手法，以此将水面分为主次分明的若干个部分，来增加其层次和变化。而在水口处设置水门，也是叠石理水上的一种常用手法之一。江南园林中的水门形式有多种，如上海豫园大水池东侧，在狭长的清流上隔以花墙水门，水从月洞状的水门中穿过，远远望去，自有幽深不知所终之感（图4-63）。有的则以假山石包贴石桥的形式，作水门状，以与池岸周边的叠石相呼应，如扬州寄啸山庄内的水心方亭"小方壶"西侧的小石桥，上海松江的醉白池公园内的"池上草堂"前的小石桥等。但常见的水门形式还是以假山水门为多，如苏州的怡园，用太湖石假山水门，将园内的水系划分成东、西两个大小不等的水池形式；这样，利用曲桥、假山水门，将形状狭长的水池划分成了层次分明的三个部分，从而增加了景深。再如：扬州寄啸山庄西园的水池西南，有太湖石假山一座突兀于水面，为了使池水有曲折深远之感，便以湖石叠置成夹涧，并设水门一座，曲水蜿蜒其中，更觉池水犹有不尽之意，水光树色，山光物态，幽然而深远，成为该园理水最为佳妙之处。

图4-63　水门（上海豫园）

[1] 原载《园林》2006年第6期。

假山水门大多用太湖石叠砌而成，而用黄石所叠成的水门形式则较为罕见，笔者仅见于苏州狮子林内。对于狮子林的太湖石大假山，历代评说不一，可谓仁者见仁、智者见智。“当高宗（即乾隆）南巡，翠华临幸，此园以狮林名，乃一一指点全园山石，若者为太狮，若者为少狮，若者为狮舞，若者为狮吼，若者为蹲与睡，若者在搏球，若者在相斗，殆具五百种形象。左右就所指示而细为审视，竟莫不逼肖，于是狮子林之名愈著。” 所以便有了“吴中园林之以石名著，端推狮子林第一”的美誉（《吴船集狮子石语》）。当时的赵翼说它是“一篑犹嫌占地多，寸土不留惟立骨。山蹊一线更迂回，九曲珠穿蚁行隙。入坎涂愁墨穴深，出幽蹬怯钩梯窄”（《游狮子林题壁兼寄园主黄云衢诗》）。而乾嘉间的沈复则在《浮生六记》中讥评为“竟同乱堆煤渣，积以苔藓，穿以蚁穴，全无山林气势。”叠山名家戈裕良看了之后也说：“狮子林石洞皆界以条石，不算名手。”（钱泳《履园丛话》）所以像梁章钜之类，每当有人邀同游狮子林时，总是以“最嫌狮子林逼仄，殊闷人意”为由，笑谢拒绝（《浪迹续谈》）。近代园林学家童寯通过对江南园林的假山考察后认为：“狮林仅得其形，戈（裕良）得其骨，而张（南垣）得其神矣。”“斯园主体，全在叠山，堆凿鬼工，湖石奇绝，盘踞蜿蜒，占全园之半。” 然而对于位于“修竹阁”附近的一座石色为黄偏红，而名“小赤壁”的黄石假山，专家们倒是评价甚高，由于该假山是用以划分狭长的带状水面的，所以其水门模仿天然石壁溶洞的形状（图4-64），比较接近自然，园林学家刘敦桢教授认为 “是此园叠石较成功的一处”（《苏州古典园林》）。

图4-64　狮子林“小赤壁”黄石假山水门

在掇山叠石上所说的石桥只是指在临水或崖岩、山涧间，用山石自然拱叠而成的假山石桥，或架空而成的石梁或置石。如苏州环秀山庄内的太湖石假山，在曲折幽深的山谷、涧流之上，架以飞梁式石桥，人行山中，过石梁，渡飞桥，俯瞰涧谷，更觉山势之险要峻拔，怀疑身在万山之中（图4-65）。而同为戈裕良所叠的常熟燕园黄石假山上所贯石梁，亦有异曲同工之妙。用作架空的石梁飞桥，必须选择一些质地坚硬，而无暗损裂缝的山石，在叠置时，力求两端的搭接处要受力均匀、着实，以确保安全。而在叠置拱式假山石桥时，其做法则与假山洞的发拱结顶无异。

图4-65　飞梁（苏州环秀山庄）

十四、山石器设[1]

所谓的山石器设是指用山石作室内外的家具或器具而言。原本我国的文士爱石，脱胎于远古先民对山石崇拜的心理及文化积淀，从女娲炼石补天的神话传说，原始先民的“击石拊石，百兽率舞”（《尚书·尧典》），到唐相牛僧孺对奇石“待之如宾友，视之如贤哲，重之如宝玉，爱之如儿孙”（白居易《太湖石记》）的痴迷，到北宋米芾呼石为“石兄”“石丈”的癫狂式拜石，再到清代曹雪芹笔下的那块“无材补天，幻形入世”的大荒山无稽崖青埂峰下的石头（《红楼梦》），凡此种种，它们或真或幻地传承着中国特色的奇石审美的历史轨迹。明代黄省曾《吴风录》云：“至今吴中富豪竞以湖石筑峙奇峰阴洞，至诸贵占据名岛以凿，凿而嵌空妙绝，珍花异木，错映阑圃，虽闾阎下户，亦饰小小盆岛为玩。”对于经济实力雄厚的富豪，为了追求自然野趣，足不出户就能获得山林享受，就用太湖石叠山造园；而对于一些经济条件稍差的平民“下户”来说，就只能采用“一石代山，一勺代水”的盆景式叠石，以达

[1] 原载《园林》2006年第9期。

到“丘壑望中存”的艺术审美了。所以清代李渔在《闲情偶记》卷四的“零星小石”条目中说：“贫士之家，有好石之心而无其力者，不必定作假山。一卷特立，安置有情，时时坐卧其旁，即可慰泉石膏肓之癖。若谓如拳之石，亦需钱买，则此物亦能效用于人，岂徒为观瞻而设？使其平而可坐，则与椅榻同功；使其斜而可倚，则与栏杆并力；使其肩背稍平，可置香炉茗具，则又可代几案。花前月下，有此待人，又不妨于露处，则省他物运动之劳，使得久而不坏。名虽石也，而实则器矣。”对于贫士来说，如果山石仅作清供，不免有点奢侈，所以若能将观瞻与器用兼顾，则可以将山石的价值和功效最大化。这样既节省了材料而又能耐久，可省搬出搬进之力，也不怕风吹日晒与雨打，而且还能与造景等相结合，更易取得与环境的协调，可随地形的起伏高低而变化布置。

器设用的山石材料，一般选用一些接近平板或方墩状的，而这些石材在假山堆叠中，只能用作基础、充填或汀步等，所以它和假山用石并不相争，但是如果将它们作为山石几案却显得格外合适，可谓物尽其用。

山石器设不外乎室外与室内两种。室外器设所选用的山石材料一般比正常家用木制家具的尺寸要略大一些，这样可使之与室外的空间相称。其外形力求自然，一面稍平即可。它一般常布置在林间空地，或有树木庇荫的地方，这样可避免游人在憩坐时过于露晒。如苏州留园“东园一角”的一组独立布置的山石几案（图4-66），它用一块不规则的长形条石作石桌面，四周置有六个（组）自然山石支墩，其大小、高低、体态等各不相同，却又比较均衡统一地布置于石桌四周。周边用松、竹、玉（兰）堂（海棠）富（牡丹）贵（桂花）等丛树杂花相映衬，颇具“片片祥云（桌如祥云）伴群芳”之意韵。

图4-66　山石几案（苏州留园）

所谓的室内山石器设，一般以假山洞室内的应用为多。其所选用的石料一般和假

图4-67　苏州怡园慈云洞

山的石料相同，如扬州个园的四季假山中的秋山——黄石假山的洞室内用黄石作器设，而太湖石假山洞室内一般常采用青石，或直接用太湖石作器设，如苏州怡园的太湖石假山“慈云洞”（图4-67）、狮子林太湖石假山洞室。所选用的石料体量可适当小一些，以适应假山洞室的狭小空间。

至于李渔所说的“一卷特立，安置有情，时时坐卧其旁，即可慰泉石膏肓之癖”，在室外是为特置或立峰，诸如号称江南三大石的苏州瑞云峰、上海玉玲珑、杭州皱云峰等等；而在室内则多为通常所说的贡石或石供。早在先秦时期，我国就有癖石者收藏奇石的记载。在中国古典园林的厅堂轩斋中，我们经常能看到陈设着的形态各异、巧趣天成的奇石。例如在苏州古典园林的厅堂中，常在室内槅断前设置两端起翘的天然几，在天然几的上面中间常供有英石、灵璧石、太湖石、昆石等名石，在石的两侧再供有花瓶和大理石云屏，以象征福（“瓶”安是福）、禄（前程似锦）、寿（寿比南山）。

十五、留园假山的历史成因及现状分析[1]

山体是支撑园林空间的骨架，被称为造园之骨，古人有“据一园之胜者，莫如山”之说。水则是园林之魂，山因水活，明代的邹迪光在《愚公谷乘》一文中说：“园林之胜，惟是山与水二物。”由于苏州地处江南平原，湖泊罗布，水道纵横，得水容易而得山形者难，况且自然的山峦丘陵又往往占地面积过大，因此江南园林大多采用叠石造山来弥补其地形变化的不足，有的则以布置一二湖石或立峰来强调其变化，“山立宾主，水注往来”（荆浩《山水诀》），从中模拟出真实的自然山林景象，留园可谓这方面的佼佼者。

（一）　留园假山的成因分析

1. 明末黄石在园林中的应用与留园假山的成因分析

留园的前身为明太仆寺少卿徐泰时的东园，当时徐泰时因遭弹劾，罢官还乡，感慨于“人生如驹过隙耳，吾何不乐哉”，便于万历二十一年（1593年），在分得其父

[1] 原载《南京林业大学学报（人文社会科学版）》2009年第3期。

徐履祥花埠的别业上，“一切不问户外，益治园圃”，开始营建东园。大约花了三年的时间，于万历二十三年（1595年）前后落成，一时间如当时的吴县县令袁宏道、长洲县县令江盈科等一批名流士人，常置酒高会于此，谈笑移日。江盈科还专为其写下了《后乐堂记》，并记载有假山一座：“地高出前堂三尺许，里之巧人周丹泉，为垒怪石作普陀、天台诸峰峦状。石上植红梅数十株，或穿石出，或倚石立，岩树相得，势若拱遇。”袁宏道在《园亭记略》中则称之为：“宏丽轩举，前楼后厅，皆可醉客。石屏为周生时臣所堆。高三丈，阔可二十丈，玲珑峭削，如一幅山水横披画，了无断续痕迹，真妙手也。”从中可见这座由周秉忠（字时臣，号丹泉）所堆叠的石屏假山是以浙江的普陀山和天台山作蓝本的。普陀山素有海天佛国之称，岛之西北群山起伏，东南金沙漫滩，由燕山期花岗岩所构成的山体在剥蚀风化后多呈奇峰异石；天台山主要为花岗岩侵入体，悬崖峭壁，峰峦连绵，山地呈多级结构，徐霞客在游记中曾表现出对其“石梁飞瀑”和“寒岩石壁”的惊叹。纵观两山均以花岗岩景观为主，植被茂盛。而在苏州明清两代的假山材料主要为太湖石和黄石两大类，对于太湖石，“吴中所尚假山，皆用此石”。不过自唐至明，尤其是宋代，太湖石因大量开采，到明末已经很少了，所以计成说：“自古至今，采之以久，今尚鲜矣。”代之而起的则是黄石，“黄石是处皆产，其质坚，不入斧凿，其文古拙。如常州黄山，苏州尧峰山，镇江圌山，沿大江直至采石（矶）之上皆产。俗人只知顽夯，而不知奇妙也”（计成《园冶》）文震亨《长物志》亦云：“尧峰石，近时始出，苔藓丛生，古朴可爱。以未经采凿，山中甚多，但不玲珑耳！然正以不玲珑，故佳。”明末的苏州园林，由于黄石的应用，大大地丰富了园林的假山景观，使其风格更趋多元。如落成于明代崇祯八年（1635年）的王心一归田园居（即今之拙政园东部）的假山，“东南诸山采用者，湖石；玲珑细润，白质藓苔，其法宜用巧，是赵松雪之宗派也。西北诸山采用者，尧峰；黄而带青，古而近顽，其法宜用拙，是黄子久之风轨也。”赵松雪即元代画家赵孟頫，其所画山水，点染工细，而用太湖石秀润妍巧的形状质地所堆叠的假山，更能显示出赵氏工巧的风格。黄子久即元代画家黄公望，其所画山水，常重峦叠嶂，林木苍秀，笔法雄健，用古拙粗顽的黄石所堆叠的假山更能表达其雄浑奇险的风格。故而有研究者指出：“明末尧峰石的发现，是造园叠山史上的大事。”因此，用黄石堆叠来表现气势恢宏的普陀、天台的峰峦层叠是最贴切不过了。徐泰时在被弹劾“回籍听勘”前，曾主事修复慈宁宫和营造万历皇帝的寿宫，长期负责皇家工程，应该说对园林工程有一定的认识和在造园中表现出的大气；而周秉忠作为一个“精绘事，洵非凡手”的画家，又善于仿古造瓷（时人谓之周窑）、烧陶印、制杖，亦擅妆塑的工艺美术家，及“善垒奇石”的叠石大师，当徐氏“令垒为片云奇峰”时，自然是胸有成竹，得心应手了。虽然因时代的久远，我们对这座“玲珑峭削”，“了无断续痕迹”，“如一幅山水横披画”的石屏假山，已是无缘目睹其全部。然经陈从周先生等考证以及从留园的假山现状和相关资料中，可以判断出现今留园中部以黄石所叠的假山部分（图4-68），就是明代徐氏东园的遗物。

图4-68　留园中部假山

2．西部土山的成因分析

留园的西部景区是以积土大假山为主景而形成的山林景观，是全园的最高处，这里原可远借苏州近郊天平、灵岩、上方和狮子等西南诸山，以及西园、虎丘诸景，原山巅有“其西南诸峰林壑尤美”之房。其实，以留园土石大假山的走势以及用土用石的情况来判断，西部景区的大型土山与中部景区池西、池北的大假山，应属于同一个完整体系的假山组合，三者是一个不可分割的整体。现存的西部假山呈南北走向，长约60米，东西约20余米，其体量和高度均为留园之最。但从土山东侧云墙根的叠石来看，其堆土痕迹极为明显，显然这是后来因屡易园主，经数度修葺，“因阜垒山，因洼疏池”，在用浚治中部水池时所挖的泥土，堆高和扩大了原有的土阜。中部园林池西、池北假山下部以黄石叠砌的部分，为明代徐氏东园的遗物，而池西假山，其实只是西部土山的局部（坡脚）和余脉。乾隆末年，园为刘恕所得，因“居之西偏有旧园，增高为冈，穿深为池，蹊径略具”，不过“未尽峰峦尽环之妙，予因而葺之”。从清代刘懋功《寒碧山庄图》（图4-69）可见，经刘氏重修后的寒碧庄，其池西、池北假山上已是群峰造天，岩树相得，略成峰峦环合之状，两山间有夹涧，上架石桥飞梁，水从涧中环转而下。其山水布局及建筑规模已与现在的留园无多差别，“并可说明今日留园中部及西部的假山，尚存当日规模”。所以留园的西部与中部同属于原明代徐氏东园的旧规，只是西部土山因年代久远，数度增修而殊失原态。同时从刘画中还可看出，“苏州留园，清嘉庆间刘氏重补者，以湖石接黄石”之言不虚。后又经数度整修，渐成现有面貌。

图4-69　刘懋功《寒碧山庄图》（引自刘敦桢《苏州古典园林》）

（二）留园假山的现状分析

留园现今的假山是在明代徐氏东园原有地形地貌的基础上，经后来的历代园主不断加以整治改造，逐渐积淀而形成了以山池为布局中心的自然山水空间和以各式建筑为主的庭院空间交相辉映的现存风貌。它以相对集中的建筑的“密”来衬托出以自然生态的山水环境的“疏”，其园林空间之丰富，堪称江南园林之冠。现留园就整个地形及山体布局而言，从西到东，由高到低，由山林高阜逐渐向平地庭院过渡，既存山林之趣，又具“小廊回合曲阑斜”之美。西部、中部景区以土山叠石为主，东部景区则以峰石取胜，但在整个地貌上均存山石之态（图4-70）。

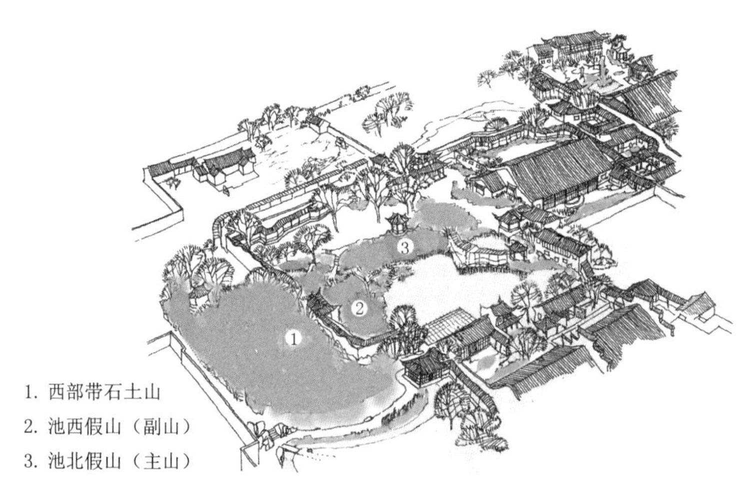

图4-70　留园假山现状

1．主景区假山

留园中部景区是以山池为主的山水园。其山水园的布局，又以西北为大型假山，中为池，东南为建筑，这样使山池主景置于受阳一面，以产生假山石壁的阴影变化。在水池的一面叠山造林，而在另一面错置厅堂楼榭，互为对景，这样既可从楼榭中欣赏到对岸的山崖树木，又可从山林景象中越过清澈的池水遥望对面高低错落的建筑，以收到良好的对比效果。设计者考虑到拟造的假山体量较大，所以要想在有限的空间内营造出既有崇山峻岭的诗情画意，又使得园林的空间不至于逼仄，便采用了“主山横者客山侧”的侧旁布置手法，即将主山设置在水池之北，山势横向而立，山峦起伏，呈远山之势；副山（亦称辅山）则利用水池西面的园西大型土山的局部（陡坡）列于主山之侧，并用西山墙作隔景，以控制其体量，使山势显得挺拔高峻，山岩节理分明，既得近山之质，又具侧峰之势。在两山相交会的犄角之处，用竖向的岩层结构构筑了峡涧，即绘画中所谓的“水口”，作为联系过渡。“夫水口者，两山相交，乱石重叠，水从窄峡中环绕湾转，是为水口。”峡涧中清流可鉴，上架飞梁两座，涧口设小岛成矶状，这样上下三层，或跨谷，或临水，功能各具，而情趣迥异（图4-71）。涧之尽头，以廊横跨，水从廊基而出，其整个造型既增加了水涧的层次与深度，又表现了池水的源头，而且与叠石相结合，从而构成了山水相依的生动景观，而主、客二山的树木亦由此水口形成了幽深断续的效果。所以古人说：“一幅山水中，水口必不可少。”因此上佳的园林假山作品，必定缩地有法，曲具画理。池东设置有小蓬莱一岛，以作平衡，形成了有绵亘、有起伏、有曲直、有过峡，形势映带，屈曲奔变的山林景象，堪得横看成岭侧成峰的山体意趣。游人从池西副山上俯视，觉得山高水深，而由主山之南的池岸蹬道上去看水面，又觉水面近在眼前。这是在山体造型上有意采用对比错觉的手法，以达到山高水近的亲切感。人行其中，犹似置身于群山间，时而在山侧，时而临水边，情趣盎然，其乐无穷。

图4-71　留园假山之水口

宋人郭熙在《林泉高致》中说：“山以水为血脉，以草木为毛发，以烟云为神采，故山得水而活，得草木而华，得烟云而秀媚。水以山为面，以亭榭为眉目，以渔钓为精神，故水得山而媚，得亭榭而明快，得渔钓而旷落。此山水之布置也。”此不谛为留园之真实写照。在植物的配置上，因为池北主山为典型的石包土假山，中为积土，山顶及四周全用石包，所以树木能与叠石相结合。身处山林近观，树根与石相依，树以石坚，石以树华，见根不见梢，美自天成，余味无穷；而从池南楼榭中远眺，则山露脚（池岸叠石）不露顶，大树见梢不见根，堪得画理。树种以银杏、南紫薇、榔榆等落叶乔木为主，间杂木瓜、丁香之属，春英夏荫，秋毛冬骨，与池西的香樟、桂花等常绿树种形成对比。刘敦桢先生说：“留园中部的假山，植落叶树于主要一面，而常绿树隐于西侧。”这样常绿树林隐去了池西假山的最高点，从而突出了池北假山的主体地位。

2. 庭院区假山

在留园的建筑庭院中，主体建筑五峰仙馆前营建有大型太湖石假山一座，以突出其高显华丽，其余则大多采用与山石相联系的地貌造景，如揖峰轩庭院（即石林小院）便是其中较为典型的一个例子。再东则是盛氏以冠云峰为主体观赏景物而营建的又一组建筑庭院。

（1）五峰仙馆庭院假山：五峰仙馆面阔五间，进深九架，因其柱梁用楠木造，故俗称楠木厅。它是留园最大的一处建筑，论规模也是苏州古典园林中现存厅堂之最。其前后有两进院落，前院湖石假山高耸险峻，是为主山，后院土阜假山平缓舒展，为客山（副山）。主山取李白《望五老峰》诗意，以模拟庐山五老峰而掇成的一座层状结构的假山（图4-72）。庐山五老峰位于山之东南部，五峰突兀耸立，犹如五位席地而坐的老翁，五峰相连，云烟缥缈，峰下九叠屏相传为李白读书处。庐山正是历代隐士岩息的好去处。此假山正面峭崖矗前，峰石高峻挺秀，如屏似峰，这是现今苏州诸园中规模最大的一处太湖石厅山。门口阶沿踏跺也用太湖石叠砌成，庭院以乱条石铺地，人坐厅中，有仿佛面对岩壑之感。此山基本上沿袭了苏州传统的叠山技艺，在竖向掇峰、砌洞，横向叠以层状花台，以衬托山峰的高峻。东侧洞门隐于墙角之处，内有蹬道可达假山之巅，并有山道与假山西侧的西楼相接。

图4-72 留园楠木厅前假山

后院副山由土阜曲廊围合而成，状如土垄，并与大厅开间走向一致。护坡湖石，参差错牙，六月雪、铺地柏等灌丛掩映，苍润自然（图4-73）。[1]袁宏道《园亭记

[1] 有人疑此处才是明代徐氏东园的“石屏”之所在。

略》：“堂侧有土垄甚高，多古木，垄上太湖石一座，名瑞云峰，高三丈余，妍巧甲于江南。”瑞云峰的出现，奠定了峰石在留园400多年历史中的独特地位，自明以降，数代园主均以搜罗湖石奇峰而闻名遐迩，从明末徐氏东园的瑞云峰、清代中叶刘氏的寒碧庄十二峰到清末盛氏的留园三峰，无不显现着园主人对“奇石寿太古”（留园厅名）、“奇石尽含千古秀”（闻木樨香轩对联）的品格的钟情。

图4–73　留园楠木厅后庭假山

现阜上白皮松冠盖如幢，秋枫叶黄，使得平缓的山形和狭长的庭院空间，极富层次，生机盎然。庭之西北，清泉一泓，境界至静至幽，惜此井泉久已湮没，游鱼难以越冬了。左右各砌上坡踏步，与土阜石径相贯通。

（2）揖峰轩庭院假山：揖峰轩作为主体建筑五峰仙馆旁的附属书屋，四周回廊环合，斜栏曲廊，蕉竹映翠，花影重重，庭院中奇峰异石，散置成林，显得宁静而安谧。这里原是寒碧庄主人刘恕为了安置寒碧庄十二峰之后所得的独秀、晚翠、段锦、竟爽、迎晖五峰及拂云、苍鳞两支松皮石笋，而特意建造的石林小院。其山石布置，以轩南为主庭、主山（中央峰石花台），轩北为书斋后院副山（沿边花台），轩西为偏院辅山（峰石）。主庭中央的峰石假山花台，周边用太湖石错落驳砌，植以牡丹数本，芳姿丽质，超逸万卉。中置一峰，因其形似苍鹰兀立于山崖之上，俯视着旁边一块像昂头向上对视的猎犬之石，故俗称鹰对猎狗峰（鹰犬峰）。此峰是刘恕建寒碧庄十年后，即于嘉庆十二年（1807年）冬，始从东山老家移来于此，故名晚翠。刘氏对此峰倍加推崇，说它是“质青而润”，专筑书馆以宠异之。为了与中央花台的假山立峰相呼应，庭周角隅及廊边隙地，均缀以湖石，古松修竹，蔓木丛草，显得方寸得宜，楚楚有致。而东南一侧的空廊竹林之处，则竖一青灰色斧劈石，高约四米，有拔地参天之势。

小轩后院因空间狭小而封闭，宽不足两米，为了少占空间，便以粉墙为纸，竹石为绘，叠砌成沿边花坛状假山式样（图4-74）。轩之北墙上装饰着三个形状相同的花窗，由室内望之，窗外竹石似板桥写意，而收之方窗，又有清代李渔所说的“无心画”“尺幅窗”之趣，无论晴雨寒暑，朝昏夜月，或疏影摇曳，或声敲寒玉，得静中生趣之妙。轩西一方小院内，则一峰独立，芭蕉数本。蕉石相依，清阴匝地，正所谓“丛蕉倚孤石，绿映闲庭宇”（高启《芭蕉》）。碧染书轩。此峰是刘氏在移置晚翠峰一个月后，有个雇用的工人对他说，采到了一块数年罕见的奇石，“磊砢峊崿，错落崔巍，体昂而有俯势，形硊而有灵意”，便运来请刘氏品题，名之曰独秀峰，刘恕将它置于小院的乾位（即西北隅），与晚翠峰“若迎若拱，歧出以为胜”。

图4-74　揖峰轩后庭院假山花台

（3）冠云峰庭院假山：其布局以冠云峰为中心，周遭环以廊榭亭台，从而形成了一个具有山水意趣的相对闭合的空间。冠云峰曾是盛康、盛宣怀父子引以为傲而常夸耀于人的绝世珍品，当时盛氏延请了寓居苏州的清末朴学大师俞樾为其作赞，张之万题额，本地名宿绘图，在其四周筑起了以“云”为主题的冠云楼、冠云亭、冠云台、待云庵、浣云沼等一系列建筑。并在峰之东西两侧配置了瑞云峰、岫云峰，三峰合称为留园三峰。冠云峰庭园景观模拟的是一种以自然界岩溶（即喀斯特）地貌为特征的造型，即石灰岩在强烈的风化溶蚀下，会发育成峰林谷地或孤峰平原地貌特征（图4-75）。除冠云、瑞云、岫云三峰之外，其他大小石峰散立其间；而亭台之基亦半隐于山石之中，山岩间迷花依石，佳木葱茏。主峰前有池水一泓曰浣云沼，更衬托出冠云峰的高耸。半方半曲之沼，睡莲浮翠，游鱼戏水，而冠云峰亦如西施浣纱，对镜梳妆，天光云影，绿树繁花倒影其中，虚实互参，景色幽绝。

图4-75　冠云峰庭院

3. 云梯假山

园林中的楼阁一般因登临设置的楼梯，有设于室内的，但亦有置于室外的，室外楼梯若与叠山艺术相结合，便形成了独具趣味的云梯假山（亦称楼山）。《园冶》云："阁皆四敞也，宜于山侧，坦而可上，更以登眺，何必梯之。"说明云梯假山一般均隐于楼阁之侧，以免影响楼阁的正面观赏，而留园明瑟楼和冠云楼两处的云梯假山正是古人造园的实例应用了。尤其是留园明瑟楼南的一梯云假山（图4-76），由于楼南小庭逼仄，庭之西、南两侧均有高深院墙相隔，东南角又有半亭，面积不足10平方米，故成"死角"，因此在这儿设置假山以作楼梯蹬道，并将其隐蔽于崇山峻峰之中，确是一种高明的选择。从半亭侧叠以登楼的入口蹬道，作"U"形盘曲，在上山蹬道之侧有一峰屹立于假山石径之侧，此峰即为刘氏寒碧庄十二峰之一的一云峰，其似插天云帆，虽为灵岩一卷，却将上山蹬道遮去了大半，使人不觉有峰后藏山径之感。峰西叠成一小型峡谷，两侧峭壁夹峙，坐于楼底的恰航轩观赏，更觉壁立千寻，有鬼斧神工之妙，又有画船正从山壑间徐徐离岸野航之感。峰前有一树石榴，夏日花红如火，烘晴映日，更添山色之绚丽。假山西侧山墙上有董其昌所书的"饱云"一额，写出了云梯假山的高妙意境。

图4-76　留园明瑟楼云梯假山

（三）结语

苏州古典园林中假山类型众多，就材料而分，有土山、石山（主要为太湖石和黄石）、土石相间山等；就位置和功用而分，计成在《园冶》掇山篇中就罗列有园山、厅山、楼山、阁山、书房山、池山、内室山、峭壁山等，就其规模和类型而言，留园应为苏州诸园之冠。

且由晚明至今，历史地层积成当今面貌，而又能因地制宜，匠心独运，有着极高的艺术成就，童寯先生评之为“山石亦非凡品”，并说：“（中部）山池之美，堪拟画图。大而能精，工不伤雅。东部……水石台馆，皆以‘云’名之。措置适意，胜景天成。西部有丘陵小溪，便于登临，富有野趣。”其园林之掇山布局对今造园具有积极的借鉴意义。

十六、苏州园林假山评述[1]

按明代计成的说法，苏州园林大多为“傍宅地”营建的宅第园林，所以也就少不了计成所说的“开池浚壑，理石挑山”。就像明代的王氏拙政园，因“居多隙地，有积水亘其中”，便“稍加浚治，环以林木”，而有水石林木之胜了。所以苏州古典园林最大的特点在于叠山理水，在于山与水的布局与造型，但也有一些园林却能因地制宜，随势造山，而无水体，如拥翠山庄等，或珍石佳峰，亦称名园。

（一）苏州园林假山的类型及功能

园林假山的营造，不外乎土筑、叠石二事，所以依其使用的材料可分为土山、石山和土石山三大类；汪星伯先生则视山之大小，将其分为大山、小山诸类，而语言不详。阚铎在评述明代计成《园冶》一书时说：“掇山一篇，为此书结晶。内中如园山、厅山、楼山、阁山、书房山、内室山诸条，确为南中小品。不但为北土所稀，即扬州亦不多见。固为主者器局所限，亦当时地方背景及社会财力之象征，故此书尤于民间营造为近。”苏州地处江南，历史悠久，经济发达，到清末有记载可查的大小园林就有200余座，而且几乎是无山不成园，但由于历史原因，虽经历代整修，但假山的各种类型还是保存了下来。现参照明末计成《园冶·掇山》篇中所列的诸山分别述之。

1. 园山

计成在《园冶》说:“园中掇山，非士大夫好事者不为也。为者殊有识鉴。”认为只有有非常见识和鉴赏能力，又爱好风雅的士大夫才会在园林中堆叠假山。从“缘世无合志，不尽欣赏，而就厅前一壁，楼面三峰而已”来看，所谓的园山即为园林中构成地貌骨架的体量较大的主山，也就是汪星伯所说的“大山”，如留园，由其西部的大型土山，过渡到中部的大型主山（图4-77），再延伸到东部的庭院假山；从西到东，由高到低，由山林高阜逐渐向平地庭院过渡，既存山林之趣，又具“小廊回合曲阑斜”之美。拙政园则由远香堂北的两座岛山，远香堂南的黄石假山和远香堂东的绣绮亭土石假山组合而形成的

[1] 原载《中国园林》2013年02期。

地貌，这也就是《园冶》所说的：“未山先麓，自然地势之嶙嶒；构土成岗，……宜台宜榭。……成径成蹊，……临池驳以石块。……结岭挑之土堆，高低观之多致。”另一类则如沧浪亭的中央大型土石假山（图4-78）和耦园黄石假山等，这类山体常为园林中的中心景物，围绕山体四周布置亭榭轩廊，可从不同角度观赏到山体的景色。

图4-77　留园中部假山

图4-78　沧浪亭假山

2. 池山

以文人写意山水园著称的苏州园林，其布局主要以池水来衬托假山的形体，形成山形与水体的刚柔对比，所以《园冶》云：“池上理山，园中第一胜也。若大若小，更有妙境。”大者如留园中部的假山，主山位于池北，峰峦冈坡由东西向横向展开，呈现出层次丰富的平远山水景观，与南北向的副山呈直角交会，并用夹涧进行过渡，显得自然而贴切。小形者如网师园“彩霞池”南面的“云冈”假山（图4-79），运用黄石的扁平形横向块体，模拟出因风化而形成的水平状岩体结构，在一泓池水的映衬下，形成了“水低白云近，天高青山远”的意境。而明末清初的叠石池山大多似《园冶》所说的：“就水点其步石，从巅架以飞梁；洞穴潜藏，穿岩径水；峰峦缥缈，漏月招云；莫言世上无仙，斯住世之瀛壶也。”

图4-79　网师园云冈假山

3. 厅山

苏州园林有厅前叠石掇山的惯例，《园冶》说：“人皆厅前掇山”，典型者如留园五峰仙馆前的大型太湖石厅山，崖壁高峻，如屏如峰，山顶偃松斜展，藤萝垂绕。苏州园林中的厅堂常在南面形成一个闭合式的庭院空间，空间稍大者常布置成花池假山，如狮子林的燕誉堂、网师园小山丛桂轩等前庭都靠壁叠以太湖石花台（图4-80），或植以牡丹，或杂树丛生，蔚然成林。计成对那种沿墙叠置三峰表示了不肖：“环堵中耸起高高三峰，排列于前，殊为可笑。”他认为：“或有嘉树，稍点玲珑石块；不然，墙中嵌理壁岩，或顶植卉木垂萝，似有深境也。”拙政园远香堂南的大型黄石厅堂假山作为入口的屏障假山，更是千层壁立，气势恢宏。

图4-80　网师园小山丛桂轩厅山

4. 楼阁山

苏州园林中的楼阁以两层为多，均可登临远眺城外上方、天平、虎丘诸山，正如《园冶·借景》所云：“高原极望，远岫环屏。”如沧浪亭见山楼、网师园撷秀楼、留园冠云楼等。计成说：“楼面掇山，宜最高才入妙。”但山太高，离楼太近，会产生逼迫之感，所以又说，“不若远之，更有深意。”如耦园在楼前筑有大型黄石假山，林木繁茂，甚得其趣。同时苏州园林中以看山楼、见山楼命名的建筑物尤多，如狮子林的见山楼筑于大假山一角，登临斯楼，宛若置身于群山之中（图4-81）；而位于大假山北侧的卧云室，因有庭院相隔，登楼观山，会有高远之意。拙政园的见山楼，隔水远观东南的雪香云蔚亭假山，更是迥出意表。如果将室外楼梯与叠石相结合，便形成了独具趣味的云梯假山（图4-82），正合《园冶》：“阁皆四敞也，宜于山侧，坦而可上，更以登眺，何必梯之。”留园的明瑟楼、冠云楼，网师园的五峰书屋，拙政园的见山楼等均在楼阁之侧做假山云梯。

图4-81 狮子林见山楼

图4-82 苏州同里退思园云梯假山

5. 书房山

计成在《园冶·屋宇》中说："凡家居住房，五间三间，循次第而造；惟园林书屋，一室半室，按时景为精。方向随宜。"苏州诸园中最有代表性的如留园的揖峰轩书屋（亦称石林小院），面阔两间半，前庭叠以太湖石牡丹花池，中立晚翠峰，周边衬以峰石，玉兰、修竹远映，亦如《园冶》书房山条所说的："凡掇小山，或依嘉树卉木，聚散而理，或悬岩峻壁，各有别致。"柴园水榭（书房）前的假山水池（图4-83），则符合计成所推崇的，书房前最宜者，"更以山石为池，俯于窗下，似得濠濮间想"。推窗凭栏，一碧池水在四周嶙峋山石的衬托和藤萝的掩映下，更觉清幽可人。

图4-83 柴园书房山石池

6. 峭壁山

苏州园林中以石为主的假山大多借墙壁而叠，即所谓的峭壁山了，"峭壁山者，靠壁理也。藉以粉墙为纸，以石为绘也"（图4-84）。借鉴绘画原理，化二维为三维。“理者相石皴纹，仿古人笔意，植黄山松柏、古梅、美竹，收之圆窗，宛然镜游也。”苏州诸园中的书房后院，大多为偏狭之地，颇得“聚石垒围墙，居山可拟”之趣。

图4-84　留园揖峰轩后庭假山（峰石）

7. 内室山

内室是园林主人的起居之处，因而在内室叠山，要防止小孩的登攀嬉闹，所以计成强调：“内室中掇山，宜坚宜峻，壁立岩悬，令人不可攀。”因内室旧属私密区域，故而现在见到的不多，如苏州尚志堂内室前叠以假山花台（图4-85）。像退思园的坐春望月楼原是延客住宿之处，楼前庭院面积较大，只在左侧叠以太湖石花台（原为一座较大的假山，它和楼右侧的旱船一起，使该楼前的庭院形成了一个半隐秘的空间）。苏州某园林室内所叠的护梯假山则颇具计成之意（图4-86）。

图4-85　苏州尚志堂内室前假山花台

其他如留园五峰仙馆的后庭院有水一潭，与计成所云的山石池，差相似之。因其地处旱地，积水实为不易，“少得窍不能盛水”，稍有孔隙便不能蓄水。而像小林屋水假山这类假山形式则在《园冶》中并未论及。

图4-86 室内护梯假山

（二）苏州园林假山形成的社会基础

1. 经济繁荣，民风使然

苏州处于运河和长江的交汇处，是内陆重要的转运点，通过经济和运输作为纽带，从而与北京和其他地区联系起来，并成为北方首都正统生活的补充，成为一个休闲和享乐之地，也是官吏理想的退隐之地。在北宋以前，苏州的园林常是挖池堆山，假山常以土筑，北宋朱长文（1041～1098年）说：“酾流以为沼，积土以为山，岛屿峰峦，出于巧思，求致异木，……亭宇台榭，借景而造。”至宋徽宗造艮岳，自朱勔以花石媚上，“垒为艮岳”，从此苏州叠石之风盛行，朱勔被诛后，其“子孙居虎丘之麓，尚以种艺垒山为业，游于王侯之门，俗呼为花园子”。明初积极发展农业，退耕田园是当时士绅的理想生活，这种风尚也常常反映在元、明的绘画和园林上。元至明代中叶，苏州的园林也大多散布在府城之外的区域，从明初杜琼（1396～1474年）的《友松图》（图4-87）中，我们可看到其所记录的明代早期园林的元素构成，和苏州遗存下来的明清园林比较，虽现存园林的原貌因时代变迁和整修而发生了改观，但其叠石、池塘、亭榭、树木等基本元素并没有更大的变化，盆景、绿竹、芭蕉、剔透的太湖石和相对简朴的建筑、围栏勾勒出了园林的质朴氛围；而左侧的假山峰峦环峙，树木苍然，洞口门扉紧闭，前有卵石小径与假山蹬道相接，转入山中，有水一潭，前挂飞瀑，再由小桥可达隐约的山亭（延绿亭）。日后明末清初的城市宅第园林假山与这种具有自然山水特点的郊墅园林假山尽管在元素构成上保持着一致，但在布局上则有着明显的不同。明初朱元璋对苏州的文化阶层进行了清洗，造园处于停滞阶段，到明代中叶，随着中央集权的松弛，促生了以城市为中心的商业经济和文化活力，明嘉靖时，“……吴中富豪竞以湖石筑峙，奇峰阴洞，至诸贵占据名岛为凿，凿而嵌空妙绝，珍花异木，错映阑圃，虽闾阎下户，亦饰盆岛为玩，以此务为饕贪”，“从明嘉靖以后到清代鸦片战争以前，苏州一直是一个高度繁荣的城市，因此民间有‘上有天堂，下有苏杭’的传说”。鸦片战争后，五口通商，上海开埠，“才取苏州而代之”。城市经济的发达，社会生活的安定，常带来民风的奢靡，明清的众多笔记中，都说：苏州风俗奢靡为天下之最，日甚一日。归庄（1613～1673年）在描述明末的苏州风气时说：“今日吴风汰侈已甚，数里之城，园圃相望，膏腴之壤，变为丘壑，绣户雕甍，丛花茂树，恣一时之游观之乐，不恤其他。”造园之炽，可见一斑。尽管遭受了庚申（1860年）之役和各种变迁，到1990年已修复并保持基本原貌的古典园林和庭院尚有62处。

图4-87　明・杜琼《友松图》（北京故宫博物院藏）

2．传统文化的心态体现

苏州历史上人文荟萃，沧浪亭五百名贤祠中就有从春秋到清代与苏州有关的594位历史文化名人的石刻画像。一些封建官吏和商绅纷纷选择苏州这块经济发达、社会安定、自然条件优越的商业都会作为退隐乐土，而园林正是他们追求孔子所说的“用之则行，舍之则藏”，“道不行，乘桴浮于海”，或享乐怡亲（怡园），或“退则补过”（退思园）之类的理想之所。他们尤其服膺于白居易的“中隐”思想，不出郛郭而能享山林之胜。园林掇山正如《礼记・中庸》所云：“今夫山，一卷石之多，及其广大，草木生之，禽兽居之，宝藏兴焉。”所以“登山则情满于山”，它既是抒发情怀的话题，也是文人避世情怀的对象。葛洪所倡导的“隐居求志”，“颐光山林”。园林假山所模拟的是仙府洞天，如明代洽隐园的小林屋水假山就是摹写的苏州西山被列为真仙洞府的“天下第九洞”的林屋洞景象。日本造园家吉河功先生把白居易、牛僧儒等中唐士人对太湖石的痴迷归之为一种蓬莱神仙世界的情结，有时因受造园面积的拘囿而不能尽情地模拟出整个蓬莱仙岛景象，也会撷取其枝叶片段，像帝王们营造的“一池三山”那样编织起长生不死、逍遥自得的仙界梦想来，以远离喧嚣纷繁的尘世，如苏州留园的小蓬莱岛山就是其中最为典型的一例（图4-88）。

图4-88　留园小蓬莱岛山

3．百工士庶的淫巧奇技

苏州自古就出能工巧匠，如春秋冶铸名匠干将、镆铘，三国东吴时有“针绝”之誉的刺绣名手赵夫人，唐代有“塑圣”之称的雕塑名家杨惠之，宋代“以捏婴孩名扬四方”的泥人袁遇昌，到明清两代达到顶峰，几乎覆盖各行各业。袁宏道的《时尚》、张岱的《陶庵梦忆》等均列举有一系列诸如陆子冈之治玉、鲍天成之治犀等吴中的名家绝技。张岱评价道：“俱可上下百年保无敌手。……至其厚薄深浅，浓淡疏密，适与后世赏鉴家之心力，目力针芥相投，是岂工匠之所能办乎？盖技也而进乎道矣。”当时的社会风气已从唐代韩愈所鄙视的“百工之人，君子不齿”的人才价值观中走出来，“而其人且与缙绅先生列坐抗礼焉”。苏州的明清叠山匠师如周庭策、许晋安、陆俊卿、陈似云、王海等职业叠山家之外，还有一些贫士或文人及画家，如明代的周浩隶，人称山人，味淡泊，读书之余，以灌园为事；周秉忠是画家兼工艺家，善烧瓷及仿古，人称周窑；计成则是“少以绘名”，“所为诗画，甚如其人”的叠山名家。同时，一些文人、缙绅亦因造园自娱，常躬亲其中，助长了园林叠石之风的盛行。

4．假山石种的资源丰富

中国的造园自古以来大多以筑山凿池为主，苏州优越的自然条件也为园林的兴建提供了便利，如其西为太湖洞庭山水，明代袁宏道在《洞庭山记》中总结有七胜：山之胜、石之胜、居之胜、花果之胜、幽居之胜、仙迹之胜和山水相得之胜，这也为造园提供了特定的材料。筑山必须用石，产于太湖西洞庭山（即西山）的太湖石一经中唐文人的追捧，到宋徽宗造艮岳广采其石，因而受到以后历代造园家的青睐，“吴中所尚假山，皆用此石”。但因其过度开采，到了明末已是资源枯竭，所以计成说：“自古至今，采之以久，今尚鲜矣”。这便出现了资源更为广泛的新的假山石种：黄石（图4-89）。黄石各处皆产，如常州黄山，苏州尧峰山等，《园冶》云：“黄石是处皆产，其质坚，不入斧凿，其文古拙。……俗人只知顽夯，而不知其妙也。”同时代的文震亨亦说：“尧峰石，近时始出，苔藓丛生，古朴可爱。以未经采凿，山中甚多，但不玲珑耳！然正以不玲珑，故佳。”从此，苏州园林中的黄石假山与太湖石假山开始分庭抗礼，占据了园林假山的半壁江山。好事之徒，常将太湖石和黄石假山集于一园之中。而其他石种如武康石历史上虽有记录，却少实物。石笋石、斧劈石等常作点缀之用，苏州昆山所产的昆石从宋代开始也只是仅作案头清供或作盆景之用。

图4-89　自然风化的黄石

（三）苏州园林假山的艺术成就

苏州园林的叠山历史极为悠久，但应该说从明代中叶到清代中叶的这200多年是叠石掇山的鼎盛时期，扛鼎之作屡见不鲜，虽经整修，仍不失其光彩。

1．不拘一格，灵活布局

中国园林的山水布局常和中国的地理形势相契合，《淮南子·天文训》：“昔者共工与颛顼争为帝，怒而触不周之山，天柱折，地维绝。天倾西北，故日月星辰移焉；地不满东南，故水潦尘埃归焉。”受这一堪舆观念的影响，园林假山大多堆叠在园林或水池的北侧、西北、东北一隅，如北京恭王府滴翠岩北太湖石大假山，上海豫园武康石大假山（图4-90）等，苏州的留园、拙政园等假山布局亦然。但在苏州的一些中、小型园林中，因受地域之囿，常能因地制宜，“园基不构方向”，“选向非拘宅相”，随厅堂之基，以“高方欲就亭台，低凹可开池沼”，顺势而为，然后“开山堆土，沿池驳岸”。假山与厅堂等建筑互为对景。因作为主体建筑的厅堂朝南，而主假山作为主要的观赏景物也就布置在了水池的南面（俗称阴山），如艺圃、五峰园、网师园等无不如此。其他如狮子林、耦园等大型水陆假山也常布置在主要建筑的南面，西园寺花园部分（明末徐氏西园）的大型黄石假山则布置在水池（放生池）的东南方位上。

图4-90　上海豫园大假山

2. 道法自然，画理入山

苏州园林囿于空间上的有限，但又要满足山林泉石志趣，所以常以自然山水为蓝本，外师造化，中得心源，进行精炼和概括，并参以画理，“小仿云林，大宗子久”，因地制宜地进行布局，如晚明周秉忠的假山作品，徐氏东园（即今留园中部）的石屏假山，“作普陀、天台诸峰峦状”，“如一幅山水横披画”。洽隐园（即清惠荫园）的小林屋水假山则是“洞故仿包山（即洞庭西山）林屋（图4-91），石床神钲，玉柱金庭，无不毕具。……游其中，几莫辨为匠心之运。‘石林万古不知暑’，岂虚语哉”。清代中叶戈裕良在苏州的假山作品，据陈从周先生考证，“环秀山庄仿自苏州阳山大石山，常熟燕园模自虞山”（图4-92）。拙政园则摹写太湖岛山的平远山水，并以洞庭红橘和香雪海梅花命名二岛山亭曰待霜亭和雪香云蔚亭。在具体设计上则参以画理，如落成于明代崇祯八年（1635年）的王心一归田园居（即今之拙政园东部）的假山，“东南诸山采用者，湖石；玲珑细润，白质藓苔，其法宜用巧，是赵松雪之宗派也。西北诸山采用者，尧峰；黄而带青，古而近顽，其法宜用拙，是黄子久之风轨也”。

图4-91　苏州西山林屋洞与洽隐园小林屋水假山

图4-92　苏州阳山大石山与环秀山庄峡谷假山

3．匠心巧运，独具章法

园林中的叠石掇山犹如写文章，最讲究气脉连贯，正如曹丕《典论·论文》所云“文以气为主”，苏州园林在布局上则如宋代郭熙《林泉高致·山水训》所云：“大山堂堂，为众山之主，所以分布以次冈阜林壑，为远近大小之宗主。”其大型假山常有主山、副山及余脉的完整布局，并常能一气呵成，所以计成说：“深意画图，余情丘壑。”如耦园大型黄石假山，在地形上由西向东逶迤，在东侧水池边形成断崖峭壁，形成高远景象；再通过偏西处辟有南北贯通的“遂谷”，将假山分成了东、西两部分，东为主山，西为副山，周边点衬余脉；作为“城曲草堂”主景陆山正面（北面）的主山（图4-93），在纵向的立面设计上主峰采用竖直的深厚而苍老的大块面黄石，节理刚坚挺拔，主峰左右辟有两条蹬道盘旋其中，人行其中，便会产生步移景异耐人寻味的艺术效果，有山阴道上行，目不暇接之感；在平面设计上则采用由地面、花池所形成的水平线，摹写出石英砂岩的岩层节理，而由山脊形成的从低到高的斜向轮廓线，形成了山脉奔注之势，给人以江南砂岩自然风化所形成的美感意趣。另一类太湖石假山则是模拟出喀斯特地貌特征，常由墙根起脉，平冈短阜，奔趋至池边，忽然断为悬崖峭壁（图4-94），“似乎处大山之麓，截溪断谷”（张南垣语）。艺圃、环秀山庄等均采用此法。

图4-93　耦园黄石假山

图4-94　环秀山庄假山断崖

4．流变有序，风格明显

苏州的假山历史可以追溯到春秋的吴国时期，如吴王姑苏台，唐代任公叔《登姑苏台赋》云：“因累土以台高，宛岳立而山峙。或比象于巫庐之峰，或倒影于沧浪之水。”巫山因长江穿越其中而形成巫峡，庐山则耸峙于鄱阳湖侧，已开苏州山水园林之先河，而庐山的五老峰也成了日后明清假山的主要模拟对象。东晋、刘宋时的戴颙（377～441年）卜居苏州时，“士人共为筑室，聚石引水，植林开涧，少时繁茂，有若自然”。到唐代太湖石已广泛应用于园林，稍早于白居易的陆羽（733～804年）有诗云：“辟彊旧园林，怪石纷相向。”晚唐任晦园据称即顾辟彊园址，皮日休诗云：“广槛小山敧，斜廊怪石夹。……地势似五泄，岩形若三峡。”其假山已具有相当的规模。到了北宋，朱勔在苏州的宅园中堆叠假山，《中吴纪闻》说：“园夫畦子艺精种植及能叠石为山者，朝释负担，暮纡金紫，如是者不可以数计。”可见从事假山业的人数已是众多。元末狮子林的假山从倪瓒《狮子林图中》看出，已是高冈环峙。到明代中叶至清代中叶，在文人和匠师共同的精心雕琢下，苏州园林的掇山技术达到了顶峰，而遗存下来的假山和《园冶》《长物志》等著作便给了现代园林设计和施工者得以学习研究。

苏州园林现存假山最久者应为沧浪亭的土石山，相传其原为五代遗物，《吴郡志》

说它是："既积土为山，因以潴水"，可见原为土山，后来为苏舜钦所得，筑沧浪亭。狮子林原为宋代名宦的别业，元末危素《狮子林记》："林木翳密，……林中坡陀而高，石峰离立"，因石峰如狮子而得名，也只是土山上罗列峰石的惯例。明代中期未见实例，晚明张南阳、张涟（南垣）等假山作品今苏州无存，惟周秉忠（时臣）有留园黄石假山和洽隐园水假山遗存；明末清初假山有徐氏东园（留园）、艺圃、五峰园、惠荫园等，拙政园池中两岛基本保持着清初风格。清中期（乾隆、嘉庆、道光前期）假山以戈裕良为代表，作品有环秀山庄和常熟燕谷等。至清晚期如怡园、耦园（西部太湖石假山）、虎丘拥翠山庄、吴江退思园等应为比较成功的园林作品。陈从周先生曾把清代假山约分为清初（承晚明风格）、乾嘉、同光三时期。现对其作出分析比较。

（1）明末清初假山。苏州园林假山几乎离不开一个水字，所以《园冶·立基》云："假山之基，约大半在水中立起"和"掇山之始，桩木为先"。桩基的深浅须根据假山的体量大小来定，"先量顶之高大，才定基之浅深"。如拙政园假山驳岸的杉木桩长约150厘米，一般在主峰下面的桩基应密集一些，以承更多的重量，所以说"掇石须知占天，围土必然占地，最忌居中，更宜散漫"，主峰最忌居中。然后再"立根铺以粗石，大块满盖桩头；堑里扫以查灰，着潮尽钻山骨"，即用大块的粗石满盖在桩基上，用灰渣将缝隙扫平，使整修假山基础混为一体。

在假山的堆叠上，选石至为重要，下层之石宜坚固，所以常用一些形状不佳的顽夯之石，《园冶·选石》说："求坚还从古拙，堪用层堆。须先选质无纹，俟后依皴合掇。"由于太湖石到明末已经很少，所以在假山的下层均采用普通太湖石，或在里层混搭黄石。如艺圃、五峰园等石壁和洞壁都利用石与石之间的进退岔开形成孔隙、孔洞或阴影，不太使用包、贴等手法，所以更显坚固大方（图4-95）。"方堆顽夯而起，渐以皴纹而加；瘦漏生奇，玲珑安巧。"然后再运用折、搭、转、换的手法与技巧，仿照自然风化的岩石节理，"掇能合皴如画为妙"。

图4-95　艺圃假山石壁与五峰园洞壁实例

洞顶常采用条石收顶，计成说：“理洞法，起脚如造屋，立几柱著实，掇玲珑如窗门透亮，及理上，见前理岩法，合凑收顶，加条石替之，斯千古不朽也。”理岩法即“将前悬分散，后坚，仍以长条堑里石压之”的等分平衡法，五峰园、洽隐园小林屋假山即为此法，其所采用逐层挑出的叠涩之法（图4-96），至洞中间用条石压顶，或垂以小石作钟乳状。假山之巅常设以平台，如艺圃山巅原为朝爽台。从文字记录来看，大约晚明假山喜欢在山巅罗列太湖石峰以收顶的习惯，以极尽其能事，如明崇祯年间王心一的归田园居（即现拙政园东部）的悬井岩假山之巅，“诸峰高下，或如霞举，或如舞鹤”，紫逻山巅有紫盖、明霞等五峰，顾大典的谐赏园、姜氏艺圃等亦如此，而五峰园则是现存的最好实例（图4-97）。

图4-96　小林屋水假山前悬后坚结顶实例

图4-97　五峰园假山上的五老峰

（2）清代中期假山。清代随着康熙平定三藩之乱，国家开始休养生息，到乾隆时达到全盛，当时全国人口由2亿增加到3亿多，到道光三十年（1850年）人口已超过4亿，说明乾、嘉、道（初）正是民生繁庶的时期。充裕的经济基础把园林叠山技艺推向了顶峰，此时期假山更趋工巧，以戈裕良为代表，他堆叠的环秀山庄假山（1806年）采用如造环桥的钩带法，以较少的石料堆叠出洞体硕大的假山，计成所说的“峭壁贵于直立，悬崖使其后坚。岩、峦、洞、穴之莫穷，涧、壑、坡、矶之俨是”，“绝涧安其梁，飞岩假其栈”，均有很好的体现，并采用大小不同的太湖石发券形成洞顶，布置有大小不同的小洞和涡纹，浑若天成；假山岩壁的收头部分（结顶）采用山峦结顶，与耦园黄石假山采用竖向立峰收顶互为伯仲，陈从周先生谓之如诗之李杜，代表着苏州园林假山的最高成就。明末清初的苏州假山常仿效喀斯特溶岩地貌，在水池一侧布置峭壁，壁前临水处设小路，由此转入洞谷之中，再蹬道盘纡至山顶，复杂者如五峰园谷上架桥，“上或堆土植树，或作台，或置亭屋，合宜可也”。再以平冈短阜作山脉延伸，环秀山庄假山即由此变化而来。戈裕良所叠的常熟燕谷黄石假山（1825年）亦采用太湖石假山叠法（图4-98），石壁用石似乎比耦园来得更为讲究，局部用竖石出挑，充分显示高超的叠石技艺，洞顶则采用逐层挑出的叠涩之法，可看出也是由晚明假山脱胎而来。

图4-98　常熟燕园黄石假山与山洞

狮子林假山是目前苏州见到的最大型太湖石假山，指柏轩前主假山约形成于乾隆年间或前（图4-99），前人对其评价不一，戈裕良对狮子林石洞用条石结顶，说“不算名手”；和戈氏同时代人沈复的评价是：“且石质玲珑，中多古木，然以大势观之，竟同乱堆煤渣，积以苔藓，穿以蚁穴，全无山林气势。”可能保存着元明时期的一些特征，大约是当时俗手所为。而约成于乾隆末的网师云冈黄石假山体量虽小，其布局和叠石手法，尚存晚明遗意。

图4-99　狮子林假山（录自《南巡盛典名胜图录》）

（3）清代晚期假山。太平天国后，晚清国力衰退，在造园技艺上过于工巧，过分追求形式主义，加之西风东渐，苏州园林叠石技艺由摹写自然转而为追求石趣、属相，重技而少艺，叠石匠师以金华帮为主，常平地起山，中置一洞，以条石结顶，外形常用山石包、贴成型，显得琐碎而脉理不通，如沧浪亭、狮子林、耦园（西花园）等均可见到这类叠石风格（图4-100）。然而因洞多不吉利，至民国，逐渐以小型假山花台替代之。

图4-100　沧浪亭假山

晚清假山以怡园为最，其刻意模仿环秀山庄，然无奈在技法上已是强弩之末，总嫌琐碎和局促。

（四）对现代景观建设的启示

在目前城市的现代化进程中，园林景观建设日趋西化，即使采用传统造园手法而堆叠假山者，也鲜有成功作品，究其渊源，叠石者常为口授心传，技法衰退，文人学者参与并加以研究者较少，抄袭者多，而所谓的创新又缺乏对传统成功作品的研究。因此怎样来体现中华民族及各具地域风格的山水文化特色，建成“自然山水园中城”，首先需要对传统园林中的叠山理水进行深入的研究，提高设计水平。现代所堆叠的假山常是见石不见土的无脉之山，或琐碎而零乱，应当多从李渔倡导的土石山和张涟所撷取大自然山体的片断或模拟喀斯特岩溶地貌的断崖一角等做法中汲取营养。其次是提高掇山者的理论水平和叠石技艺，吸收优秀的传统技艺，其实即使在叠石掇山方面，大块面的山石叠置也只是完成了假山的整体框架，这项工作犹如绘画中的“大胆泼墨”，而假山的镶石包、贴与勾缝则就像是绘画中所谓的“小心收拾”，它不但能连接和沟通山石之间的纹理脉络，而且还能起到保护垫石的作用，使整修假山混为一体，但现代假山的堆叠常因工时成本等原因，往往随意为之或忽视这一工作（图4-101）。同时在假山堆叠时还应预留植物的种植穴，所以计成说：掇山“雅从兼于半土”，“欲知堆土之奥妙，还拟理石之精微。”再次是充分利用当地所产的山石，观察其地形地貌和植物生长情况，掌握其典型特征，以形成本土风格。真正做到明末谢肇淛在《五杂俎》中所说的那样：“工者事事有致，景不重叠，石不反背，疏密得宜，高下合作，人工之中，不失天然，偏侧之地，又含野意，勿琐碎而可厌，勿整齐而近俗，勿夸多斗丽，勿太巧丧真，令人终岁游息而不厌，斯得之矣。”

图4-101　环秀山庄假山原镶石勾缝与现修理留下的宽厚勾缝对比

杂议第五

一、谈谈树桩盆景的配石[1]

古人认为，石是“天地至精之器”，“石配树而华，树配石而坚”，对于盆景制作者来说，石不可少。树桩盆景的配石（或称点石），犹如美人簪花，古松挺立，幽岩相伴，则愈显精神。树桩盆景的配石更似一幅书画中的款识，书画有款而妙，亦有款而败，得者能天然生色，失者则有伤布局。

配石应力求自然，构图也要浑然一体，避免矫揉造作，顾子而失母，或成为多余之物。有时也要给盆面留有一定的空白，画论中的“石畔栽花，宜空一面”大约就是这个意思。因为空白的柔和、自然更能造成视觉上的空灵舒适，更具有虚实相协的装饰趣味。同时也正是由于这种空白的作用，更增强了树石的实形之美，倘若该虚处不虚，妄加山石而充填其中，则会堵塞“气眼”，使作品显得呆重逼迫，从而降低了作品应有的艺术价值。因此在树桩盆景中，配石只有在树桩实形已无法更改或增添的情况下，为了使整个作品显得充实活泼，更富变化，才适宜考虑用配石的方法来弥补，除非先打腹稿，给配石留有一定的位置。

由于石无定形，其体量、质地、纹理、色泽等各异，故盆景的配石有法而无式，贵在自然、得体，但究其功用而言，不外乎以下几点：

(一)求得盆面的布局均衡。某些树桩由于左右枝片分布不够均衡，或布局偏于一隅，如果在重心不足之处配上假山拳石，则既能均衡重心，又可使盆景古雅有致（图 5-1)。

图 5-1　花团锦簇（紫薇，苏州朱子安）

[1] 原载《中国花卉盆景》1992 年第 9 期。

（二）弥补树干根头的不足。某些树桩姿态虽佳，枝片分布亦较合理，但由于树干或树基根头偏弱，常显得头重脚轻，比例不调。对于这类树桩，若在不足之处靠贴拳石一二，做到以拙补拙，则不但可弥补其不足，而且还能创造出根衔拳石，或树从石缝中出，“咬定青山不放松”的艺术境界（图 5-2）。

图 5-2　奇柯弄势（圆柏，苏州万景山庄）

（三）加强树与树之间的呼应联系。在合栽式盆景中，由于树基根头粗大，并栽时常常不能连为一体，如用山石作充填，则显得自然而贴切，更富自然情趣（图 5-3）。

图 5-3　云蒸霞蔚（大阪松，苏州朱子安）

总之，石在树桩盆景中主要是起到衬托、补充、完善的作用，切忌喧宾夺主。

二、江南盆景的艺术精神❶

江南是一个地域限定词，本文中的江南是指“明清时期的苏州、松江、常州、镇江、江宁、杭州、嘉兴、湖州八府及后来由苏州府划出太仓直隶州八府一州之地”。其自然条件、社会环境及人文因素相近，江南盆景则是在江南农耕文化孕育出的一朵艺术

❶　原载《管理学家》2010 年第 2 期。

之花，它是以植物、山石、土壤等物质为素材，经过技术加工和艺术处理，以及长期的精心培育，在咫尺盆盎之中，典型地再现了大自然优美景色的艺术品，展现出“无声的诗，立体的画”的艺术魅力。

江南盆景的源头可追溯到遥远的新石器时代，构成中国盆景的两大基本要素——植物栽培和栽培容器，早在距今7000年左右的河姆渡文化时就已成熟，由浙江余姚的河姆渡新石器文化遗址中出土的上刻五叶纹植物的夹炭灰陶块、陶盆以及余姚田螺山遗址（属河姆渡文化）出土的人工栽植的山茶树根，可以窥探出江南盆景的端倪。

然而根植于江南农耕文化土壤上的江南盆景，在日后漫长的岁月里并没有真正成为一门独立的艺术形式。至晋室南渡，大量士族的南迁，在江南这片文化土壤中逐渐注入了“士族精神、书生气质”。王羲之《柬书堂帖》:“……敝宇今岁植得（荷）千叶数盆，亦便发花相继不绝，今已开二十余枝矣。”江南盆景就像二王的书法，也成了以后中华文化中的一个传统符号。唐宋以降，中国经济文化中心南移，江南逐渐成为赋税之区、士大夫之渊薮。尤其是到了中唐这个中国社会的转型时期，白居易的“中隐”思想为后来的士大夫们树立了一个人格典型。而盆景作为“中隐”园居生活的一种艺术门类也开始日益成熟、普及，并在两宋以后开始形成一种专门的产业。至明代，“盆景之尚，天下有五地最盛：南都（即南京）、苏（州）松（江）二郡、浙之杭州、福之浦城，人多爱之。论值以钱万计，则其好可知”。其流风所至，几达各个阶层，“至今吴中富豪竞以湖石筑峙，奇峰阴洞。……虽闾阎下户，亦饰小小盆岛为玩”。直至清末，龚自珍有感于江南的江宁（即南京）、苏州、杭州三地对梅花盆景的“梅以曲为美，直则无姿；以欹为美，正则无景；梅以疏为美，密则无态”的时尚追求，并不只是件个人玩赏的小事，而是已关系到整个士大夫阶层的精神状态乃至民族的命运，便自购300盆，开始了筑馆疗梅，以革“文人画士之祸”（王毅《园林与中国园林文化》）。

（一）江南盆景的艺术特征

江南盆景与江南园林同出一脉，是江南精神培育出的艺术奇葩。园林是一种可行、可望、可居、可游的玩赏环境，而盆景却是“虽不能至，心向往之”的壶中天地，常能令人作卧游神思，“冷艳幽香入梦闲，红苞绿萼簇回环；此间亦有巢居阁，不羡逋仙一角山。”江南盆景又不同于四川盆景的那种悬根露爪、“立马望荆州”式的古雅奇特的造型，也不同于岭南盆景的那种因气候条件有利于枝叶萌发，以摹写近树为主的“截干蓄枝”的造型，而更多的是根据江南自然环境中生长的树木枝冠特征，进行诗情画意的艺术再现，体现了江南文人的审美趣味。其特征具体主要表现在：

一是源于自然，高于自然。江南地处北亚热带，气候温和，湿润多雨，在这优越的气候条件下发育的地带性黄棕壤上生育着独特的植物群落，以落叶—常绿阔叶混交林为主的植被类型，杂树丛生，松柏承茂，为盆景的艺术创作提供了得天独厚的素材。“一幅幅图画，一件件艺术品，以及所有被描绘的景物，必须经过艺术家的巧妙处理和精心选择才能达到某种和谐。”江南盆景精心选取乡土植物如松柏类的马尾松、黑松、圆柏，杂木类的榔榆、雀梅、瓜子黄杨，花果类的梅花、石榴、紫薇、紫藤，以及竹草类的凤尾竹、芭蕉、菖蒲等，以江南成年大树长到一定年龄则封顶而成圆弧形的树头为典型特征，进行造型。同时也引进诸如日本五针松（图 5-4）、锦松等适于江南生长的外来树种，以丰富盆景素材。

图 5-4　蛟龙探海

（日本五针松，上海殷子敏）

二是移天缩地，小中见大。陈从周《说园》:“盆栽之妙在小中见大。‘栽来小树连盆活，缩得群峰入座青’，乃见巧思。”尺树瓦缶则成山林佳景，或古木槎枒，或竹石潇疏；拳石片山则为冈峦起伏，或群峰叠翠，或曲溪清流，“藏参天覆地之意于盈间，亦草木之英奇者”。如元代黄溍为苏州僧人昱上人的潇湘竹盆景赋诗云:“道人来自阳山麓，手携旧种千竿竹。小裁方斛不盈尺，中有潇湘江一曲。未信天工能尔奇，不知地脉从谁缩？晴窗翛翛散烟雾，眼底森然立群玉。”方斛中栽植的丛竹中，有湘江一曲，这是江南最早出现的水旱式竹类盆景。元代的这种竹类盆景至今不绝。

三是参以画本，诗格取裁。江南盆景以盆为“纸”，以树石为“绘”，是植物栽培技术与造型艺术巧妙结合的产物。江南之地，“栽花种竹，全凭诗格取裁”。江南盆景受文人诗词、画派名师的影响，不仅以画理构图造型，还讲究神韵诗意。历史上的江南，从元四家到明代的浙派、吴门派、松江派，再到清代的金陵、娄东、虞山诸派，流派众多，名家辈出，一方面是文人画师参与盆景创作，另一方面则是盆景匠师们取法于画理。如明代的天目松盆景，制作时以宋元画家马远的“奇斜诘屈”、郭熙的“露顶张拳”、刘松年的“偃亚层叠”、盛懋的“拖拽轩翥”等不同的绘画风格进行造型（图 5-5）；在选择梅桩时，以“苍藓鳞皴，苔须垂满”者为古（参见仇英《汉宫春晓图》中的梅花盆景）；对于枸杞、水冬青（即小叶女贞）、野榆、桧柏等盆景，

图 5-5　刘松年笔意

（日本五针松，杭州潘仲连）

在造型上要"根若龙蛇，不露束缚、锯截痕"，这样，才为"高品"；清代康熙年间的苏州盆景，"仿云林（即元代画家倪瓒）山树画意，用长大白石盆，或紫砂宜兴盆，将最小柏桧或枫榆，六月雪或虎刺、黄杨、梅桩等，择取十余株，细视其体态，参差高下，倚山靠石而栽之。或用昆山白石，或用广东英石，随时叠成山林佳景。置数盆于高轩书室之前，诚雅人清供也"。

自南宋诗人范成大晚年归隐苏州石湖，赏玩太湖石、英石、灵璧石、海棠盆景等，并题有景名开始，如："烟江叠嶂，太湖石也，鳞次重复，巧出天然。"江南盆景一直沿用题名以点睛，来表达盆景的无限意境。

图 5-6　秦汉遗韵（圆柏，苏州朱子安）

四是盆架古雅，相得益彰。周瘦鹃（1895～1968年）在《盆栽趣味》一书中说，供人观赏的盆景，必须一是盆景富有诗情画意；二是盆盎古雅，配合得当；三是衬以几座，"自以红木、楠木、紫檀、花梨木或紫竹等所制而作古式的，最为恰当"；四是陈列时前后错综，高低参差。明代的江南盆景"盆以青绿古铜、白定、官哥等窑为第一"；盆景的配石，则以灵璧石、英石、太湖石为佳；盆景的陈设，小者列于几案，"斋中亦仅可置一二盆，不可多列"，大者列于庭榭中，"得旧石凳，或古石莲磉为座，乃佳"。所以江南盆景讲究景、盆、架三者的统一，缺一不可。如"秦汉遗韵"为一圆柏古桩盆景，有秦松汉柏之势。树龄约500年，植于明代大红袍莲瓣盆中，配以元末张士诚驸马府中的九狮石礅，古桩、古盆、古墩"三位一体"，被誉为"有生命的文物"（图5-6）。

（二）日常生活中的盆景赏玩

对精神生活的追求，常常表现在日常的生活中。江南士人或民间都有看花赏盆景的习惯，如明代万历年间徐谓和陈守经等一干文人前往王海牧家观赏海棠盆景等，玩赏盆景成为当时士人的高雅文化与平民的俚俗文化交织相融的流行文化。同时盆景也是装点环境、居室，馈赠好友的高雅礼品，如宋人吴自牧《梦粱录》说当时临安（即杭州）"今之茶肆，列花架，安顿奇松异桧等物于其上，装饰店面"（见明代《春庭行乐图》）；明人李日华行走江南，为人鉴定书画，而友人常以古梅偃松盆景为报，"……以小盆梅贻我，露根偃干，疏花点点，极有古态"。

在江南这片土地上，自古以来农业就是江南人雄厚的生活基础，因此很自然就使他们对大地和节令感兴趣。用百花及盆景来庆度岁朝节序并形成了一种文雅生活的具体内容，也构成一套文人式的赏玩文化或习俗。在苏州一带，旧时达官显贵在祝寿时喜陈放一对传统的前后左右共有十个枝片的“六台三托一顶”盆景，谓之“十全十美”。像苏州的夏天里有珠兰茉莉花市，农历六月，“虎丘花农盛以马头篮沿门叫鬻，谓之戴花。……百花之和本卖者，辄举其器，号为盆景。折枝为瓶洗赏玩者，俗呼供花”。清初沈朝初《忆江南》云：“苏州好，小树种山塘。半寸青松虬干古，一拳文石藓苔苍。盆里画潇湘。”对于江南的文士而言习惯于在春节或以花木盆景，或以丹青墨妙点缀，谓之“岁朝清供”，明清士人常喜用梅花、山茶、水仙配以奇石、灵芝等以示岁首迎新之喜气。周瘦鹃在《拈花集》中记述：“一九五五年的岁朝清供，我在大除夕准备起来的。以梅兰竹菊四小盆合为一组，供在爱堂中央的方桌上。”炎夏则用松树等各式盆景陈设，“对独本者，若坐冈陵之巅，与孤松盘桓；对双本者，似入松林深处，令人六月忘暑。”秋日则以赏菊为主，“秋来扶杖，遍访城市林园，山村篱落……。或评花品，或较栽培，或赋诗相酬，借酒相劝，擎杯坐月，烧灯醉花，宾主称欢，不忍遽别花去，朝来不厌频过。此兴何乐？时乎东篱之下，菊可采也”如清禹之鼎《王原祁艺菊图》图中，画清初画坛“四王”之一的太仓王原祁秋庭赏菊的闲雅情趣。神态悠然自得，气度雍容华贵。榻前精心栽培的盆菊和身旁放置的书籍、字画，反映了明清士人“读书取正，读易取变，读骚取幽，读庄取达，读汉文取坚，最有味卷中岁月；与菊同野，与梅同疏，与莲同洁，与兰同幽，与海棠同韵，定自称花里神仙”的人生雅趣。（图 5-7）。冬天以观果盆景陈设，如枸杞“当求老本虬曲，其大如拳，根若龙蛇。……时有‘雪压珊瑚’之号，亦多山林野致”，虎刺“其性甚坚，严冬厚雪，玩之令人亡餐”。

图 5-7　清·禹之鼎《王原祁艺菊图》（故宫博物院藏）

（三）人文精神的寄寓及表现

精神，指人的意识、思维活动和一般心理状态，是主导艺术活动的本质。在中国传统文化中，儒家强调人与自然的和谐，讲究天人合一，观物比德，如“岁寒，

图 5-8 元·倪瓒《六君子图》(上海博物馆藏)

然后知松柏之后凋也”，即以松柏比德人的坚贞品格。孔子周游列国，其主张不能为诸侯所用，见幽谷的兰花独茂，便操琴自叹，其境况与幽兰无异。在这里，人的性格特征与植物的自然属性找到了某种契合或呼应，这些花草树木自然也成了人格精神的自我映照。在中国人的眼里，“因为这些花不是被当作人类生活中讨人喜欢的附属品，而是被看成是有生命之物，它们具有与人类同等的尊严”，所以中国古代的文人“学诗者多识草木之名，为骚者必尽荪荃之美”。人们莳养花草盆景以或言志或抒怀，正如元代画家黄公望题倪瓒《六君子图》诗云：“远望云山隔秋水，近看古木拥陂陀。居然相对六君子，正直特立无偏颇。”(图 5-8)

中国道家强调以自然为宗，主张虚静、无为，“独与天地精神往来”，从而达到物我齐一、物我两忘的境界，正如庄周梦蝶，“天地与我并生，而万物与我为一”。而佛教的许多思想与出世的老庄思想是气味相投的，尤其是禅宗，讲究顿悟，主张一切众生皆有佛性，通过冥想，以达到空心澄虑、寂静如水的境界。二者都讲究返回自然，要回到大自然中去，以致“天下名山僧占多”，而道家又何尝不是这样。陶渊明是“采菊东篱下，悠然见南山”，王徽之是“尝暂寄人空宅住，便令种竹，……‘何可一日无此君！’”，陶弘景则“特爱松风，每闻其响，欣然为乐。有时独游泉石，望见者以为仙人”。而这一类的典型场景却常常是江南盆景所表达的主题，如宋画《听琴图》(图 5-9)。清代胡敬认为：“此徽庙自写小像也，旁坐衣绯者，当是蔡京。”苏州人朱勔随父被蔡京带至京师，擅作盆景，因进献三株黄杨而受宠于徽宗。 画面下方正中太湖石上，似为竹类盆景，钧窑盆中，凤尾娟娟，摇曳生姿。清代苏州人沈复“爱花成癖，喜剪盆树，识张兰坡，始精剪枝养节之法，继悟接花叠石之法”。闲暇无事，和芸娘所创作的一水岸式盆景，“用宜兴窑长方盆叠起一峰，偏于左而凸于右，背作横方纹，如云林石法，巉岩凹凸，如临江石矶状，虚一角，用河泥种千瓣白萍，石上植茑萝。……神游其中，如登蓬岛”。

法国史学家丹纳在考察了 17 世纪卢本斯的绘画作品时认为:“这种艺术绝不是个别的偶然产物，而是一个社会全面发展的结果”，它“证明那一片茂盛的鲜花是整个民族整个时代的产物”。江南文人对盆景如此的沉迷，正是发达的江南经济给城市带来了空前繁荣的结果，而奢侈好游是其一大特色。中国传统的知识阶层喜欢沉醉于大自然中的那种怡然自得的享受，他们除了造园赏花之外，对于其中最精致的盆景的莳植清赏更是士人们诗意生活的时尚，正如晚明钱塘（今杭州）人高濂那样，“春时用白定哥窑、古龙泉均州鼓盆，以泥沙和水种兰，中置奇石一块。夏则以四窑方圆大盆，种夜合二株，花可四五朵者，架以朱几，黄萱三二株，亦可看玩。秋取黄密二色菊花，以均州大盆，或饶窑白花圆盆种之。或以小古窑盆，种三五寸高菊花一株，旁立小石，上几。冬以四窑方圆盆，种短叶水仙单瓣者佳。又如美人蕉，立以小石，佐以灵芝一颗，须用长方旧盆始称。六种花草，清标雅质，疏朗不繁，玉立亭亭，俨若隐人君子。置之几案，素艳逼人，相对啜天池茗，吟本色古诗，大快人间障眼”。

“盆池虽小亦清深，要看澄泓印此心。”盆景虽微，我们却能从中管窥出江南人文的某种精神。

图 5-9 宋·赵佶（传）《听琴图》

（北京故宫博物院藏）

三、谈冬春室内绿化[1]

“一根野草也能显示大自然生命的形态”（东山魁夷语）。人们企盼自然，希望在紧张的工作、学习之余能享受到一份极富自然气息的宁静，使疲劳的身心得以宽慰和放松，而绿色植物的室内应用，恰恰能为你提供一个这样亲近自然的理想空间（图 5-10）。

[1] 原载《苏州园林》1995 年第 4 期。

图 5–10　野草盆景（沈荫椿作品）

由于现代建筑空间大多是由框架的板块所构成的几何体，因此室内往往显得生硬和不够亲切，容易产生寂寞和疲劳。若把大自然中有生命的美引入到你的室内，采撷大自然中精美的植物片断来装点你的居室，则生活情趣倍增。有了绿色植物的点缀，就能增添空间的亲切感，植物特有的线条、多姿的形态、悦目的色彩、柔软的质感和生动的影子会使你的生活空间充盈着生命的气息。

在古代宅园中，人们尤其注重厅堂的陈设布置，其内常设高几花架，以陈设盆景或盆花，并在大小几案上配有插花。古人云：“凡插花，随瓶制”（清 • 陈淏子《花镜》），夏月宜用瓷，冬春则用铜瓶蓄水插花，可避严冬冻裂之弊，并能负担起粗枝大花（如枇杷）。

在厅堂中“折花须择大枝，或上茸下瘦；或左高右低，右高左低；或两蟠台接，偃亚偏曲；或挺露一干中出，上簇下蕃，铺盖瓶口。令俯仰高下，疏密斜正，各具意态，得画家写折枝之妙，方成天趣”（明 • 袁宏道《瓶史》）。按传统习俗，厅堂内春节常点缀花木盆景，或丹青墨妙，统称为“岁朝清供”（图 5-11），所供之物，或松、竹、梅结成“岁寒三友”，或迎春、玉梅、水仙、山茶合称“雪中四友”，或蜡梅、天竺，寒水一瓶，红果黄花，枝叶相交，虽为寒冬，然能清香徐来。

图 5–11　清 • 陈书《岁朝丽景图》
（台北故宫博物院藏）

在现代居室中，人们也往往注重客厅布置，常把空间大、采光好的房间让作客厅，其具有人际交往、合家团聚的功能，所以家具及陈设也最为考究，并能显示出主人的修养。在植物的布置上应力求简洁明了、朴素大方，点衬适宜。可在沙发的转角或端头，以及难以利用的空间角隅布置大型的绿色观叶植物，诸如巴西木、假槟榔、散尾葵、千叶木等，并以此为第一层面。在沙发前的几案上则可置以精致的观赏花果类的盆景小品，有条件的则可布置插花，最为相宜。圣诞节前后若用一品红（圣诞花），或用植物的红、白、绿来构成圣诞色的基调，如用云杉松果配以唐菖蒲、康乃馨等，再点衬一二红烛，用光亮而具质感的器皿做容器，进行烘托，华丽而祥和的温馨气氛便会油然而生。由于冬天插花能保持较长的时间，故保鲜不必过究，但天冷易冻，应注意对室内温度和风的控制。

图 5-12　清•佚名《燕寝怡情》(私人收藏)

卧室内的植物装饰应注重温馨情调的表达（图 5-12），宜选用色彩淡雅、植株低矮、形态优美的种类，如文竹、观叶海棠、蕨类、羊齿类等。花材则以康乃馨、唐菖蒲、玫瑰等为主，雅洁、宁静、舒适的环境，加上阵阵清香，会使你早入梦乡。而书房则是一个最能体现主人情趣的地方，环境的清新、静雅能催发你去思考、探究。植物的布置应不拘一格，尤以“意态天然为佳，如子瞻（苏东坡）之文随意断续，青莲（李白）之诗不拘对偶”（《瓶史》）。或凤尾潇洒，影如墨竹；或梅枝横斜，疏影暗香；或凌波仙子（水仙），清姿幽馥。角隅之隙，书桌之上，随意“挥洒”（图 5-13），闲适之时，拥花读书，身心所处淡雅，耳目安顿，诚养性之所也。

图 5-13　桌面上的水仙等冬季花卉陈设

（选自崇祯年间《金瓶梅》插图）

此外，如厨房，因大多北向，直射光少，气温亦低，故常用耐阴性很强的植物作装饰，如常春藤、吊兰等，并以小型吊挂盆栽为多，如果再在餐桌上布置桌花，点缀鲜果，并用玻璃或陶瓷作花器，则更卫生美观，令人食欲徒增。

冬春季节气温低，加上风霜雨雪的瞬息多变，室内窗户大多紧闭，空气流通性差，故室内植物的选用受到一定限制，多以耐阴的观叶类植物为主，如苏铁、棕竹、龟背竹、绿萝、豆瓣绿、竹芋、蕨类等，以及部分常绿类或观果类盆景，适当配以时令花材。在布置上力求与室内环境及气氛相协调，宁精勿滥，用明代造园家的话来说，就是“一花、一竹、一石皆适其宜，审度再三；不宜，虽美必弃”（明·郑元勋《影园自记》）。

四、苏州园林中的装饰布置[1]

苏州园林是一个可以居住、休息、游赏的环境，即使身处居室亦能透过各种窗户洞门观赏到室外的如画景色，而建筑物内那轻便灵活、形体秀丽、雕刻精美、点衬相宜的窗、罩、纱槅、家具等更是引人入胜，极尽了人工之美的精湛技艺，给人以强烈的艺术感染力（图 5-14）。

图 5–14　苏州留园林泉耆硕之馆陈设布置

被称为“屋肚肠”的园林家具，其布置常能与建筑物的性质相协调呼应，并贵在精巧而便利，以满足生活起居的需要。以厅堂为例，为了与其“宽敞清丽”“堂堂高显”之气相符，常布置得严整而华丽；用几面狭长、两端起翘的天然几，紧靠正面纱槅，上陈古玩、奇石、插屏等，再在天然几的两侧配以高架花几，以供四季花木或盆景，它们和纱槅上装裱或镂刻的字画，形成了古雅、书卷气十足的环境氛围；紧靠天然几前而设的为桌面稍短、略低于天然几的供桌，以增强家具造型上的强烈对比。供桌两

[1] 原载黄铭杰主编《苏州旅游经济大全》，上海人民出版社 1992 年版。

侧设置太师椅，供主宾坐用。这样天然几、供桌、花几与厅堂两侧对置的座椅、茶几等形成了平面和立面上的大小不一、高低错落、主宾分明、前后有序的造型组群，呈现出一种特有的组合之美。而厅堂中央设置的桌子则形态各异，除了方形、圆形、六角形、梅花形等桌面形式外，尚有半圆形、长方形、三角形等可以拼拆的组合形式，如留园的又一村内现在还保存着可以拼拆组合成不同形式的七巧桌和套几。

榻是园林中另一形式的家具，其形制如卧床，三面设有靠屏，中央常设矮几，可置茶具，榻下还设有两个踏凳（图 5-15），为园主接待贵宾或吸烟坐卧所用。

图 5-15 榻（苏州留园）

一般而言，园林中陈设的家具，明式简洁素雅，用料精细，装饰少而集中。而清代家具，则常用大理石镶嵌椅背、榻屏等，并配以葫芦、贝叶等图案，显得繁缛华美，富丽浓艳，苏州沧浪亭的清香馆内有一套用榕树树根拼制而成的榻、桌、椅、几等家具，正是这种审美追求的时代产物。

建筑物内的罩，可以说是室内最富装饰效果和审美情趣的，它常用优质银杏、花梨木等雕刻而成。留园的林泉耆硕之馆内的圆光罩、狮子林的古五松园内的芭蕉罩、耦园的山水间内的落地罩，都是苏州园林中不可多得的珍品。而拙政园的留听阁内的飞罩更具代表性（图 5-16），由银杏木料雕成，两边下垂作拱门状，松干梅枝，下饰太湖石，边刻竹叶。聚散有致的梅花和四只顾盼有姿、喳喳欲飞的喜鹊间饰其中，显得精美玲珑。

它既有松、竹、梅“岁寒三友”的风骨，又不甘寂寞，故有“喜上眉梢”的吉祥寓意，这便是古代知识分子的进儒退道，“达则兼济天下，穷则独善其身”的心态写照。

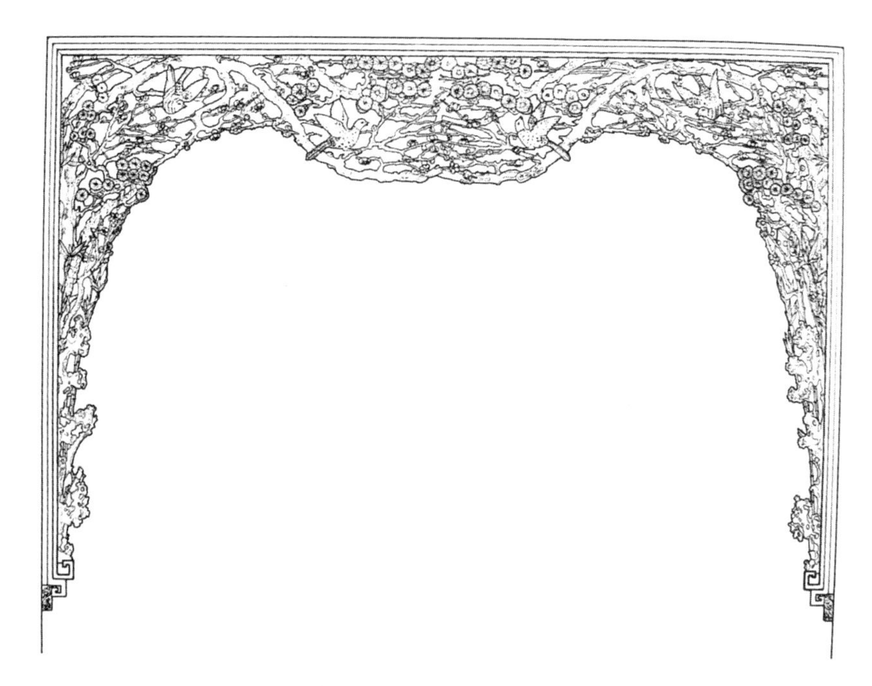

图 5-16　飞罩（苏州拙政园，录自刘敦桢《苏州古典园林》）

园林中的建筑物上的匾额，被人喻作人的须眉，景物的说明书。《红楼梦》第十七回中，贾政说：“偌大景致，若干亭榭，无字标题，也觉寥落无趣，任有花柳山水，也断不能生色。”由此可见，匾额是园林中造景、点景的不可缺少之物。狮子林的问梅阁，为园西景物中心，阁内除了铺地、窗格、桌椅等均为梅花式样，隔扇上陈设的诗文书画也都是与梅花有关的内容。内有“绮窗春讯”一匾，人临其境，即使不值梅花花期，亦能借助阁上方的匾和建筑物的特殊装饰，发人遐想：“君自故乡来，应知故乡事。来日倚窗前，寒梅花开未？”玩味诗情，观赏室内外景物，令人徘徊，吟咏不已。

匾与额本为两个不同的概念，悬在厅堂之上的称匾，嵌于门屏之上的为额。因园林建筑多敞开，故额对露天，多用砖石（图 5-17）；匾悬室内，多用竹木（图 5-18）。园林中的对联则更具写意抒情特色，如网师园的殿春簃内，在空窗的两侧挂有一联：“巢安翡翠春云暖，窗护芭蕉夜雨凉”，为清代书坛上居碑派一方之雄，又能写一手基于颜书笔法之行草的何绍基所书，窗下置有琴桌，进门望去，竹荫梅影，文石蕉叶，宛如一幅天然图画。读诗寻景，加上文字之隽永，书法之精妙，真令人一唱三叹，回味无穷。

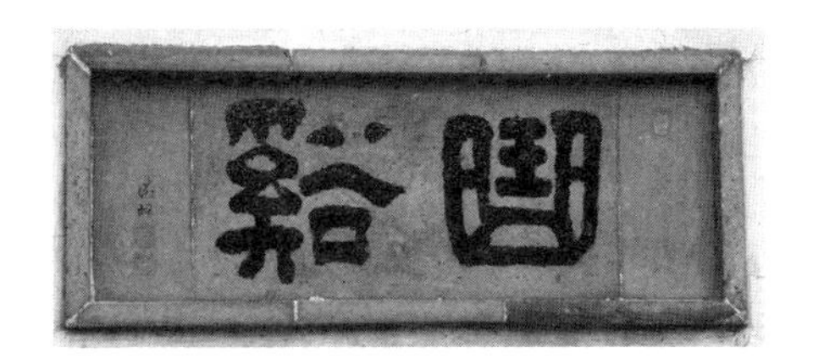

图 5-17　苏州留园曲溪楼砖额

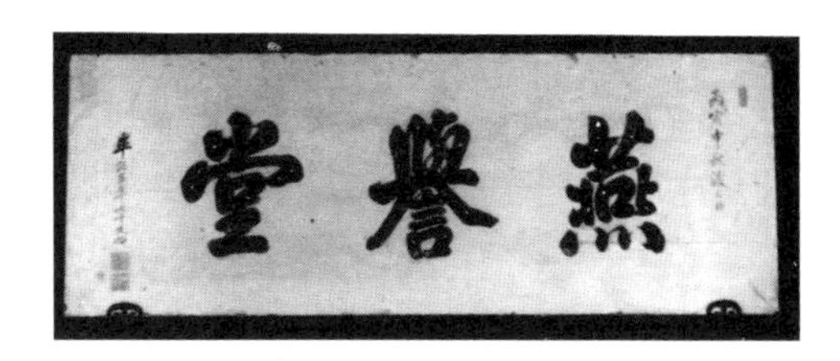

图 5-18　苏州狮子林燕誉堂匾

我国古代有“四艺”之说，四艺者，琴、棋、书、画，这是古代文人自幼便具备的生活艺术修养。琴为古乐，传为伏羲所制，“虽不能操，亦须壁悬一床”。留园的揖峰轩内，除古琴外，还有棋几两只，墙上还悬有大理石挂屏，远远望去，犹如一幅幅天然的“米家”山水画，颇具“风前闲看月，雨后静观山”之韵致。

砖雕和碑刻，也是苏州园林中常见的建筑装饰之物。砖雕一般设在大厅前的门楼上，常以人马戏文故事为主，主要表达园主的审美理想和人生追求。如网师园的“藻耀高翔”门楼上，刻有“文王访贤”和“郭子仪上寿”两个双层砖雕作品，层次丰富，刻工精细，人物形象栩栩如生，充分显示了我国古代砖雕技艺的高超水平。碑刻、法帖一般置于碑亭或廊庑的墙壁上，或园苑记，景物题咏；或名人轶事，名家诗画。一般横者为帖（图 5-19），竖者为碑。其不仅是一种装饰，供人随时品赏玩味，还可使人了解园史，增长知识等。

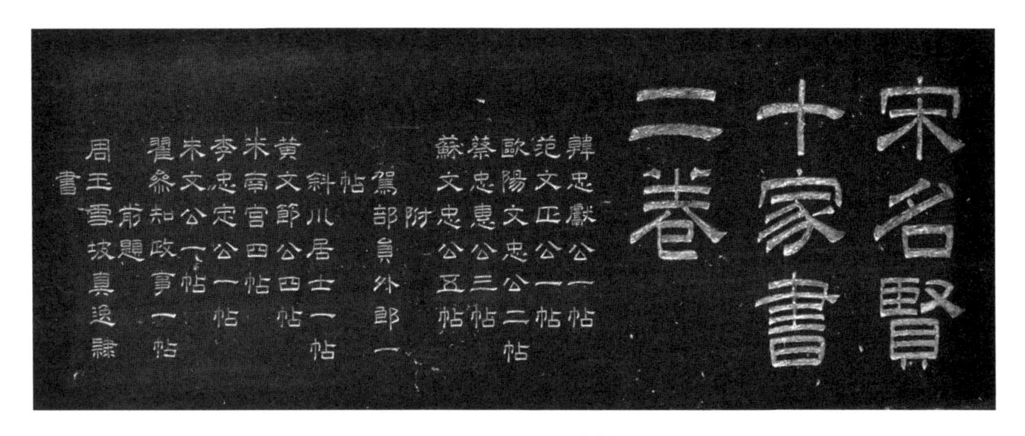

图 5-19　留园法帖

苏州园林中的装饰布置除以上几种之外，其他如建筑物的山花泥塑（图 5-20）、花街铺地等等，种类繁多，它不但充分展示了我国古代的人工技艺之美，而且还在幽静典雅的环境中显示出苏州人杰地灵、物华文茂的吴文化特色。

图 5-20　山花（苏州拙政园）

五、香山帮的建筑成就 ❶

位于苏州西部太湖之滨的胥口镇的香山，因“吴王种香于此山，遣美人采香焉”（《吴郡志》）而得名，旁有山溪，名“采香径”。“山近灵岩地最幽，香溪名胜足千秋”优越的地理条件，加上苏州数千年深厚文化底蕴的积淀，以及雄实的经济基础，催生了自古即出建筑工匠的香山帮。至明初，香山匠人蒯祥应征营建北京紫禁城，而官至工部侍郎，从此香山一带，人们普遍以建筑为业，从者如云，“香山梓人巧者居十之五六”（《香山小志》）。人多成群，自然而然地形成了以建筑工匠名闻遐迩的香山帮。随着时代的进程而不断融合、发展，逐渐形成了一个以苏州为中心的集木作、水作、砖雕、木雕、石雕等多工种为一体的香山帮地域建筑流派。作为江南地域的传统建筑流派，香山帮建筑现已成为了“苏派建筑”或“苏式建筑”的代名词，而所谓的香山帮建筑亦多以留存于世的苏州地区传统建筑而论。

建筑作为人类最基本的实践活动之一，它是和当地的自然条件、生产力发展水平和社会因素等密不可分的。香山帮的形成应该说有其一定的历史渊源的，苏州古城作为我国“历久而不变”的第一古城，早在公元前 11 世纪的商末，周太王古公亶父的长子太（泰）伯和次子仲雍，为避让君位而奔当时尚属于荆蛮之地的江南，在今无锡的

❶ 原载崔晋余主编《苏州香山帮建筑》，中国建筑工业出版社 2004 年版。

梅里建立了国号为“句吴”附庸小国，带来了周族先进的文化和农业生产技术。传至19世孙寿梦（公元前585～前561年）称王，开始在苏州营城并考虑迁都。寿梦死，子诸樊立，正式迁都苏州（具体地点史籍无考）。至周敬王六年（吴阖闾元年，公元前514年），吴王举伍子胥为行人（掌朝觐聘问，接待诸侯之事），使伍子胥筑“阖闾城”，即今苏州城的前身（确切年份无从考证）。伍子胥“相土尝水，象天法地，筑大城，周回四十七里。陆门八，以象天之八风。水门八，以法地之八卦。筑小城，周十里”（《吴郡志》，图5-21）。苏州东北角的小镇“相城”据说就是当年伍子胥勘察相城的地方。小城即子城，又称宫城，《尚书大传》云：“九里之城，三里之宫。”大城外有“吴郭，周六十八里六十步”（《越绝书》）。汉代刘熙《释名·释宫室》云：“郭，廓也。廓落在城外也。”说明当时的阖闾城是由外郭、大城和小城三重城垣所组成的，正合《管子·度地篇》所说的“内为之城，外为之廓”，“筑城以卫君，造郭以守民”，和《墨子·非攻篇》所说的“三里之城，七里之廓”的规制，这和当时中原地区的诸侯各国的都城制度基本是一致的。由于苏州古城选择在五湖三江的交汇之处，北近长江，西依太湖，溯三江而上，既扼太湖下游河道之咽喉，又位于低山丘陵至平原水网的过渡地带的高处，面水而无浸润之害，城内、外挖掘了内、外城河与外河相通，“背山得水利交通之便”，所以其既可用来御侵之敌，又具备泄洪能力，更是水上的交通便道。当时的阖闾城是一座“版筑”的土城，但因其构筑坚固，虽经历史风雨的洗礼，其形制一直没有多大的变化，晋代的左思在《吴都赋》中说“郛郭周匝，重城结隅。通门二八，水道陆衢”，其格局至今犹存。

图5-21　古齐门之水城门

《考工记》曰："匠人营国"，"营国"即营建城市，包括建筑城池、宫室、宗庙等。在营建"阖闾大城"的同时，吴王阖闾，尤其是夫差更是"好起宫室，用工不辍"。馆娃宫就是当时吴国著名的宫殿建筑之一。相传春秋时期，越王勾践为了复仇灭吴，进西施以狐迷吴王夫差。为讨得西施美女的欢心，吴王特地在现在的木渎灵岩山上起造馆娃宫。而越王勾践则采取"与人不睦，劝人盖屋"的策略，为使吴国劳民伤财，耗尽国力，便向夫差进献了大量的名贵木材，从水路运至山脚下，"积木三年，木塞于渎"，这便有了今日灵岩山下的木渎镇。据载，馆娃宫"铜勾玉槛，饰以珠玉"，极一时之盛。"馆娃南面即香山，画舸争浮日往还。翠盖风翻红袖影，芙蓉一路照波间。"西施因天天要用越国的新鲜香草，把身体和宫房熏得兰麝馨香，越国进献的香草就栽种在这"香山"上。采香泾是吴王为了取悦西施所开凿的一条河道，其南受太湖之水，北流至灵岩山前，当年宫女们就从这条人工河道泛舟去香山采集香草，宫女们也常常在这溪边沐浴洗妆，溢脂流香，以致把整条溪水都染香了，所以它又称"香水溪""脂粉塘"。后来馆娃宫被越兵所焚。相传现在的灵岩山寺基即为当年馆娃宫遗址，灵岩山寺大殿即是建在当年的馆娃宫殿堂上。巧合的是，当历史跨越了2000多年后，到了1937年，灵岩山寺的大雄宝殿又是由香山帮一代名匠姚承祖（补云）和雕刻名家赵子康所率领的香山帮能工巧匠重建的。其结构嵯峨、木梁石柱的飞檐复宇，规模宏大，气势雄壮，成为香山帮建筑的又一代表之作。

吴国除了馆娃宫外，还有如姑苏台、华林园、南成宫等，而且在构造时，"巧工施校，制以规绳，雕治圆转，刻削磨砻，分以丹青，错画文章，婴以白壁，镂以黄金，状类龙蛇，文采生光"（《吴越春秋》），极尽雕饰之美。至楚考烈王十五年（公元前248年）楚相春申君黄歇治吴，在苏州建有桃夏宫、吴市等宫苑建筑，"春申君都吴宫，因加巧饰"（《吴地记》）。到了汉初，司马迁看了春申君的故城后，曾发出过"宫室盛矣哉"的赞叹。

隋唐之际，随着经济的发展，苏州已有了"八门、六十坊、三百桥、十万户"，被称为"东南之冠"，白居易诗云："人稠过扬府，坊闹半长安。""坊，方也。以类聚居者，必求其类。"当时的坊巷与河道相平行，正所谓"君到姑苏见，人家尽枕河。古宫闲地少，水港小桥多"（杜荀鹤《送人游吴》），"处处楼前飘管吹，家家门外泊舟航"（刘禹锡《登阊门闲望》）。尽管唐代的建筑实物，随着历史的沧海桑田，早已荡然无存，但从一些历史的记述中，仍可见到当时的规模。如在吴王阖闾大城的子城上所建的齐云楼，唐代陆广微《吴地记》说它是唐太宗十四子曹恭王（于调露元年，即679年，出任苏州刺史）李明在古月华楼旧址上所建；后白居易治苏，取古诗"西北有高楼，上有浮云齐"之意，改名为齐云楼。章宪有《登齐云楼》一诗咏之："飞楼缥缈瞰吴邦，表里江湖自一方。曲槛高窗云细薄，落霞孤鹜水苍茫。"可见其高耸雄伟。后宋绍兴年间，郡守王唤重建，两挟循城，为屋数间，两侧建有小楼。范成大《吴郡志》说它是“美奂雄特，不惟甲于二浙；虽蜀之西楼，鄂之南楼、岳阳楼、庾楼，皆在下风”。南宋词人吴梦窗更有《齐天乐•齐云楼》咏之云：“凌朝一片阳台光，飞来太空不去。栋与参横，帘钩斗曲，西北城高几许。天声似语。便阊阖轻排，虹河平溯。问几阴晴，霸吴平地漫古今。”其高耸入云之势，犹如天上宫阙。

苏东坡在《灵碧张氏园亭记》中说：“华堂夏屋，有吴蜀之巧。”正因吴地自古就出能工巧匠，所以历代帝王在营建宫城时，常常征召吴地的大批工匠为其服务。如北宋末年，宋徽宗赵佶在苏州设应奉局，征调吴郡工匠赴东京汴梁（即开封）营造苑囿，据说其中就有不少是香山的匠人。而当时苏州人朱勔随其父朱冲，被蔡京带到京师，安排在禁军里，最初只不过进献了三株黄杨木，却从此平步青云，成了皇帝的专宠，宋徽宗因在东京的东北隅平地起造艮岳，便用朱勔主持在江、浙一带搜求珍奇花木竹石而专门组成的船队——花石纲，只要民间有一木一石稍堪玩者，便直入其家进行掠夺。宣和四年（1122 年）艮岳落成，周围十余里，千岩万壑，楼台殿观，不计其数，至今苏州留有的太湖石峰，如瑞云峰、冠云峰等就是这一时期的遗物。朱勔当时在苏州有别墅号同乐园，俗称朱家园，园内珍木遍植，奇石林立，崇台峣榭，有牡丹数千株，占地一里许；又有水阁，作九曲路以入，春时纵士女游赏，迷路莫辨。后朱勔为宋钦宗诛杀，其后人世居虎丘山麓，以叠山种花为业，游于王侯公卿之门，人呼“花园子”，南宋周密《癸辛杂识》云：“工人特出吴兴，谓之山匠，或亦朱勔之遗风。”由此可证南宋的建筑叠山工匠，也大多出于苏州一带。

到了明代，永乐十五年（1417 年），明成祖朱棣迁都北京，从全国征集大批工匠营建宫城——紫禁城，香山木匠蒯祥这时也被应征到京，承担皇城的建筑施工任务。蒯祥出生于木匠世家，其父蒯福在明朝初年曾主持金陵（南京）皇宫的木作工程，“能（主）大营缮，永乐中为木工首，以老告退，祥代之，营建北京宫殿”（《皇明通记》）。到了永乐十九年（1421 年）和二十年（1422 年）两次大火，把紫禁城里的奉天、华盖和谨身（现分别名为太和、中和、保和）三大殿和乾清宫烧了个精光，正统年间（1436 ～ 1449 年）蒯祥受命负责重建三大殿和乾清宫，增建坤宁宫。蒯祥既精通尺度计算，又擅长榫卯技巧，据史料记载，他能“目量意营，准确无误”，“凡殿阁楼榭，乃至回廊曲宇，随手图之”，又“能以两手画双龙，合之如一”。其建筑技艺达到了炉火纯青的程度。相传在建造故宫三大殿时，缅甸国王曾进献了一根巨大楠木，朱棣下令把它制作为大殿的门槛，当时有个木匠一不留心，误锯短了一尺多，这下可吓坏了。蒯祥见状，要他索性再锯短一尺多，众人不解其意。只见蒯祥胸有成竹地在门槛的两侧，雕琢了两个龙头，再在两侧各镶上了一颗龙珠，用活络榫头装卸，这便是后来所称的金刚腿。明天顺八年（1464 年）蒯祥又受命设计营建明英宗朱祁镇的陵墓——明裕陵（明十三陵之一）等。

明代卢熊编纂的《苏州府志》中有云:“东南寺观之胜，莫盛于吴郡，栋宇森严，绘画藻丽，足以壮观城邑。”东汉以降，因佛、道随着统治阶级的提倡，民间善男信女的拥趸，所以数千年来，兴建佛寺道观一直是历代社会的主要建筑活动之一。也正因如此，与其他建筑相比，它更能得到保护，因此大量古建筑亦得以存世。位于苏州观前街的玄妙观,就是我国保存较完整的大型著名道观之一,它始建于西晋咸宁二年（276年)，初名真庆道观。在清代全盛时期，玄妙观共有30多座殿阁，形成了一片由宋元明清各个历史时期古建筑所组成的巍峨建筑群。由于它的存在，香客盈门，游人纷至沓来，以致观前街因其得名，并成为苏州最繁华的商业区。其正殿三清殿，为我国现存宋代古建筑经典之作，被列为全国重点文物保护单位。它初建于晋，南宋淳熙三年（1176年）由郡守陈岘重建，所以部分石柱有题字称淳熙三年者;淳熙六年（1179年）毁于火，由提刑赵伯骕摄郡时再重建，殿为重檐歇山顶，面阔九间，进深六间，为苏州最大的殿堂建筑物（图5-22)。殿柱作“满堂柱”排列，纵横成行，内外一致，七列，每列十柱，无“减柱”或“移柱”。四周檐柱为八角形石柱，东、南两面多为青石柱，并刻有宋人所书的天尊名号和施舍题记，如“管内都道正口天庆口口口口口口谨置石礎所口功德口用口口先口夏知观先考口口口先妣曹氏魂仪口口口淳熙三年岁丙口十二月日题”等。西、北两面的檐柱则大多为历代重修时更换，如清嘉庆二十二年（1817年）秋，因西北隅遭雷火后，换了花岗石石柱。殿内除正中三间的四根后金柱为抹角石柱外，均为圆木柱。内外柱础均作连礎有唇素覆盆式，檐柱础上再施仿木八角形石柱脚，殿内木柱则于础上加石鼓。其斗栱形制等多与宋《营造法式》相符，如其上檐

图5-22 三清殿与八角檐柱

柱头铺作与补间铺作，均为重抄重昂，但仅为华栱前端做出假昂，其后并无昂尾挑起；内槽中央四缝斗栱则于重抄之上，前后皆用上昂，栌斗两侧完全对称，形成宋《营造法式》所云的“六铺作重抄上昂斗栱”结构，为国内仅存孤例。三清殿正中的砖砌须弥座，面阔三间，高1.75米，式样合于宋《营造法式》，而更趋繁密；上面供奉的上清、玉清、太清“三清”塑像，高约6米，其虽经后世修补，但姿态凝重，道貌岸然，被认为是宋代道教造像中的上乘之作。殿前宽大的青石露台，三面围以雕刻精细的青石栏杆，中间各设踏跺，华板上雕饰有人物、走兽、飞禽、水族、山水、云树、亭阁等图案，形象古朴生动，应为宋代以前的作品。

佛教的寺庙与宝塔在苏州形成了若干个古建筑群，虎丘的云岩寺就是其中之一。云岩寺塔（亦称虎丘塔）建于五代后周显德六年（959年，即吴越钱弘俶十二年）至北宋建隆二年（961年）间，现为全国重点文物保护单位，它被视为苏州古城的象征，蜚声海内外。塔为七级八面，以砖结构为主的仿木结构楼阁式舍利塔，现塔刹已毁，通高约48米，塔身自下而上逐层收敛，外轮廓呈微鼓曲线，各层外壁转角处，均作圆倚柱，柱头起阑额，上置斗栱承托腰檐，再以斗栱挑出平座。塔身平面由外壁、回廊、内壁、塔心室组成，通体以黏性黄泥砌筑。登塔木梯置于回廊内；内壁平面亦为八角形，四面辟壶门；塔心室平面除第二、第七两层作八角形外，皆为方形。各层回廊、塔心室转角处隐起圆柱，上出斗栱梁枋。塔内堆塑各种图案，阑额饰以“七朱八白”，壶门藻井饰以卷草、金钱、如意等。壁面则以各式折枝牡丹为主，第五层湖石勾栏壁塑尤为罕见。由于其塔基不均匀沉降，现塔体向北偏东倾斜，塔顶移位2.34米，倾角2° 48’，成了有名的东方斜塔。虎丘山的二山门，即“断梁殿”，建于元顺帝至元四年（1338年），后经明嘉靖、天启及清道光年间修缮。单檐歇山顶，面阔三间，进深五檩，翼角（戗角）自当心间平柱即开始反翘。檐柱柱头铺作置海棠形栌斗，正面出华栱一跳，上施令栱；背面出华栱一跳，承月梁；正心施泥道栱、慢栱，承柱头枋。补间铺作当心间两朵，次间及山面各一朵，栌斗正面出跳同柱头铺作，背面出华栱两跳（偷心造），第二跳栱心起挑斡，跳头施令栱与素枋，托于下平槫之下，即古制所谓“若不出昂而用挑斡者”。内部梁架分配承袭宋《营造法式》所列“四架椽屋分心用三柱”原则。门内施分心柱，于当心间两柱之间设断砌门。柱上置栌斗、令栱与素枋。脊槫（即脊桁）中分，由左右两段接合，形似“断槫”，所以俗称断梁殿。东、西两次间于分心柱之间砌砖壁，分隔为前后两部分。断梁殿除了门扉、连楹、屋顶瓦饰及局部斗栱为后世所修补外，主体结构仍属元代遗物，并保留有宋代建筑法式特征的地方较多，其用材硕大，斗栱雄健，时代特色鲜明，为一座不可多得的元代木构建筑。陈从周教授在《梓室余墨》中评说道：“苏州虎丘云岩寺二山门，为今日该地惟一已知之元构（刘士能师鉴定为元，实则宋构也。）……其斗栱外檐补间铺作，斗下未施普柏枋，直接骑于栏额之上，与已毁之吴县角直保圣寺北宋遗构正殿同一方法。而此殿堪令人注意者，即栌斗非平置栏额上，而将其底部嵌于栏额上。……再则该建筑因斗栱平置栏额上，地位升高。原来檐端轮廓自当心间平柱即开始反翘，故其曲线较圆和，尚存古法。”关于断梁殿民间尚有不少传说。一说是元朝皇帝听说苏州自古就出能工巧匠，为了要难倒苏州的工匠，所以特下了一道圣旨，要在苏州虎丘山的山脚造一座千年不倒的殿门，但只给了一些零碎的木料，而且不准用一根铁钉。聪明的苏州工匠在“赛鲁班”老匠头的带领下，以“斗栱”“琵琶吊”“棋盘格”的顶力和吊力作用，分担了重量，最终用两段木料建成了断梁殿，这样拼接的两段脊桁既承担了屋脊的荷重，又节约了长木。

位于苏州凤凰街定慧寺巷的双塔，亦为宋构。宋太平兴国七年（982 年）由王文罕兄弟捐资重修唐咸通二年（861 年）盛楚所建的罗汉院（初名般若院）殿宇时增建，其北的罗汉院正殿为宋代建筑遗址，现存四周石制檐柱 16 根，高约 4 米，大多完好，上端有安装木枋榫头的卯槽。造型分雕花圆柱、爪棱柱和八角柱 3 种。石础 30 个，皆覆盆式，檐柱础（即盆唇）形状均与柱形相配。前檐六柱及础为圆形，通体浮雕牡丹、夏莲、秋葵等缠枝花卉婴戏纹饰，构图典雅，线条流丽，堪称宋代建筑石雕艺术的精品。根据其柱础排列的位置，可知该殿面阔与进深皆为三间，东、西、北三面绕匝副阶，属正方形平面，明间有露台向南伸展。如果根据宋《营造法式》复原，此殿应为单檐歇山式。

儒教自从西汉董仲舒向汉武帝建议的罢黜百家、独尊儒术被采纳后，便成了封建社会的正统思想，设学以传，建庙膜拜，蔚然成风，位于苏州人民路三元坊的文庙（又称府学、孔庙）便是其中之一。其始建于北宋景祐二年（1035 年），当时范仲淹知苏州时，以五代吴越王钱氏的南园旧地一隅所建，“广殿在左，公堂在右，前有泮池，旁有斋室”（北宋•朱长文《学校记》）。改革旧制，首创将府学与孔庙合一的左庙右学格局。现辟为文庙公园，平面布局有东庙西学两条并行轴线。大成殿为文庙正殿，前有棂星门、戟门，均为明代遗构;后为崇圣祠，明代始建，现存者为清代同治三年（1864 年）重建。棂星门原为文庙第二道门（第一道为黉门，现移于第三道门——戟门内保护），现存者为明代成化十年（1474 年）遗构（图 5-23），门为六柱三门四壁出头青石牌坊，面阔 25.50 米。冲天柱云冠雕饰有盘龙，下立抱鼓石夹杆，两中柱高 8 米，四边柱高 6.86 米，柱间有额枋两道，雕有行龙、翔凤、仙鹤，并饰以日月牌版及云版。四堵砖壁以九方青石板作贴面，呈井字形，中央饰以牡丹或葵花图案，四角则饰以卷草如意纹，上覆瓦脊，下承须弥座。石雕浑厚刚健，粗中见细，具有鲜明的明代艺术风格。大成殿始建于北宋，当时称“宣圣殿”，现存建筑为明代成化十年（1474 年）所建，后虽经修葺而有所改动，但其结构严谨，用料粗壮，风格古朴庄重，仍不失明代规制。大成殿的庑殿式屋顶在封建社会里是最高等级的屋顶形式（图 5-24），它一般多用于皇宫、王府、寺庙等级别较高的建筑中，如故宫的太和殿。整个屋顶有四坡五脊组成，即由前、后、左、右四块屋面，故又称四阿顶，苏南地区则称四合舍；五条脊即由前、后坡相交形成的一条正脊，以及前、后坡与左、右坡相交形成的四条垂脊（戗脊）组成，所以又称五脊殿。大成殿为重檐庑殿筒瓦顶，这是仅次于黄色琉璃瓦的最高等级的建筑，其面阔七间，进深十三檩，殿柱均为连磉覆盆式石础，廊柱加杵状石礩，上廊柱础和步柱础加合盆式木鼓礅。下檐用五踩重昂，栌斗后尾出翘一跳，跳头上施三伏云与上昂相交，昂之上端则支于挑杆之下。此挑杆系外侧第二层昂之后尾，其结构实为合下昂上昂于一处。殿前露台宽广，三面围以石栏，各砌踏跺，南踏跺中央置有团龙御路。

图 5-23　文庙棂星门与雕饰

图 5-24　文庙大成殿

城隍庙是祭祀城隍的地方，城隍是古代神话中相传守护城池的神，被道教尊为“剪恶除凶，护国保帮”之神。明太祖洪武三年（1370年）因正式规定各府、州、县设城隍神并加祭祀，所以在原古雍熙寺废基（相传为三国东吴周瑜故宅基）上，新建苏州府城隍庙，即景德路现址。其府庙正殿由前后两座单檐歇山式大殿组成，中间以穿堂相连，平面呈“工”字形，俗称“工字殿”，为苏州现存比较完整的明代早期殿堂建筑。前后殿均为面阔五间，进深七间。前殿当中三间台基向南延伸为月台，台上建卷棚顶抱厦三间，与前殿形成勾连搭屋顶。殿柱粗壮，左右檐柱和后檐柱承以覆盆础加鼓式木櫍或石礩。明间金柱石礩雕有缠枝艾叶卷草，前檐柱石礩作皮鼓状，上下各雕鼓钉一圈，鼓腹前后雕以螭首衔环，左右雕以花鸟（图5-25）。四周檐柱置额枋，架平板枋（宋称普柏枋，俗称坐斗枋），上设一斗六升丁字科，承连机和檐桁。檐柱与步柱间连以廊川和夹底枋。正贴步柱与后步柱之间连以夹底枋，上坐斗三升栱两朵承大梁，梁上再坐斗三升栱两朵承连机和金桁，前后金桁之间置以三界梁，上施斗三升栱一朵托连机承脊桁，饰以山雾云。后殿木构梁架和前殿类同而规制略小。四周檐柱下为覆盆式石础，金柱和脊柱则在覆盆础上加素面鼓形石。前殿和后殿通过二步五架卷棚式穿堂过渡，连为整体。前殿前部桁枋及抱厦梁架间尚存苏式彩绘，绚丽精美。

图5-25　城隍庙与鼓礅

汉代的扬雄《将作大匠箴》云：“侃侃将作，经构宫室。墙以御风，宇以蔽日。寒暑攸除，鸟鼠攸去。王有宫殿，民有宅居。”人类居住的建筑从最早的防御功能不断向着实用、美观和舒适的方面发展，并随着宗法社会的形成，产生了宗庙、宫殿、宅第等类型，但数量最多，历史最悠久，分布最为广泛的还是宅居。而园林是由居住与游览双重目的发展起来的，其建筑及其布置更富艺术性，因此最能体现香山帮建筑特色和艺术成就的无疑应当首推苏州的古典园林建筑。古典园林是由山水、植物、建筑等要素组成的一种可居、可游、可望、可行的游憩玩赏环境，其本为私人游息、怡情、养性、终老之所，所以常与宅第相连，即使是一两处大规模的园林，也必与其住宅宗祠相连。因其有一定的私密性，而非所有公众所欣赏，所以在设计上不崇庄严伟大，但求幽静精巧；不重对称，而须曲折，有引人入胜之概，免呆滞直露之弊。《园冶》云：“凡园圃立基，定厅堂为主。先乎取景，妙在朝南，倘有乔木数株，仅就中庭一、二。筑垣须广，空地多存，任意为持，听从排布，择成馆舍，余构亭台，格式随宜，栽培得致。”所以在建造上常以主体建筑为主，以花木、山水为观赏对象，存天然之趣，给人以舒适陶醉之感。

园林建筑是一门实用与审美相结合的艺术。中国建筑体系，在平面方向上常具有一种简单的组织规律，苏州园林中的住宅建筑在平面布置上，也大多不脱传统的均衡对称的方式，即常以中轴线进行布置，主要是符合当时封建社会的宗法观念的要求，以充分体验“父父、子子”的“三纲五常”的儒家思想。其住宅的平面布置，自外而内，一般有照壁、门厅（门第）、轿厅（茶厅）、大厅、内厅（楼厅）等，每进房屋均隔有天井（图 5-26）。临界作墙，或辟园圃；两侧常建花厅或书厅，其后则建厨房和下房。

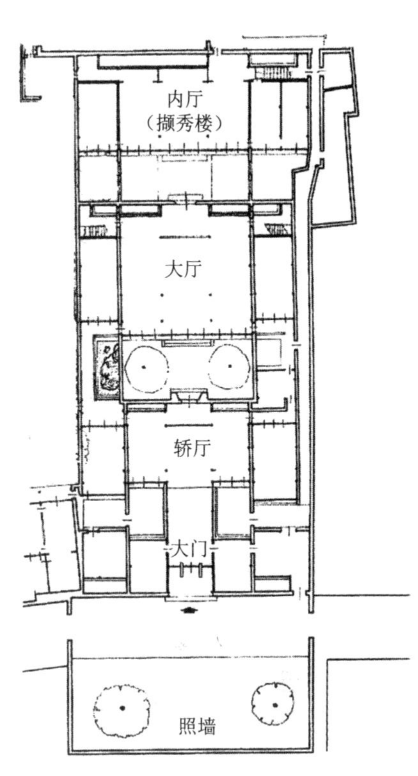

图 5-26　网师园住宅平面示意图

（1）照壁，即外影壁，俗称照墙。据称，早期门内称“隐”，门外称“避”，影壁是由“隐避”演绎而来的。苏州旧住宅，按封建社会的官阶而定，可分为“一”字形、“八”字形、“门”形，而隔河者必官至一品，方能建造，如纽家巷潘世恩（官至大学士）住宅。照壁主要是起到住宅前的屏障及对景作用。而照壁与大门之间的空间则主要作为马、轿的回旋之地。以网师园为例，大门外有大型照壁，东、西两侧设辕门。壁间设有拴马环，照壁前对植有盘槐（亦称龙爪槐）两株（《周礼》：“面三槐，三公位焉。”三公即为宰辅）。

（2）门厅，即门第、门屋。苏州园林大多为达官贵人之宅园，其门第常为显贵的将军门。在建造上，进深常为四间，宽一间或三间，在正间脊桁之下设将军门，高宽之比为 3 ： 2。在额枋上装阀阅（即北方之门簪）以置匾额，阀阅圆柱形，其端作葵花装饰者，这在古代只有显贵之家才能使用。用一特大阀阅上置竖匾者，则为极品门第，其余或二或四则置横匾。将军门下用“高门槛（限）”（或称门档），高度约占门高

图5-27 网师园“狮子滚绣球”砷石

的1/4，两端作金刚腿，出入时将则将门槛卸去；左右置砷石（亦称硐石），即抱鼓石，其式样不一（图5-27）；门面装门环，较巨之门，门环常作兽头，门背装门闩。大门亦有位于东南角的，这大多与明代的制度或风水有关。

（3）轿厅，又称茶厅，为轿夫停轿备茶之所，皆敞口无门窗，进深为六间，其结构或为扁作，或为圆料。轿厅旁有小院，其间建筑则作账房，或家塾之用。

（4）大厅，位于轿厅之后，常“堂堂高显”，富丽宏伟，为款待宾朋及婚丧应酬之用。其结构，富有之家，都用扁作，小康之家，则用圆堂。《明史·舆服志》载：“洪武二十六年（1393年）定制，（庶民庐舍）不过三间五架，不许用斗拱，饰彩色。三十五年复申饬，不许造九五间数（即五间九架）。房屋虽至一二十所，随其物力，但不许过三间。正统十二年（1447年），令稍变通之，庶民房屋架多而间少者不在禁限。”至清初“顺治、康熙间，士大夫犹承故明遗习，崇治居屋”（王芑孙《怡老园图记》）。所以大厅面阔常为三间，廊柱间正间设长窗，两侧次间则装地坪窗。清代虽在平面上限于三间，但常在厅旁次间外各加一间来变通，或以隙地建书房或小花厅等，至女厅开始增加间数，一般以五间为习见。如网师园大厅，虽面阔三间，但旁列书斋和备弄，小庭常布置花池竹石，形成了三明两暗的五间式样。大厅从开间、进深、高度，到用料、工艺、装修等都较其他房屋的规格要高而精细，而且多为奇数，这样是便于在中轴线上使用，同时也符合中国传统文化中的奇数为大的原则。奇为阳数，偶为阴数，这也是阳宅用阳数的中国传统哲学的反映。有的大厅由于在间数上受到制约，所以便在进深上发展，在平面上形成了纵长方形，这样便增加了房屋的面积，如位于天官坊的陆宅（原为明代王鏊宅，乾隆末归徽商陆义庵所有），其进深特大，前用翻轩（卷棚）。翻轩就是大厅前后廊上方卷棚式的天花，又称“卷”（轩）。“卷”的产生正是由于这种建筑向纵深方向发展，使得屋脊增高。为了降低过高的室内空间，同时解决室内上部空间光照的不足，所以只有在草架下设天花或复水椽（重椽）。“卷”的运用，其优点：一是用卷后，使得廊庑同内室主体建筑相连处，取得统一的内部空间，两者一气呵成；二是当两屋纵向并接，或厅堂前后加廊和抱厦时，可将原来的屋面做成“卷”，再用草架将前后屋面作“人”字形连接和覆盖，而不取勾搭形式，这样避免了建造容易漏水的天沟，其正如《园冶》所云：“凡屋添卷，用天沟，且费事不耐久，故以草架表里整齐”，使建筑更为和谐紧凑；

三是因“卷”形成双层屋面，具有一定的隔热效果，如其上铺设望砖，则比一般的天花具有更好的隔热效果。明、清住宅一般还在大厅前设有门楼（图 5-28），清代乾隆年间的钱泳在《履园丛话》中说：“又吾乡造屋，大厅前必有门楼，砖上雕刻人马戏文，玲珑剔透。”门楼一般用一面刻，如网师园大厅前“藻耀高翔”门楼，制作于乾隆年间，高约 6 米，宽 3.2 米，厚约 1 米，左右两侧雕镌有“郭子仪上寿”和“周文王访贤”戏文图案。在早期宦阶高者和后期豪奢之家，有两面用雕镌的。厅前门楼下设戏台，如天官坊的原明代王鏊宅。

图 5-28　耦园之门楼

（5）内厅，亦称女厅、上房。位于大厅之后，以楼厅为多，顾名思义，其为女眷起居应酬之所。一般以五间为主，楼厅两旁常建有厢房或以墙垣分割。网师园内厅撷秀楼，因房屋基地向后渐大，所以东首联厢，面阔为六间，但因天井两侧用短垣作分隔，上列漏窗，所以其外表仍为五间，形成了明五暗一格局。内厅的进数一般视主人财力而定。

（6）披屋，亦称下房，为婢女与女仆居住。而厨房及厨工住处皆邻近后门，四周常设以围墙，独立成区，以防火患，并附有柴房，就近设谷仓。

（7）备弄，即避弄，为住宅内正屋旁侧的通行小巷。过去在建造住宅时，大多数向左右扩展，但因受原有建筑物的限制，所以常设备弄以过渡。明代文震亨在《长物志》中说：“忌旁无避弄，庭较屋东偏稍广，则西日不逼；忌长而狭，忌矮而宽。”同时在功能上，亦是女眷、仆婢行走之道，以避男宾及主人，所以称它为“避弄”；其次亦古代大家庭各房进出的交通道。网师园住宅的备弄（图 5-29），位于正宅之东，从大门东侧的一边门进入，中间与轿厅、大厅、内厅等相通，连

图 5-29　网师园备弄

贯三进，直通后门（现几经整修，止于梯云室前庭）。

书厅和花厅为平时读书起居之所，一般均位于边路，常以精巧华丽为尚，结构式样有回顶、卷棚、贡式、花篮等。厅前或辟天井，或营建园林，栽花植树，叠山凿池，各随所宜。所谓的花篮厅，是因其步柱不落地，改成很短的垂莲柱（亦称荷花柱），悬于通长枋子，或草搁梁，用铁环连接，柱端雕成花篮状，所以称花篮厅，也有易花篮雕狮兽的。因花篮厅的屋面重量，依靠垂莲柱倒悬于枋子或草搁梁上，所以其开间和进深均较小。如狮子林的"水壂风来"，面阔三间，外廊为一枝香轩，内前为三界回顶鹤胫轩，中为五界回顶，后为三界回顶船篷轩，梁架均为扁作贡式，雕刻精美。鸳鸯厅一般厅较深，脊柱落地，设屏门、纱槅、花罩，将室内分成前后两个平面、空间大小相等的部分，其梁架一面用圆料，一面用扁作，故名鸳鸯厅。如留园的"林泉耆硕之馆"，歇山式顶，面阔五间，周围有回廊，南厅梁架为五界圆料，北厅梁架为五界扁作，有雕饰。正间用银杏木作屏门，次间用圆光罩，边为纱槅，分隔成南北二厅。在苏州厅堂中，贡式厅例殊少，这种厅的梁架用扁方料，其底挖曲成软带状，而仿效圆料的做法，被陈从周教授誉为"苏州贡式厅之翘楚"的原大石头巷沈厅，其制作之精，用材之秀挺，堪为香山匠师的杰作。

《扬州画舫录》云："以花名如梅花厅、荷花厅、桂花厅、牡丹厅、芍药厅；若玉兰以房名，藤花以榭名，各从其类。"如苏州怡园的藕香榭（图 5-30），为园中主厅，原系香山帮名匠师姚承祖（补云）手笔，原构之内外装修极为俊美，可惜毁于抗日战争

图 5-30　怡园藕香榭

中。厅面阔三间，周设围廊，内部做成鸳鸯厅形式，南、北半厅分别为三界和五界回顶圆作，卷篷歇山顶。北半厅名藕香榭，又名荷花厅，前有平台临池，夏季可观赏荷花，昔日园主有《藕香榭》诗云："归鸟息乔柯，游鱼戏绿波。跳珠喧急雨，千万笠园荷。"南半厅称锄月轩，取元代萨都剌"今日归来如昨梦，自锄明月种梅花"诗意名之；厅南叠不规则太湖石花池，高低错落，上植牡丹、芍药、桂花等；厅之东南有梅花数十株，花时红苞绿萼，冷香入户。厅内用地罩围屏，前后用落地长窗，两侧山墙各开有砖框木漏窗三扇。

苏州园林建筑的类型众多，它与其他诸如寺观殿堂等建筑一道，集中体现了以香山帮为代表的苏南建筑的最高成就，陈从周教授在评述苏南建筑的特征时说："轮廓线条之柔和，雕刻之精致，色彩之雅洁，细节处理之认真，皆它处建筑所不能及者。至于榫卯一节，当推独步，国内无有颉颃者。次者如扬州、浙东，终略逊耳。"（《梓室余墨》）

六、传统造园艺术在现代园林景观建设中的价值[1]

在现代城市园林景观建设中，对于中国传统的造园艺术往往见解不一，争论日甚，有的不分其糟粕与精华，不假思索地全盘照抄或模仿，或仍然把现代景观设计当作古老园林艺术的延续；有的则持全盘否定的意见，斥之为腐朽、虚假的园林艺术，视其造景是一种"病态美"，并武断地认为应被摈弃于现代园林创作之外。这两种看法都有失偏颇，甚至走向了极端。笔者试图通过现代苏州城市园林景观建设的实践，淡淡传统造园艺术在现代景观建设中的作用和价值。

（一）现代园林景观建设与传统造园的差异

人居与自然的空间可简单分为室内建筑空间、庭院空间和公共（自然）空间三个部分。传统的造园艺术继承了几千年的传统，大多只局限于庭院空间以及极少的建筑内部空间部分，却很少涉及公共（自然）空间。这一现象的产生和发展和它的时代背景息息相关。中国几千年的农耕社会讲究的是耕读传家，勤俭致富，关起门来是老婆孩子热炕头，自有一番小天地。为官的，进思尽忠，退思补过，正如南北朝颜之推所言："夫修善立名者，亦犹筑室树果，生则获其利，死则遗其泽"。有的则浪迹江湖，或逍遥于山水之间。那时的造园活动只是个人或家族行为，受当时的生产力发展水平、经济实

[1] 原载《安徽农业科学》2011 年第 3 期。

力以及社会结构限制，造园活动很少会涉及公共（自然）空间的景观建设（包括公共名胜区和封建后期的帝工宫苑也并没有跳出其樊篱）。

苏州市正处于从工业化中期向工业化后期的转化，其现代城市园林景观建设主要是以政府为主导的城镇或城乡一体的大景观建设，是开放的，公共的。以苏州市政府于2002年启动的重点工程“苏州环古城风貌保护工程”为例，它是一项集城市交通、防洪、生态绿化、景观、旅游等功能为一体的综合性工程，总投资约30亿元，规划总用地471公顷，由“吴门夜月”“赤门谍影”“觅渡揽月”等20个景点串联而成，其景观内容、规模、功能等远非我国古代造园所及。苏州最大的古典园林——拙政园，号称苏州古典园林之之冠，东部原为“归田园居”，西部为“补园”，只有中部才是原拙政园址，集三园面积约5公顷左右；留园为2.3公顷，网师园和环秀山庄分别只有为0.54公顷和0.22公顷。而苏州工业园区金鸡湖地区可谓现代城市景观建设的典范。在金鸡湖地区的主要景点中，城市广场占地12公顷，滨湖大道占地20公顷，文化水廊为90.9公顷，红枫林为7公顷。

由此可见，现代的城市景观建设与传统的造园艺术无论在功能、面积，还是在社会背景、生产力发展水平上都存在着极大的差异，传统的中国造园艺术的理论和方法已远远适应不了当今现代的城市景观建设的需要，也就是说，现代的城市景观设计应该在充分汲取传统造园艺术丰富营养的基础上，在理念和手法上都必须打破陈规，有所创新，以满足广大群众对日益增长的生活需求。

（二）传统造园的设计理念及其局限

中国古典园林是中国传统文化土壤上所生长出的一朵艺术奇葩，其造园主旨是在表现自然之美，它往往撷取大自然的片断景物，本着源于自然而高于自然的审美取向，经营其生活环境，并从中表现出“天人合一”的哲学思想，“虽由人作，宛自天开”则是造园的最高境界。传统造园思想及设计理念主要表现在：

一是以水石景观反映“天人合一”的哲学思想。水石（山水）景观是儒家乐山乐水“天人合一”哲学观的具体表现，可以说这是中国传统文化中的审美符号。文震亨在《长物志》中说：“石令人古，水令人远。园林水石，最不可无。……一峰则太华千寻，一勺则江湖万里。……如入深岩绝壑之中，乃为名区胜地。”水石景观的设计往往以大自然的山水景观为范本，即所谓的“参诸造化”，“虽由人作，宛自天开”（图5-31）。

二是追求“小国寡民”式的世外桃源。江南私家园林由于受其客观条件的限制，“吾侪纵不能栖岩止谷，追绮园之踪”，而混迹于廛市之中，只是追求一种“旷士之杯”“幽人之致”，所以只有依据其经济实力，在咫尺寸土中营造出小而精雅的城市山林景象。逃避尘世，回归自然，营造“别有洞天”式的桃源景象，不但是封建士大夫阶层追求

图 5-31　苏州拙政园

“鸟兽禽鱼，自来亲人”的隐士式园居生活的精神家园，也是他们日常盘桓的生存空间，陶渊明式的“引壶觞以自酌，眄庭柯以怡颜”，正是其精神追求的写照。

三是在设计手法上强调因地制宜，相地布局，构园无格，巧于因借，精在体宜。古代造园强调“园林巧于因借，精在体宜”，“宜亭斯亭，宜榭斯榭”，“得景则无拘远近”，“俗则屏之，嘉则收之”。如拙政园原是“居多隙地，有积水亘其中，稍加浚治，环以林木”。逐渐积淀成现有面貌的。在传统造园艺术中，设计精雅，正所谓“造园如作诗文，必须曲折有法，最忌堆砌，最忌错杂，方称佳构”，“栽花种竹，全凭诗格取裁”。这除了文化方面的原因之外，大概与中国江南的人口大多集中在城镇，地少人多有关，所以不得不精致。再加上明清时苏州一带夸豪好侈，工巧百出，其精细秀雅的风格也反应在造园上。

中国江南的造园艺术高潮大致从明中晚叶的正德、万历至清代中叶的乾隆传统、嘉庆年间（约 16 ～ 18 世纪）的 300 年间，正如“唐诗宋词”般地达到了艺术的最高峰，成为后世造园的典范，世界遗产委员会评价对它的评价是：“以其精雕细琢的设计，折射出中国文化中取法自然而又超越自然的深邃意境。”在现代庭院设计和中外园林建设中，仍具一定的市场，并不断走出国门，从早期的美国纽约大都会博物馆的“明轩”，到波特兰市的“兰苏园”（图5-32），无不使当地的民众为之倾倒，从而成为中国优秀古典园林艺术的传播者和“文化大使”，正所谓越是民族的也就越是世界的。所以现代的设计者在庭院设计中，不妨继续采用古典园林的造园手法来营造一个古典式的生活空间。

图5-32　美国波特兰市兰苏园（苏州园林发展股份有限公司供稿）

传统造园艺术在追求表现自然美的形式时，由于过分强调其优雅和意境，在造园技巧上过于工巧，尤其是到了晚清后，“西学东渐”，随着中国国力的衰退，这种“螺蛳壳里做道场”式的壶中天地日渐狭蹩陈腐。而现今仿照古典园林而造园的精品几乎是凤毛麟角，甚至是“画虎不成反类犬”。然而，传统造园艺术作为一种文化遗传因子，已深深地融入到了现代景观设计中，正发挥着积极或消极的双重作用。所以我们必须对传统造园艺术要进行有分析地扬弃。

（三）传统造园技艺在现代园林景观建设的价值

传统造园艺术在园景处理上强调自然，如北方皇家宫苑基本上在自然山水的基础上加以整理，改造成景；而江南私家园林大多采用浚池引水、叠石堆山、巧植花木等来表现自然，丰富园景。如地处江南的苏州，河网纵横，得水容易，在历史上以产太湖石、黄石闻名，前者玲珑剔透，后者石质坚硬。在现代景观设计中只要设计得当，即能体现苏州地域特色，如苏州环古城风貌保护工程中的部分河段和道路；但也不排除有的设计因生搬硬套而成为景观建设中的败笔。

应该说现代景观设计所追求的和谐、自然的审美情趣与传统造园艺术所追求的目标是一脉相承的，尤其是对中国传统文化的传承更应充分体现（图 5-33）。割离传统，割断文脉，没有地域文化或抄搬国外景观设计就难以彰显我国当代的景观设计特色。而那些因不分东西、不辨南北所造成的千篇一律式的景观建设正是一种文化缺失的表现。

图 5-33　苏州博物馆新馆（贝聿铭设计的苏州传统山水盆景式山水园）

现代景观设计更多强调的是其生态性、生物的多样性和对原生态的保护性，这与传统造园艺术中的“巧于因借”，“因地制宜之法”相通，其所体现的正是哲学上所谓的“联系的必然性”。“多年树木，碍筑檐垣，让一步可以立根。”那种对古老名木或濒危的物种重视和保护的态度更应在现代景观建设中得到张扬，其实正是这些被喻为“城市山林”的古典园林的存在，才为现代城市保留了一大块生态空间（图 5-34，据笔者陪同的芬兰赫尔辛基大学植物系主任科波宁（Timo Koponen）教授初步观察，留园仅苔藓植物就有 20 多种），然而现在的大树移植进城的风气，使人们早就把“雕栋飞楹构易，荫槐挺玉成难”的古训丢到了脑后。设计者应谨记李渔在《闲情偶记》中所说的：“土木之事，最忌奢靡，匪特庶民之家，当崇俭朴，即王公大人，亦当以此为尚。”

图 5-34　苏州留园之青蛙

古人所追求的那种以“桃花源”式的生存或居住环境，那种“中无杂树，芳草鲜美，落英缤纷”的桃花林；那种“良田美池桑竹之属”的农耕景观；那种“鸡犬相闻”，“黄发垂髫，并怡然自乐”的生活场景；那种“设酒杀鸡作食”的待客之道，无不充分体现出了诗意般的农耕社会的人与人之间、人与社会之间的和谐，对当今的城市景观建设，抑或是社会主义新农村建设，仍有积极的借鉴意义。然而，在对桃花源的诠释或营造中，设计者应用现代的生态理念，强调“师法自然”，少一些照搬照抄而造成景观僵化呆板的“法古人”之作或“洋垃圾”。

传统造园中的造园技艺如对水岸的处理、乡土植物的选用以及诗情画意地组织景观等对现代景观营造仍有积极的借鉴意义（图 5-35）。综观当今的景观建设，并不是因为师法古典造园艺术而造成景观僵化呆板，而是在对传统造园理论和手法上不能融会贯通，只是一味地生搬硬套式的“法古人”。如传统造园理论强调的“卜筑贵从水面，立基先究源头，疏源之去由，察水之来历”，但由于当今的景观建设中机械化程度极高，挖土成湖也只是举手之劳，如苏州尹山湖再造工程在农田中取土约 260 万立方米，形成水面面积约 2. 13 平方公里。而有的小型湖泊却不察源头，往往是死水一潭，水质发黄变质，反而成了蚊虫的滋生之地。此外，参与现代景观设计人员的水平参差不齐等诸多原因，造成了能传世的佳作不多的现状。

图 5-35　常熟沙家浜附近主干道路边配植的芦苇（沙家浜芦苇荡的引景作用）

传统造园艺术与现代景观设计二者间存在着“联系的必然性”和“差别的内在发生”。中国数千年的历史文化一脉相承，过去的历史基石是通往未来的阶梯。传统具有二重性，既有积极、正面的部分，又有消极、负面的部分。继承传统不是简单地模仿或重复，也不是抵制创新的挡箭牌。现代景观建设应克服那种基于小农经济而产生的保守、封闭、僵化守成的传统心态。只有对中国造园艺术这一文化遗产有批判地继承（即“扬弃”），延续传统文脉，才能使景观建设朝着健康的方向发展。

后记

“曾忆家住太湖东，半坡梅花半坡松”，从小就在梅树林中生长，种梅、采梅子、修剪梅树是家常便饭。儿时淘气，瘦小的身体时常会在分枝低矮的梅树林中奔跑，然后会停留在甘山岭的山坡上。直到在苏州城里工作，经过甘山岭时，总会驻足，望着混植在满坡绿橘林中的棵棵梅树和远处若隐若现的涧桥村庄，便会回忆起童年的时光。东山人种梅，本是为了生计，但也为日后的学习教书播下了一种机缘。

自从 1983 年夏天来到苏州，大部分时间主要从事园林技术的教育工作，经常带学生在苏州各大园林中行走，从识别树木花草开始逐渐对苏州园林有了一定的了解，同时也结识了一些园林耆耇，故而也常受邀写些“豆腐干”小文章。只是出生贫农，少时农村又无书可读，加之生性懒散，成年后读书又不求甚解，作为教书匠，也只是做了个抄书匠和“二道贩子”，还说不上是个“文抄公”，所以行文多引句，文章也大多拾人牙慧。发表的文章因刊物和时间不同，常有文字重复，这次结集只是对个别文字做了些修订。对收入集中的一些论文，除了对文本格式做了些改动外，大多采用了投稿的初稿。有些文章原配有大量的插图，限于篇幅，做了些增、删和调整。有感于刘勰在《文心雕龙》中所言：“夫唯深识鉴奥，必忻然内怿，譬春台之熙众人，乐饵之止过客。盖闻兰为国香，服媚弥芬。书亦国华，玩泽（绎）方美。”吴语中常“玩”“园”不分，便易“玩”为“园”，以“园绎集”名之。然而“园绎”两字较为晦涩，中国建筑工业出版社吴宇江编审建议通俗些，便以“园林散谈”名之，特此致谢！感谢中国建筑工业出版社对本书的出版所作出的辛勤劳动，感谢苏州知名书法篆刻家杨文涛先生题签，为本书增色。

作为文字，白纸黑字的，也有一种遗憾的事情，那就是总会出现错字或不足，套用当下的一句话：遗憾也是一种美。其实这才是真实的人生。

作者 2015 年重阳节
于玩泽书屋